教育部高等学校电子信息类专业教学指导委员会规划教材

高等学校电子信息类专业系列教材

数字电路与逻辑设计

新形态·微课版

李灵华　包书哲　主　编

云　健　刘　爽　副主编

清华大学出版社

北京

内 容 简 介

本书基于高校工程教育认证面向成果导向理念，将数字电路与逻辑设计的有关知识融为一体，系统介绍数字逻辑电路分析与设计的基本知识、理论和方法。同时，加入对数字逻辑电路仿真工具 Logisim 的详细介绍。全书内容包括数字电路基础、数制与码制、布尔代数基础、集成逻辑门电路、组合逻辑电路、常用的集成组合逻辑电路、触发器、时序逻辑电路、存储逻辑电路，以及数字逻辑电路的仿真工具 Logisim 等。

本书图文并茂、通俗易懂、体系新颖、结构合理，可作为高等学校计算机、电子工程、自动化、通信等专业"数字逻辑"课程的教材，也可作为相关工程技术人员的参考资料。

图书在版编目（CIP）数据

数字电路与逻辑设计：新形态·微课版 / 李灵华，包书哲主编. -- 北京：清华大学出版社，2024. 8.
（高等学校电子信息类专业系列教材）. -- ISBN 978-7-302-67161-9

Ⅰ. TN79

中国国家版本馆 CIP 数据核字第 2024YY9118 号

责任编辑：赵　凯
封面设计：李召霞
责任校对：刘惠林
责任印制：沈　露

出版发行：清华大学出版社
　　　网　　址：https://www.tup.com.cn，https://www.wqxuetang.com
　　　地　　址：北京清华大学学研大厦 A 座　　　邮　　编：100084
　　　社 总 机：010-83470000　　　邮　　购：010-62786544
　　　投稿与读者服务：010-62776969，c-service@tup.tsinghua.edu.cn
　　　质量反馈：010-62772015，zhiliang@tup.tsinghua.edu.cn
　　　课件下载：https://www.tup.com.cn,010-83470236
印 装 者：三河市龙大印装有限公司
经　　销：全国新华书店
开　　本：185mm×260mm　　　印　张：14.5　　　字　　数：354 千字
版　　次：2024 年 9 月第 1 版　　　印　　次：2024 年 9 月第 1 次印刷
印　　数：1～1500
定　　价：59.00 元

产品编号：100444-01

PREFACE

"数字电路与逻辑设计"是计算机、电子工程、自动化、通信等专业的一门重要的专业基础课程。当前,随着数字电子技术的高速发展,开发数字系统的方法和用来实现这些方法的工具都发生了很大的变化,但作为理论基础的基本原理没有改变。而随着高校工程教育认证面向成果导向理念的不断深入与教学改革措施的具体实施,与之对应的新教材的编写工作势在必行。

本书按照突出应用性、针对性和实践性的原则编写,力求反映高等学校课程和教学内容、教学理念的改革方向,突出基础理论知识的应用和实践技能的培养。在兼顾理论和内容的同时,基础理论以应用为目的,以必要、够用为尺度。

本书共分 10 章,分别为第 1 章数字电路基础、第 2 章数制与码制、第 3 章布尔代数基础、第 4 章集成逻辑门电路、第 5 章组合逻辑电路、第 6 章常用的集成组合逻辑电路、第 7 章触发器、第 8 章时序逻辑电路、第 9 章存储逻辑电路,以及附录 A 数字逻辑电路的仿真工具 Logisim。注意,由于仿真工具中逻辑电路的表示未用国标,为了方便使用,本书不再统一使用国标。

本书由李灵华编写第 1～8 章及附录 A,包书哲编写第 9 章。李灵华、云健负责全书内容的规划,刘爽负责全书的统稿。

由于作者水平有限,书中难免存在不足和错误,诚请专家和读者批评指正。

作 者
2024 年 5 月

教学课件

CONTENTS

第1章

数字电路基础

知识导学

习题答案

20 世纪 90 年代以来,互联网在全球迅速普及,标志着人类社会开始进入信息时代。而这离不开信息的数字化,以及对数字化信息进行处理的数字电路。常用的电子设备,如计算机、移动电话、数码照相机等,都是采用数字电路。可以说,数字电路已经成为各领域乃至人们日常生活的重要组成部分。

本章将对数字电路相关的基础知识加以介绍。

1.1 模拟信号与数字信号

视频讲解

处于信息时代中的我们,时时刻刻被各种各样的信号包围。信号的本质是表示信息的物理量。在客观世界中,存在各种不同的物理量,按其变化规律可以分为两种类型:一类是连续量;另一类是数字量。模拟量具有连续的数值,数字量具有离散的数值。

自然界中大多数可以测量的事物都以模拟量的形式出现。例如,空气温度在一个连续的范围内变化。湿度、压力、长度、电流、电压等也属于该范畴。表示模拟量的信号称为模拟信号。对模拟信号进行处理的电路称为模拟电路。

模拟信号典型的波形为如图 1.1 所示的正弦波,它在某瞬间的值可以是一个数值区间内的任何值。

反之,另一类物理量的变化在时间和数值上都是离散的,或者说断续的。例如,学生成绩记录、工厂产品统计、电路开关的状态等。这类物理量的变化可以用不同的数字反映,所以称为数字量。表示数字量的信号称为数字信号。对数字信号进行处理的电路称为数字电路。

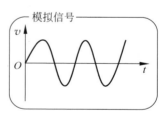

图 1.1 模拟信号的正弦波形图

数字信号可以在模拟信号的基础上经过采样、量化和编码而形成。具体地说,采样就是把输入的模拟信号按适当的时间间隔进行采集,从而得到各个时刻的样本值。量化是把经采样测得的各个时刻的值用二进制数来表示。编码则是把量化生成的二进制数排列在一起形成顺序脉冲序列。例如,相对于一个连续变化的温度,假设按照固定的时间间隔测量一次温度,就可以将模拟量转换为数字量的形式。即用一个个数字码对应于每个采样得到的温度值。

在计算机中,数字信号的大小常用有限位数的二进制数表示,所以数字信号一般为承载着二值数字信息的矩形波形(或称方波),如图 1.2 所示。波形表示的是逻辑电平与时间的关系。

例如,使用矩形脉冲表示 8 位数字信号 11011100,如图 1.3 所示。

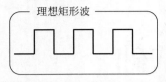

图 1.2　数字信号的方波波形

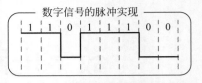

图 1.3　使用矩形脉冲表示数字信号

沿着图 1.3 中虚线所示的方向看(即使图中没有标出虚线,也要想象出虚线),在每个波形上方的数字表示了与波形对应的二进制位的数值。

1.2　数字逻辑和逻辑电平

数字信号在时间和数值上均是离散的,常用数字 0 和 1 表示,这里的 0 和 1 不是十进制中的数字,而是逻辑"0"和逻辑"1",因而称为二值数字逻辑,简称数字逻辑。

二值数字逻辑的产生基础是客观世界的许多事物可以用彼此相关又相互对立的两种状态来描述。例如,是与非、真与假、开与关、低与高等。很显然,这些都具有明显的二值特性,因此完全可以用电子器件的开关特性来表示。例如,利用晶体管的非线性特性制作成的开关二极管,工作时仅有两种状态,不是导通就是关断,这也是一个二值特性。

当开关器件起作用时,电路中只可能出现两种电压值。当开关器件导通时,电路中将有电流流过,将得到一个较高的电压值;而当开关器件关断时,电路中将没有电流流过,将只能得到一个较低的电压值,从而在电路中形成离散的电压信号,也叫数字电压。这些数字电压常用逻辑电平来表示。

逻辑电平不是一个具体的物理量,而是物理量的相对表示。通常将高电压称为高电平(H),用逻辑"1"表示;低电压称为低电平(L),用逻辑"0"表示,这种逻辑关系称为正逻辑关系。如果高电平用逻辑"0"表示,低电平用逻辑"1"表示,则称为负逻辑关系。本书所用的都是正逻辑关系。

在实际电路中,高电压可以是指定电压区间中的任意值,同样低电压也可以是指定电压区间中的任意值。在指定的高电平范围和低电平范围之间是不能有重叠的。例如,在互补金属-氧化物-半导体(Complementary Metal-Oxide-Semiconductor,CMOS)数字电路中,高电平的值为 2~3.3V,低电平的值为 0~0.8V。而在晶体管-晶体管逻辑(Transistor-Transistor Logic,TTL)数字电路中,高电平的值为 2~5V,低电平的值为 0~0.8V。对于这种类型的电路,0.8~2V 的电平值是不可以出现的。

逻辑电平与电压值的关系如表 1.1 所示。

表 1.1　逻辑电平与电压值的关系

电压/V	二值逻辑		逻辑电平
	正　逻　辑	负　逻　辑	
+5	1	0	H(高电平)
0	0	1	L(低电平)

从表 1.1 中可以看到，+5V 的电压值可以用二值逻辑中的"1"或"0"来表示，取决于所使用的是正逻辑还是负逻辑。在逻辑电平中则使用高电平来表示。事实上，高电平并非就只等于+5V，可以是 3V，还可以是其他任何值。

通常，在分析一个数字系统时，由于电路采用相同的逻辑电平标准，数字信号的波形一般可以不标出高低电平的电压值，时间轴也可以不标，如图 1.2 所示。

1.3　数字电路

数字电路包括数字信号的传送、控制、记忆、计数、产生和整形等内容，它在结构、分析方法、功能、特点等方面均不同于模拟电路。

1.3.1　数字电路的特点

与模拟电路相比，数字电路具有以下特点。

（1）实现简单，系统可靠。在数字电路中，工作信号是二进制的数字信号，即只有 0 和 1 两种可能的取值；反映到电路上，就是电压的高、低或脉冲的有、无两种状态。因此，凡是具有两个稳定状态的元件，其状态都可以用来表示二进制的两个数码，故其实现简单，系统可靠性较强。小的电源电压波动对其没有影响，温度和工艺偏差对其工作可靠性的影响也比模拟电路小得多。

（2）同时具有算术运算和逻辑运算功能。数字电路以布尔代数为数学基础，使用二进制数字信号，既能进行算术运算，又能方便地进行逻辑运算（与、或、非、判断、比较、处理等），适用于运算、比较、存储、加密、压缩、传输、控制、决策等应用。因此，也常把数字电路称为数字逻辑电路。

（3）集成度高，功能实现容易。集成度高、体积小、功耗低是数字电路突出的优点之一。电路的设计、维修、维护灵活方便。随着集成电路技术的高速发展，数字逻辑电路的集成度越来越高，从元件级、器件级、部件级、板卡级上升到系统级。电路的设计组成只需采用一些标准的集成电路块单元连接而成。对于非标准的特殊电路，还可以使用可编程逻辑阵列电路，通过编程的方法实现任意的逻辑功能。

由于具有上述特点，数字电路发展十分迅速，在计算机、自动控制、家用电器、汽车电子、电视、雷达、通信、核物理、航空航天等许多领域都得到了广泛的应用。

1.3.2　数字电路的发展

数字电路的发展与模拟电路一样经历了由电子管、半导体分立器件到集成电路等几个时代，但它比模拟电路发展得更快。从 20 世纪 60 年代开始，数字集成器件以双极型工艺制成了小规模逻辑器件，随后发展到中规模逻辑器件。20 世纪 70 年代末，微处理器的出现使数字集成电路的性能产生质的飞跃。数字集成器件所用的材料以硅材料为主，在高速电路中，还使用了化合物半导体材料，如砷化镓等。逻辑门是数字电路中一种重要的逻辑单元电路。TTL 逻辑门电路问世较早，经过不断改进工艺，TTL 器件至今仍为主要的基本逻辑器件之一。随着 CMOS 工艺的发展，TTL 器件的主导地位受到了动摇，有被 CMOS 器件取代的趋势。近几年来，可编程逻辑器件（Programmable Logic Device，PLD）特别是现场可编程门阵列(Field Programmable Gate Array,FPGA)的飞速进步,使数字电子技术开创了新局面,不仅规模大,而且将硬件与软件相结合,可使器件的功能更加完善,使用更灵活。

1.3.3 数字电路的学习方法

随着社会的进步和科学技术的发展,数字系统和数字设备已广泛应用于各个领域,因而作为电子信息技术、计算机技术以及相关技术领域的从业人员,必须掌握数字系统的基础知识。学好数字电路这门课程,建议采用如下的学习方法。

(1)学习基础知识。

首先要学习数字逻辑电路的基础知识,包括二进制、十进制、十六进制等数学基础知识以及电路的基本概念,如基本逻辑元件、电路图、真值表等。同时,布尔代数是分析和设计数字电路的重要工具,熟练掌握和运用这一工具才能使学习更为高效。

(2)抓重点,注重掌握功能部件的外部特性。

数字集成电路的种类很多,对各种电路的内部结构和工作原理了解即可,不必深究。学习这些电路时,主要是了解电路结构特点及工作原理,重点掌握它们的外部特性(主要是输入和输出之间的逻辑功能)和使用方法,并能在此基础上正确利用各类电路完成满足实际需要的逻辑设计。

(3)注重掌握基本概念、基本原理、基本分析和设计方法。

数字电路虽然用途不同,但所包含的基本原理、基本分析和设计方法是相通的。只要掌握它们的基本概念、基本原理、基本分析与设计方法,就能对给出的任何一种电路进行分析,或者根据要求设计出满足实际需要的数字电路。

(4)注重理论联系实际。

数字电路实践性很强,需按电路设计流程严格训练,并及时补充必备的理论知识,这样才能学有所成。

(5)注意新技术的学习。

电子技术的发展是以电子器件的发展为基础的,新的器件层出不穷,旧的器件随时被淘汰。因此教材中出现的集成电路芯片有可能已不生产,要用发展的观点使用教材。同时,数字电子技术发展迅速,应提高查阅技术资料和检索信息的能力,从而获取更多更新的知识和技术。

习题

1.1 什么是模拟信号?什么是数字信号?试各举一例。

1.2 数字信号与模拟信号相比的优点是什么?请给出两个优点。

1.3 解释正逻辑和负逻辑的区别。

1.4 确定下列每个电平的序列,用位(1和0)表示:

(1)高,高,低,高,低,低,高,低; (2)低,低,高,低,高,高,低,高。

1.5 列出下列一位序列表示的电平(高和低)序列:

(1)10110100   (2)11101001

第2章

数制与码制

知识导学

习题答案

人们在生产和生活中,创造了各种不同的计数方法,即数制。采用何种数制,是根据人们的需要和方便而定的。在数字电路中,往往用"0"和"1"组成的二进制数码表示数值的大小或者一些特定的信息,这些具有特定意义的二进制数码的编制方法,即为码制。

本章介绍常用的数制和码制。

2.1 数制

数制也称为"计数制",是用一组固定的符号和统一的规则来表示数值的方法。日常生活中广泛使用的是十进制,而数字系统中使用的是二进制。任何一个数制都包含两个基本要素:基数和位权。

基数是指数制中所用到的数字符号的个数。在基数为 R 的计数制中,包含 $0,1,\cdots,R-1$ 共 R 个数字符号,进位规律是"逢 R 进一",称为 R 进位计数制,简称 R 进制。例如,二进制的基数为 2,十进制的基数为 10。

位权是指在一种数制表示的数中,某一位上的 1 所表示数值的大小。R 进制数的位权是 R 的整数次幂。例如,十进制数 123,数符 1 的位权是 100,数符 2 的位权是 10,数符 3 的位权是 1。二进制数 1011,从左向右,第一个数符 1 的位权是 8,数符 0 的位权是 4,第二个数符 1 的位权是 2,第三个数符 1 的位权是 1。

2.1.1 常用的数制

视频讲解

常用的数制有十进制、二进制、八进制和十六进制。通常,十进制数用 $(N)_{10}$ 或 $(N)_D$ 表示,二进制用 $(N)_2$ 或 $(N)_B$ 表示,八进制用 $(N)_8$ 或 $(N)_O$ 表示,十六进制用 $(N)_{16}$ 或 $(N)_H$ 表示。

1. 十进制

人们在日常生活中最熟悉的数制是十进制(Decimal)。在十进制中,数用 0,1,2,3,4,5,6,7,8,9 这 10 个符号来描述。计数规则是逢十进一,借一当十。例如,9+1=10。

任何一个十进制数都可以写成以 10 为底的幂的求和式,即其位权展开式为

$$(N)_{10} = \sum_{i=-m}^{n-1} k^i \times 10^i$$

式中,i 为位数,从整数最低位(个位)依次往高位,i 分别取 $0,1,\cdots,n-1$ 共 n 位整数位,从小数最高位(十分位)依次往低位,分别取 $-1,-2,\cdots,-m$ 共 m 位小数;k_i 为第 i 位的系

数；10^i 为第 i 位的位权。

例如，十进制数 2023.65 可以表示为

$$(2023.65)_{10} = 2 \times 10^3 + 0 \times 10^2 + 2 \times 10^1 + 3 \times 10^0 + 6 \times 10^{-1} + 5 \times 10^{-2}$$

2. 二进制

在计算机系统中采用的数制是二进制（Binary）。在二进制中，数用 0 和 1 两个符号来描述。计数规则是逢二进一、借一当二。例如，$1+1=10$。

任何一个二进制数都可以写成以 2 为底的幂的求和式，即其位权展开式为

$$(N)_2 = \sum_{i=-m}^{n-1} k^i \times 2^i$$

例如，二进制数 1011.01 可以表示为

$$(1011.01)_2 = 1 \times 2^3 + 0 \times 2^2 + 1 \times 2^1 + 1 \times 2^0 + 0 \times 2^{-1} + 1 \times 2^{-2} = (11.25)_{10}$$

二进制数的运算十分简便，其运算规则如下：

① 加法规则

$0+0=0, 0+1=1, 1+0=1, 1+1=0$（进位为 1）。

② 减法规则

$0-0=0, 1-0=1, 1-1=0, 0-1=1$（借位为 1）。

③ 乘法规则

$0 \times 0 = 0, 1 \times 0 = 0, 0 \times 1 = 0, 1 \times 1 = 1$。

④ 除法规则

$0 \div 1 = 0, 1 \div 1 = 1$。

例如，二进制数 $A=1001, B=11$，则 $A+B, A-B, A \times B, A \div B$ 的运算为

```
                                            11
     1001       1001        1001      11/1001
  +    11    -    11     ×    11      -   11
    ------      -----       ------       ----
    1100        110         1001           11
                          + 1001        -  11
                          ------          ----
                          11011              0
```

十进制数 0～128 的二进制表示如表 2.1 所示。

表 2.1　十进制数 0～128 的二进制表示

十进制	二进制	十进制	二进制	十进制	二进制	十进制	二进制
0	0	11	1011	22	10110	33	100001
1	1	12	1100	23	10111	34	100010
2	10	13	1101	24	11000	35	100011
3	11	14	1110	25	11001	36	100100
4	100	15	1111	26	11010	37	100101
5	101	16	10000	27	11011	38	100110
6	110	17	10001	28	11100	39	100111
7	111	18	10010	29	11101	40	101000
8	1000	19	10011	30	11110	41	101001
9	1001	20	10100	31	11111	42	101010
10	1010	21	10101	32	100000	43	101011

续表

十进制	二进制	十进制	二进制	十进制	二进制	十进制	二进制
44	101100	65	1000001	86	1010110	107	1101011
45	101101	66	1000010	87	1010111	108	1101100
46	101110	67	1000011	88	1011000	109	1101101
47	101111	68	1000100	89	1011001	110	1101110
48	110000	69	1000101	90	1011010	111	1101111
49	110001	70	1000110	91	1011011	112	1110000
50	110010	71	1000111	92	1011100	113	1110001
51	110011	72	1001000	93	1011101	114	1110010
52	110100	73	1001001	94	1011110	115	1110011
53	110101	74	1001010	95	1011111	116	1110100
54	110110	75	1001011	96	1100000	117	1110101
55	110111	76	1001100	97	1100001	118	1110110
56	111000	77	1001101	98	1100010	119	1110111
57	111001	78	1001110	99	1100011	120	1111000
58	111010	79	1001111	100	1100100	121	1111001
59	111011	80	1010000	101	1100101	122	1111010
60	111100	81	1010001	102	1100110	123	1111011
61	111101	82	1010010	103	1100111	124	1111100
62	111110	83	1010011	104	1101000	125	1111101
63	111111	84	1010100	105	1101001	126	1111110
64	1000000	85	1010101	106	1101010	127	1111111
						128	10000000

在计算机系统中之所以采用二进制数,因为二进制数具有如下优点:

(1) 技术上容易实现。若使用十进制数,则需要有能表示 0~9 数码的 10 个物理状态的电子器件,这在技术上是相当困难的。而使用二进制数,只需 0 和 1 两个状态,在技术上容易实现,如开关的通与断,晶体管的导通与截止,磁介质的带磁与不带磁等。

(2) 运算规则简单,运算操作方便。与十进制数相比,二进制数的运算规则要简单得多,这不仅可以使运算器的结构得到简化,而且控制也简单,有利于提高运算速度。

(3) 可靠性高。二进制中只使用 0 和 1 两个数字,传输和处理时不易出错,因而可以保障计算机具有很高的可靠性。

二进制数的缺点是位数太长且字符单调,使得书写、记忆和阅读不方便。因此,人们在进行指令书写、程序输入和输出等工作时,通常采用八进制数或十六进制数作为二进制数的缩写。

3. 八进制

八进制(Octal)广泛应用于计算机系统中,如使用 12 位、24 位或 36 位的 PDP-8,ICL 1900 和 IBM 大型机。在八进制中,数用 0,1,…,7 这 8 个符号来描述。计数规则是逢八进一,借一当八。例如,7+1=10。

任何一个八进制数都可以写成以 8 为底的幂的求和式,即其位权展开式为

$$(N)_8 = \sum_{i=-m}^{n-1} k^i \times 8^i$$

例如,八进制数125.4可以表示为
$$(125.4)_8 = 1 \times 8^2 + 2 \times 8^1 + 5 \times 8^0 + 4 \times 8^{-1} = (85.5)_{10}$$

4. 十六进制

人们在计算机指令代码和数据的书写中经常使用的数制是十六进制(Hexadecimal)。在十六进制中,数用 0,1,…,9 和 A,B,…,F(或 a,b,…,f)共 16 个符号来描述。计数规则是逢十六进一,借一当十六。例如,F+1=10。

任何一个十六进制数都可以写成以 16 为底的幂的求和式,即其位权展开式为
$$(N)_{16} = \sum_{i=-m}^{n-1} k^i \times 16^i$$

例如,十六进制数3F.08可以表示为
$$(3F.08)_{16} = 3 \times 16^1 + 15 \times 16^0 + 0 \times 16^{-1} + 8 \times 16^{-2} = (63.03125)_{10}$$

2.1.2 常用数制间的转换

1. 二进制数、八进制数、十六进制数转换为十进制数

从上述常用数制的介绍中可以看到,将二进制数、八进制数、十六进制数转换成十进制数的基本方法是"按权展开求和"。即,只要将它们按位权展开式展开,将各项相加,便可得到相应数制数对应的十进制数。

2. 十进制数转换为二进制数、八进制数、十六进制数

一个十进制数转换为二进制数、八进制数、十六进制数时,由于整数和小数的转换方法不同,所以应先将十进制数的整数部分和小数部分分别转换后,再组合到一起。

十进制整数转换为二进制、八进制、十六进制整数时,采用"除基数取余,逆序排列"法。具体做法是:用基数去除十进制整数,可以得到一个商和余数;再用基数去除商,又会得到一个商和余数,如此进行,直到商为零时为止,然后把先得到的余数作为目标数制数的低位有效位,后得到的余数作为目标数制数的高位有效位,依次排列起来。

十进制小数转换为二进制、八进制、十六进制小数时,采用"乘基数取整,顺序排列"法。具体做法是:用基数乘十进制小数,可以得到积,将积的整数部分取出,再用基数乘余下的小数部分,又得到一个积,再将积的整数部分取出,如此进行,直到积中的小数部分为零,或者达到所要求的精度为止。然后把取出的整数部分按顺序排列起来,先取的整数作为目标数制数的高位有效位,后取的整数作为目标数制数的低位有效位。

例如,将十进制整数125转换成二进制整数的过程如下:

```
2|125  商继续运算,余数为1
2|62   商继续运算,余数为0
2|31   商继续运算,余数为1
2|15   商继续运算,余数为1
2|7    商继续运算,余数为1
2|3    商继续运算,余数为1
2|1    商继续运算,余数为1
  0    商为0,运算结束
```

最后结果为$(125)_{10} = (1111101)_2$。

例如,将十进制小数 0.8125 转换成二进制小数过程如下:

$$
\begin{array}{r}
0.8125 \\
\times\quad 2 \\
\hline
1.6125
\end{array}
$$
整数部分为 1,余下的小数部分继续运算

$$
\begin{array}{r}
0.6125 \\
\times\quad 2 \\
\hline
1.2500
\end{array}
$$
整数部分为 1,余下的小数部分继续运算

$$
\begin{array}{r}
0.2500 \\
\times\quad 2 \\
\hline
0.5000
\end{array}
$$
整数部分为 0,余下的小数部分继续运算

$$
\begin{array}{r}
0.5000 \\
\times\quad 2 \\
\hline
1.0000
\end{array}
$$
整数部分为 1,余下的小数部分为 0,运算结束

最后结果为$(0.8125)_{10}=(0.1101)_2$。

所以将十进制数 125.8125 转换成二进制的结果为$(125.8125)_{10}=(1111101.1101)_2$。

采用同样的方法,可以将十进制数分别转换为八进制数和十六进制数,只不过在对应的方法中的基数分别为 8 和 16。

需要注意的是,不是任何一个十进制小数都能转换成有限位数的二进制、八进制或十六进制数。因为在计算的过程中,可能取出整数部分后,余下的小数部分不为 0,但达到了精度的限制,这时计算也应停止。所以,计算机保存的小数一般会有误差。

3. 二进制数和八进制数之间的转换

因为$2^3=8$,所以三位二进制数与一位八进制数有直接对应关系,如表 2.2 所示。

表 2.2　二进制数与八进制数对应关系表

二　进　制	八　进　制	二　进　制	八　进　制
000	0	100	4
001	1	101	5
010	2	110	6
011	3	111	7

将二进制数转换成八进制数的方法是:从小数点开始,整数部分向左、小数部分向右,将二进制数“三位并一位”,不足三位用 0 补足。

例如,二进制数 11001111.01111 转换为八进制数为

$$(11001111.01111)_2=(011\,001\,111.011\,110)_2=(317.36)_8$$

将八进制数转换成二进制数的方法是:将八进制数“一位拆三位”,次序不变,并去掉整数部分最高位的 0 和小数部分最低位的 0。

例如,将八进制数 25.4 转换为二进制数为

$$(25.4)_8=(010\,101.100)_2=(10101.1)_2$$

4. 二进制数和十六进制数之间的转换

二进制数与十六进制数的互相转换和二进制与八进制的转换类似,区别在于需要操作的是四位一组而不是三位。

因为$2^4=16$,所以四位二进制数与一位十六进制数有直接对应关系,如表 2.3 所示。

表 2.3　二进制数与十六进制数对应关系表

二　进　制	十六进制	二　进　制	十六进制
0000	0	1000	8
0001	1	1001	9
0010	2	1010	A
0011	3	1011	B
0100	4	1100	C
0101	5	1101	D
0110	6	1110	E
0111	7	1111	F

将二进制数转换成十六进制数的方法是：从小数点开始，整数部分向左、小数部分向右，将二进制数"四位并一位"，不足四位用 0 补足。

例如，二进制数 10111100010.010111 转换为十六进制数为

$$(10111100010.010111)_2 = (0101\ 1110\ 0010.0101\ 1100)_2 = (5E2.5C)_{16}$$

将十六进制数转换成二进制数的方法是：将十六进制数"一位拆四位"，次序不变，并去掉整数部分最高位的 0 和小数部分最低位的 0。

例如，十六进制数 7D3.C 转换为二进制数为

$$(7D3.C)_{16} = (0111\ 1101\ 0011.1100)_2 = (11111010011.11)_2$$

5. 八进制数和十六进制数之间的转换

如果需要将八进制数转换为十六进制数，只需先将八进制数转换为二进制数，然后再将二进制数转换为十六进制数即可。

例如，八进制数 517.2 转换为十六进制数为

$$(517.2)_8 = (101\ 001\ 111.010)_2 = (0001\ 0100\ 1111.0100)_2 = (14F.4)_{16}$$

如果需要将十六进制数转换为八进制数，只需先将十六进制数转换为二进制数，然后再将二进制数转换为八进制即可。

例如，十六进制数 E6.7C 转换为八进制数为

$$(E6.7C)_{16} = (1110\ 0110.0111\ 1100)_2 = (011\ 100\ 110.011\ 111)_2 = (346.37)_8$$

十进制数 0～15 的几种进制数的对照表如表 2.4 所示。

表 2.4　几种进制数的对照表

十　进　制	二　进　制	八　进　制	十　六　进　制
0	0000	0	0
1	0001	1	1
2	0010	2	2
3	0011	3	3
4	0100	4	4
5	0101	5	5
6	0110	6	6
7	0111	7	7
8	1000	10	8
9	1001	11	9
10	1010	12	A

十　进　制	二　进　制	八　进　制	十　六　进　制
11	1011	13	B
12	1100	14	C
13	1101	15	D
14	1110	16	E
15	1111	17	F

在表 2.4 中,最大的二进制数 1111 只有 4 位,所以可以直接记住它每一位的位权,即 4 位二进制数从高位到低位的位权依次为:8、4、2、1。这样,对于任意一个 4 位的二进制数,都可以很快算出它对应的十进制数值。

由于十六进制数和八进制数转换为二进制数非常直观,所以,如果需要将一个十进制数转换成二进制数,也可以先转换成十六进制数或八进制数,然后再转换成二进制数。

例如,将十进制数 1256 转换为二制数时,如果采用"除 2 取余,逆序排列"的方法直接得到二进制数,需要计算较多次数。所以可以先采用"除 8 取余,逆序排列"的方法得到八进制数,然后再将八进制数转换为二进制数。

首先,将十进制数 1256 转换为八进制数:

$$8 \underline{|1256} \quad 商继续运算,余数为 0$$
$$8 \underline{|157} \quad 商继续运算,余数为 5$$
$$8 \underline{|19} \quad 商继续运算,余数为 3$$
$$8 \underline{|2} \quad 商继续运算,余数为 2$$
$$0 \quad 商为 0,运算结束$$

结果为 $(1256)_{10} = (2350)_8$。

然后将八进制数 2350 转换为二进制数,结果为 $(2350)_8 = (010\ 011\ 101\ 000)_2 = (10011101000)_2$。

最后结果为 $(1256)_{10} = (10011101000)_2$。

同样,如果一个二进制数很长,我们需要将它转换成十进制数时,除了前面介绍的方法外,还可以先将这个二进制数转换成八进制数,然后再将八进制数转换为十进制数。

例如,将二进制数 11010110011101101 转换为十进制数时,还可以采用如下方法:

首先,将二进制数 11010110011101 转换为八进制数,结果为 $(11010110011101)_2 = (011\ 010\ 110\ 011\ 101)_2 = (32635)_8$。

然后将八进制数 32635 转换为十进制数:

$$(32635)_8 = 3 \times 8^4 + 2 \times 8^3 + 6 \times 8^2 + 3 \times 8^1 + 5 \times 8^0 = (13725)_{10}$$

最后结果为 $(11010110011101101)_2 = (13725)_{10}$。

2.2　码制

码制,即编制代码所要遵循的规则。在日常生活中,用一组十进制数码来表示一个特定对象的情况是很多的。如常见的电话号码、学生学号、邮政编码等。在数字系统中,用多位二进制数码 0 和 1 按某种规律排列,组成不同的码字,用以表示某一特定的含义,称为编码。

编码的方式有很多种,数字电路中常用的有二-十进制代码,简称 BCD (Binary Coded Decimal) 码、格雷码、奇偶校验码以及 ASCII 码等。

2.2.1　二-十进制代码

视频讲解

BCD 码是一种以二进制形式表示十进制数的编码,所以称为二-十进制代码,它像是二进制,实际是十进制。

十进制的 10 个数符 0,1,…,9 分别用一组二进制代码表示。由于三位二进制数只有 8 种组合,代表不了 10 个数符,只能从四位二进制数的 16 种组合中选出 10 种,来表示十进制的 10 个数符,所以,BCD 码的表示方法可以有很多。根据代码中每一位是否有固定的位权,将 BCD 码分为有权码和无权码两类。几种常用的 BCD 码如表 2.5 所示。

表 2.5　几种常用的 BCD 码

十进制数符	编 码 种 类			
	8421 码	**2421 码**	**余 3 码**	**余 3 循环码**
0	0000	0000	0011	0010
1	0001	0001	0100	0110
2	0010	0010	0101	0111
3	0011	0011	0110	0101
4	0100	0100	0111	0100
5	0101	1011	1000	1100
6	0110	1100	1001	1101
7	0111	1101	1010	1111
8	1000	1110	1011	1110
9	1001	1111	1100	1010
位权	8421	2421	无	无

1. 有权码

1) 8421 码

8421 码是最常用的一种有权码,其 4 位二进制码从左到右每位的位权分别为 8,4,2,1,因此称为 8421 码。显然,这与普通的 4 位二进制数的位权是一样的。因此,按 8421 码编码的 0~9 与用 4 位二进制数表示的 0~9 完全一样。8421 码实际上就是用按自然顺序的二进制数来表示对应的十进制数。因此,8421 码最自然和简单,很容易识别和记忆,与十进制数之间的转换也比较方便。

需要注意的是每个十进制数都用一组四位二进制数来表示。不足 4 位(十进制数 0 到 7)加添 0 开头,以凑足 4 位。还有 6 种代码 1010,1011,1100,1101,1110,1111 是不允许在 8421 码中出现的,因为没有十进制数符与它们对应。

8421 码与十进制数之间的转换是按位进行的,即十进制数的每一位与 4 位二进制代码对应。例如,

$$(235)_{10} = (001000110101)_{8421码}$$
$$(0001000010010111)_{8421码} = (1097)_{10}$$

2）2421 码

2421 码是另一种有权码,其 4 位二进制码从左到右每位的位权分别为 2,4,2,1,因此称为 2421 码。按 2421 码编码的 0 和 9,1 和 8,2 和 7,3 和 6,4 和 5 的各码位互为相反。具有这种特性的代码称为对 9 的自补代码,即一个数的 2421 码只要自身按位变反,便可得到该数对 9 的补数的 2421 码。

例如,利用 2421 码计算十进制数 3 对 9 的补数的过程如下:

数字 3 的 2421 码为 0011,按位变反,便可得到 6 的 2421 码为 1100,说明十进制数 3 对 9 的补数是 6。

具有这一特征的 BCD 码可给运算带来方便,因为直接对 BCD 码进行运算时,可利用它对 9 的补数将减法运算转化为加法运算。

为了与十进制数符一一对应,2421 码中不允许出现 0101,0110,0111,1000,1001,1010 这 6 种状态代码。

2421 码与十进制数之间的转换同样是按位进行的。例如,

$$(235)_{10} = (001000111011)_{2421码}$$

$$(0001000011111101)_{2421码} = (1097)_{10}$$

此外,有权 BCD 码还有 5421 码、4221 码、5211 码等。

2. 无权码

1）余 3 码

在 8421 码的基础上加 0011(3)就得到余 3 码,它是一种无权码。例如,十进制数符 5 的余 3 码等于 5 的 8421 码 0101 加上 0011,即为 1000。同样,余 3 码中也有 6 种状态代码 0000,0001,0010,1101,1110,1111 是不允许出现的。

余 3 码与十进制数之间的转换也是按位进行的。值得注意的是,每位十进制数的编码都应余 3。例如,

$$(235)_{10} = (010101101000)_{余3码}$$

$$(1001001110111010)_{余3码} = (6087)_{10}$$

余 3 码也是一种对 9 的自补代码,因而可给运算带来方便。余 3 码常用于 BCD 码的运算电路中。因为在将两个余 3 码表示的十进制数相加时,能正确产生进位信号,但对"和"必须修正。修正的方法是:如果"和"有进位,则结果加 0011(3);如果"和"无进位,则结果减 0011(3)。例如,十进制数 15 加 39,采用余 3 码运算过程如下:

15 的余 3 码为 01001000,39 的余 3 码为 01101100。首先对两个余 3 码进行加法运算:

$$
\begin{array}{r}
01001000 \\
+\ 01101100 \\
\hline
10110100
\end{array}
$$

得到"和"为 10110100。

然后进行"和"的修正。因为个位 5+9 有进位,所以个位的和 0100 需要加 0011,结果为 0111。而十位 1+3 无进位,所以十位的和 1011 需要减 0011,结果为 1000。

最后得到的结果为 10000111。而余 3 码 10000111 对应的十进制数正是 54。

2）余 3 循环码

余 3 循环码也是一种无权码。它的特点是相邻的两个代码之间仅有一位的状态不同。

余 3 循环码就是取 4 位格雷码中的 10 个代码组成,它具有格雷码的优点。格雷码将在下一小节进行介绍。

余 3 码和余 3 循环码均属于无权 BCD 码,无权 BCD 码的每位没有确定的位权,但它们各有特点,在不同的场合可以根据需要选用。

2.2.2 格雷码

在一组数的编码中,若任意两个相邻的代码只有一位二进制数不同,则称这种编码为格雷码(Gray Code),另外,由于最大数与最小数之间也仅一位数不同,即"首尾相连",因此又称循环码或反射码。在数字系统中,常要求代码按一定顺序变化。例如,若采用 8421 码,则数 0111 变到 1000 时四位均要变化,而在实际电路中,四位的变化不可能绝对同时发生,则计数中可能出现短暂的其他代码,如产生 1111(假定最高位变化比低 3 位快)、1001(假定最低位变化比高 3 位慢)等错误代码。这样在特定情况下可能导致电路状态错误或输入错误。与其他编码同时改变两位或多位的情况相比,使用格雷码可以避免这种错误。

格雷码有多种编码形式。这里介绍的格雷码指的是典型格雷码。

格雷码的构造有多种方法。一种方法是递归生成法,它是基于格雷码是反射码的事实,利用递归的规则构造格雷码,其方法如下。

(1) 1 位格雷码有两个码字,0 和 1。

(2) $(n+1)$ 位格雷码中的前 $2n$ 个码字等于 n 位格雷码的码字,按顺序书写后,加前缀 0。例如,2 位格雷码中的前 2 个码字等于 1 位格雷码的码字(0 和 1),按顺序书写后(0 和 1),加前缀 0,即 00 和 01。

(3) $(n+1)$ 位格雷码中的后 $2n$ 个码字等于 n 位格雷码的码字,按逆序书写,加前缀 1。例如,2 位格雷码中的后 2 个码字等于 1 位格雷码的码字(0 和 1),按逆序书写后(1 和 0),加前缀 1,即 11 和 10。

(4) $(n+1)$ 位格雷码的集合 = n 位格雷码集合(顺序)加前缀 0 + n 位格雷码集合(逆序)加前缀 1。例如,3 位格雷码的集合 = 2 位格雷码集合(顺序,即 00,01,10,11)加前缀 0(即 000,001,010,011)+2 位格雷码集合(逆序,即 11,10,01,00)加前缀 1(即 111,110,101,100)。用同样方法可得到 4 位格雷码。

不同位数典型格雷码的编码如表 2.6 所示。

表 2.6   1 位、2 位、3 位、4 位格雷码的编码

十进制数	1 位格雷码	2 位格雷码	3 位格雷码	4 位格雷码
0	0	00	000	0000
1	1	01	001	0001
2	—	11	011	0011
3	—	10	010	0010
4	—	—	110	0110
5	—	—	111	0111
6	—	—	101	0101
7	—	—	100	0100
8	—	—	—	1100

十进制数	1 位格雷码	2 位格雷码	3 位格雷码	4 位格雷码
9	—	—	—	1101
10	—	—	—	1111
11	—	—	—	1110
12	—	—	—	1010
13	—	—	—	1011
14	—	—	—	1001
15	—	—	—	1000

另一种格雷码的构造方法是由普通二进制数转换为格雷码,其规律如下:

(1) 格雷码中的最高有效位(最左边位)等同于二进制数中相应的最高有效位。

(2) 从左到右,加上每一位相邻的二进制编码位,从而得到下一个格雷码位,舍去进位。

例如,二进制数 1011 到格雷码的转换过程如下:

其格雷码是 1110。

二进制数与格雷码的对照表如表 2.7 所示。

表 2.7 二进制数与格雷码的对照表

十进制数	二进制数	格雷码	十进制数	二进制数	格雷码
0	0000	0000	8	1000	1100
1	0001	0001	9	1001	1101
2	0010	0011	10	1010	1111
3	0011	0010	11	1011	1110
4	0100	0110	12	1100	1010
5	0101	0111	13	1101	1011
6	0110	0101	14	1110	1001
7	0111	0100	15	1111	1000

2.2.3 奇偶校验码

信息的正确性对数字系统有着重要的意义,但在信息的存储和传送过程中,可能会由于某种随机干扰或其他原因而发生错误。即代码中可能有的 1 错为 0,或者有的 0 错为 1。所以希望在传送代码时,能够进行某种校验,以判断代码是否发生了错误。奇偶校验码(Parity Check Code)就是一种具有自动检错功能的代码。奇偶校验码是奇校验码和偶校验码的统称。它们都是通过在要校验的编码上加一位校验位组成。

奇偶检验位的编码方式有两种:一种是使信息位和检验位构成的编码中“1”的个数为奇数,称为奇检验;另一种是使信息位和检验位构成的编码中“1”的个数为偶数,称为偶检验。奇偶检验码的构成如图 2.1 所示。

例如,二进制代码 1001101 的奇偶校验码,设最高位为校验位,余 7 位是信息位,求取结果如下:

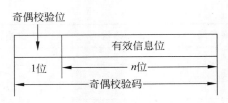

图 2.1 奇偶检验码的构成

代码 1001101(7 位)中"1"的个数是 4 个,因此需要在高位再补上一个 1,使其具有奇数个 1,即其奇检验码为[1]1001101(8 位);

代码 1001101(7 位)中"1"的个数是 4 个,因此需要在高位再补上一个 0,使其具有偶数个 1,即其偶检验码为 01001101(8 位)。

采用奇偶检验码进行错误检测时,在发送端,由编码器根据信息位编码产生奇偶检验位,形成奇偶检验码发往接收端;在接收端,通过检测器检查代码中含"1"个数的奇偶,判断信息是否出错。例如,当采用偶检验时,若收到的代码中含奇数个"1",则说明发生了错误。但判断出错后,并不能确定是哪一位出错,也就无法纠正。因此,奇偶检验码只有检错能力,没有纠错能力。其次,这种码只能检测出奇数位出错,无法检测偶数位错误。由于数据传输过程中一般是出现一位错误,而奇偶校验码能发现奇数位错误,所以奇偶校验码的实用价值还是很高的。加之它编码简单、容易实现,因而,在数字系统中被广泛采用。

2.2.4 ASCII 码

数字系统中处理的数据除了数字之外,还有字母、运算符号、标点符号以及其他特殊符号,人们将这些符号统称为字符。所有字符在数字系统中必须用二进制编码表示,通常将其称为字符编码。最常用的字符编码是美国信息交换标准码(American Standard Code for Information Interchange,ASCII 码)。ASCII 码用指定的 7 位二进制码表示 128 种字符,包括所有的大写和小写字母,数字 0~9,标点符号,以及在美式英语中使用的特殊控制字符,其编码规则如表 2.8 所示。

表 2.8 ASCII 编码字符集

低四位	高 三 位							
	000	001	010	011	100	101	110	111
0000	NUT	DLE	(space)	0	@	P	、	p
0001	SOH	DCI	!	1	A	Q	a	q
0010	STX	DC2	"	2	B	R	b	r
0011	ETX	DC3	#	3	C	X	c	s
0100	EOT	DC4	$	4	D	T	d	t
0101	ENQ	NAK	%	5	E	U	e	u
0110	ACK	SYN	&	6	F	V	f	v
0111	BEL	TB	,	7	G	W	g	w
1000	BS	CAN	(	8	H	X	h	x
1001	HT	EM	)	9	I	Y	i	y
1010	LF	SUB	*	:	J	Z	j	z
1011	VT	ESC	+	;	K	[	k	{

低四位	高 三 位							
	000	**001**	**010**	**011**	**100**	**101**	**110**	**111**
1100	FF	FS	,	<	L	\	l	|
1101	CR	GS	—	=	M	]	m	}
1110	SO	RS	.	>	N	^	n	~
1111	SI	US	/	?	O	—	o	DEL

由于数字系统中实际是用一个字节(8个二进制位)表示一个字符,所以使用 ASCII 码时,通常在最左边增加一位奇偶检验位。

习题

2.1 把下列不同数制数写成按权展开形式:

(1) $(4321.567)_{10}$ (2) $(10101.0111)_2$ (3) $(364.52)_8$ (4) $(568.3ED)_{16}$

2.2 将下列二进制数转换成十进制数、八进制数和十六进制数:

(1) 11010001   (2) 1011000   (3) 0.101101   (4) 11.01101

2.3 将下列十进制数转换成二进制数、八进制数和十六进制数,要求二进制数保留小数点以后 4 位有效位:

(1) 49   (2) 227   (3) 0.565   (4) 33.625

2.4 将下列八进制数和十六进制数转换成二进制数:

(1) $(56)_8$ (2) $(73.54)_8$ (3) $(3D)_{16}$ (4) $(F6.2C)_{16}$

2.5 常用的二-十进制编码有哪些?为什么说用 4 位二进制代码对十进制数的 10 个数字符号进行编码的方案有很多?

2.6 将下列余 3 码转换成十进制数和 2421 码:

(1) 101110000101   (2) 010101101010

2.7 试用 8421 码和格雷码分别表示下列各数:

(1) $(101110)_2$ (2) $(1111001)_2$

2.8 通过查表 2.8,写出下列字符的 ASCII 码(用十六进制数写出):

(1) %   (2) B   (3) g   (4) 8

第3章

布尔代数基础

课程思政

知识导学

习题答案

布尔代数是一种用于描述客观事物逻辑关系的数学方法,由英国数学家乔治·布尔(George Boole)于1847年提出,他成功地将形式逻辑归结为一种代数演算。布尔代数也称"逻辑代数"。布尔代数有一套完整的运算规则,包括公理、定理和定律。它被广泛地应用于开关电路和数字逻辑电路的变换、分析、化简和设计上,因此也被称为开关代数。随着数字技术的发展,布尔代数已经成为分析和设计逻辑电路的基本工具和理论基础。

本章将从实用的角度介绍布尔代数中的逻辑运算、基本定律和基本规则,并在此基础上,介绍逻辑函数的表示及化简方法。

3.1 逻辑函数与逻辑运算

3.1.1 逻辑函数的基本概念

用来描述任何一种具体事物因果关系的公式称为逻辑函数,逻辑函数的一般表达式为

$$Y = F(A, B, C, D, \cdots)$$

式中,Y为输出变量;$A, B, C, D, \cdots$为输入变量;F为输出变量与输入变量的逻辑关系。

逻辑函数中的变量称为逻辑变量。逻辑变量的取值仅为0和1,0和1并不表示数量的大小,而是表示两种不同的逻辑状态,例如,用1和0表示是和非、真和假、高电平和低电平、开和关等。任何一个逻辑函数均可由"与","或","非"三种基本逻辑运算组合而成。

3.1.2 基本逻辑运算

布尔代数中的基本逻辑运算只有"与""或""非"三种。

1. "与"运算

在逻辑问题的描述中,只有当决定事物结果的所有条件全都具备时,结果才会发生,则称这种因果关系为与逻辑。在布尔代数中,与逻辑关系用与运算描述。与运算又称为逻辑乘,其运算符号为"·"。两变量与运算关系可表示为

$$Y = A \cdot B$$

读作"Y等于A与B"。其中,A、B是参加运算的两个逻辑变量,Y表示运算结果。意思是:若A, B均为1,则Y为1;否则,Y为0。该逻辑关系可用表3.1来描述。

表 3.1 与运算的真值表

A	B	Y	A	B	Y
0	0	0	1	0	0
0	1	0	1	1	1

当然，与运算的条件可以有多个。在不引起混淆的前提下，"·"常被省略。

例如，在图 3.1 所示电路中，两个开关串联控制同一个灯。显然，仅当两个开关均闭合时，灯才能亮；否则，灯灭。假定开关闭合状态用 1 表示，开关断开状态用 0 表示，灯亮用 1 表示，灯灭用 0 表示，则电路中灯 Y 和开关 A、B 之间的关系即为表 3.1 所示与运算的真值表。

由表 3.1 可得出与运算的运算法则为

$$0 \cdot 0 = 0, 0 \cdot 1 = 0, 1 \cdot 0 = 0, 1 \cdot 1 = 1。$$

即，与逻辑的运算规律为"有 0 得 0，全 1 得 1"。

在数字系统中，实现与运算关系的逻辑电路称为与门。与逻辑和与门的逻辑符号如图 3.2 所示。其中，"与"的条件可以有多个。

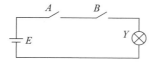

图 3.1　串联开关电路　　　　图 3.2　与逻辑和与门的逻辑符号

2. "或"运算

在逻辑问题中，如果决定事物结果的几个条件中，只要有一个或一个以上条件得到满足，结果就会发生，则称这种因果关系为或逻辑。在布尔代数中，或逻辑关系用或运算描述。或运算又称为逻辑加，其运算符号为"+"。两变量或运算的关系可表示为

$$Y = A + B$$

读作"Y 等于 A 或 B"。意思是：A、B 中只要有一个为 1，则 Y 为 1；仅当 A、B 均为 0 时，Y 才为 0。该逻辑关系可用表 3.2 来描述。

表 3.2　或运算的真值表

A	B	Y	A	B	Y
0	0	0	1	0	1
0	1	1	1	1	1

例如，在图 3.3 所示电路中，开关 A 和 B 并联控制灯 Y。可以看出，当开关 A、B 中只要有一个闭合时，灯 Y 亮；只有当开关全部断开时，灯 Y 才灭。因此，灯 Y 与开关 A、B 之间的关系是或逻辑关系。假定开关断开用 0 表示，开关闭合用 1 表示，灯灭用 0 表示，灯亮用 1 表示，则灯 Y 与开关 A、B 的关系即为表 3.2 所示或运算的真值表。

由表 3.2 可得出或运算的运算法则为

$$0 + 0 = 0, \quad 0 + 1 = 1, \quad 1 + 0 = 1, \quad 1 + 1 = 1。$$

即，或逻辑的运算规律为"有 1 得 1，全 0 得 0"。

在数字系统中，实现或运算关系的逻辑电路称为或门。或逻辑和或门的逻辑符号如图 3.4 所示。其中，"或"的条件可以有多个。

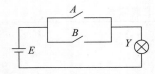

图 3.3　并联开关电路

图 3.4　或逻辑和或门的逻辑符号

3. "非"运算

在逻辑问题中,如果某一事件的发生取决于条件的否定,即事件与事件发生的条件之间构成矛盾,则称这种因果关系为非逻辑。在布尔代数中,非逻辑用非运算描述。非运算也叫求反运算,其运算符号为"⁻"。非运算的逻辑关系可表示为

$$Y = \overline{A}$$

读作"Y 等于 A 非"。意思是:若 A 为 0,则 Y 为 1;若 A 为 1,则 Y 为 0。该逻辑关系可用表 3.3 描述。

表 3.3　非运算的真值表

A	Y
0	1
1	0

例如,在图 3.5 所示电路中,开关与灯并联。显然,仅当开关断开时,灯亮;一旦开关闭合,则灯灭。令开关断开用 0 表示,开关闭合用 1 表示,灯亮用 1 表示,灯灭用 0 表示,则电路中灯 Y 与开关 A 的关系即为表 3.3 所示非运算的真值表。

由表 3.3 可得出非运算的运算法则为

$$\overline{0} = 1, \quad \overline{1} = 0。$$

在数字系统中,实现非运算功能的逻辑电路称为非门,有时又称为反相器。非逻辑和非门的逻辑符号如图 3.6 所示。其中,"非"的条件只能有一个。

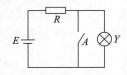

图 3.5　开关与灯并联电路

图 3.6　非逻辑和非门的逻辑符号

3.1.3　复合逻辑运算

布尔代数所定义的基本逻辑运算只有"与""或""非"三种,实际的逻辑问题往往是很复杂的。不过,复杂的逻辑问题都可以利用这三种基本逻辑运算组合成的复合逻辑运算来实现。常用的复合逻辑运算有"与非""或非""异或""同或"等。

1. "与非"运算

"与"和"非"运算的复合运算称为与非运算,A、B 与非运算的逻辑表达式为

$$Y = \overline{AB}$$

与非运算的真值表如表 3.4 所示。

表 3.4　与非运算的真值表

A	B	Y	A	B	Y
0	0	1	1	0	1
0	1	1	1	1	0

从表 3.4 中可以看出,只有输入全为 1 时,输出才为 0;否则输出为 1。其运算规律可归纳为"有 0 则 1,全 1 才 0"。

实现与非运算的电路称为与非门,与非逻辑和与非门的逻辑符号如图 3.7 所示。

图 3.7 与非逻辑和与非门的逻辑符号

2. "或非"运算

"或"和"非"运算的复合运算称为或非运算,A、B 或非运算的逻辑表达式为

$$Y = \overline{A + B}$$

或非运算的真值表如表 3.5 所示。

表 3.5 或非运算的真值表

A	B	Y	A	B	Y
0	0	1	1	0	0
0	1	0	1	1	0

图 3.8 或非逻辑的逻辑符号

从表 3.5 中可以看出,只有输入全为 0 时,输出才为 1,否则输出为 0。其运算规律可归纳为"有 1 则 0,全 0 才 1"。

实现或非运算的电路称为或非门,或非逻辑和或非门的逻辑符号如图 3.8 所示。

3. "异或"运算

异或运算是指两个输入变量的取值相同时输出为 0,取值不相同时输出为 1。若输入变量为 A、B,则其逻辑表达式为

$$Y = A \oplus B = \overline{A}B + A\overline{B}$$

运算符号"$\oplus$"表示异或运算。异或运算的真值表如表 3.6 所示。

表 3.6 异或运算的真值表

A	B	Y	A	B	Y
0	0	0	1	0	1
0	1	1	1	1	0

由表 3.6 可得出异或运算的运算法则为

$$0 \oplus 0 = 0, \quad 0 \oplus 1 = 1, \quad 1 \oplus 0 = 1, \quad 1 \oplus 1 = 0。$$

即,异或逻辑的运算规律为"相同为 0,相异为 1"。这种逻辑关系与二进制数不进位相加的逻辑关系相同。因不进位相加的器件称为半加器,所以,异或门又称为半加器。

实现异或运算的电路称为异或门,异或逻辑和异或门的逻辑符号如图 3.9 所示。

图 3.9 异或逻辑和异或门的逻辑符号

4. "同或"运算

同或运算是指两个输入变量的取值相同时输出为 1,取值不相同时输出为 0。若输入变量为 A、B,则其逻辑表达式为

$$Y = A \odot B = \overline{A}\,\overline{B} + AB$$

运算符号"$\odot$"表示同或运算。同或运算的真值表如表 3.7 所示。

表 3.7   同或运算的真值表

A	B	Y	A	B	Y
0	0	1	1	0	0
0	1	0	1	1	1

由表 3.7 可得出同或运算的运算法则为

$$0 \odot 0 = 1, \quad 0 \odot 1 = 0, \quad 1 \odot 0 = 0, \quad 1 \odot 1 = 1。$$

图 3.10   同或逻辑和同或
门的逻辑符号

即，同或逻辑的运算规律为"相同为 1，相异为 0"。即同或运算是异或运算的非，同理，异或运算也是同或运算的非。

实现同或运算的电路称为同或门，同或逻辑和同或门的逻辑符号如图 3.10 所示。

由于同或运算是异或运算的非运算，所以有

$$A \oplus B = \overline{A \odot B}$$

或

$$\overline{\overline{A}B + A\overline{B}} = \overline{A}\,\overline{B} + AB$$

由上面的讨论可见，在数字逻辑电路中，对逻辑关系的描述方法有真值表、逻辑表达式、逻辑图等，这几种表示方法是等效的。

3.1.4   逻辑函数的表示方法

表示逻辑函数的方法有很多种，常用的方法有真值表、逻辑表达式、卡诺图和逻辑图等。

1. 真值表

真值表是将输入逻辑变量的所有可能取值与相应的输出变量函数值排列在一起而组成的表格。由于每个输入变量有 0 与 1 两种取值，n 个输入变量就有 2^n 个不同的取值组合。

真值表由两部分组成，左边一栏列出输入变量的所有取值组合，为了不漏掉某一个特定的组合状态，通常各变量取值组合按二进制代码的顺序给出；右边一栏为逻辑函数值。

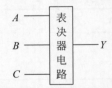

图 3.11   表决器电路示意图

例如，设计三人表决器，其电路示意图如图 3.11 所示。

A、B、C 是电路的输入，并用"1"表示赞同，用"0"表示反对；输出 Y 表示表决结果，当多数人赞同时，用 $Y=1$ 表示通过；当少数人赞同或无人赞同时，用 $Y=0$ 表示否决。三人表决器的真值表如表 3.8 所示。

表 3.8   三人表决器的真值表

A	B	C	Y	A	B	C	Y
0	0	0	0	1	0	0	0
0	0	1	0	1	0	1	1
0	1	0	0	1	1	0	1
0	1	1	1	1	1	1	1

事实上，在前面各种逻辑运算中，已经使用过真值表（见表 3.1～表 3.7）。

真值表是一种十分有用的逻辑工具。在逻辑问题的分析和设计中，将经常用到这一工具。

2. 逻辑表达式

逻辑表达式是将逻辑变量用与、或、非等运算符号按一定规则组合起来表示逻辑函数的一种方法。由真值表可以用最小项法和最大项法推导出相应的逻辑表达式。

（1）最小项法

最小项法是把使输出为 1 的输入组合写成乘积项的形式，其中取值为 1 的输入用原变量表示，取值为 0 的输入用反变量表示，然后把这些乘积项加起来。

由表 3.8 可知，使输出为 1 的输入组合是 $ABC=011$，$ABC=101$，$ABC=110$ 和 $ABC=111$，它们对应的乘积项分别是 $\overline{A}BC$，$A\overline{B}C$，$AB\overline{C}$ 和 ABC，把它们加起来后即得到表决器电路的逻辑表达式为

$$Y = \overline{A}BC + A\overline{B}C + AB\overline{C} + ABC$$

式中，输出变量和输入变量之间的关系是由与和或逻辑关系组成的，且每一个输入变量均以原变量或反变量的形式在与逻辑关系中出现一次，具有这种特征的逻辑关系式称为标准与或式，也称为最小项表达式。

（2）最大项法

最大项法是把使输出为 0 的输入组合写成和项的形式，其中取值为 0 的输入用原变量表示，取值为 1 的输入用反变量表示，然后把这些和项乘起来。

由表 3.8 可知，使输出为 0 的输入组合是 $ABC=000$，$ABC=001$，$ABC=010$ 和 $ABC=100$，它们对应的和项分别是 $(A+B+C)$，$(A+B+\overline{C})$，$(A+\overline{B}+C)$ 和 $(\overline{A}+B+C)$，把它们乘起来后即得到表决器电路的逻辑表达式为

$$Y = (A+B+C)(A+B+\overline{C})(A+\overline{B}+C)(\overline{A}+B+C)$$

式中，输出变量和输入变量之间的关系是由或和与逻辑关系组成的，且每一个输入变量均以原变量或反变量的形式在或逻辑关系中出现一次，具有这种特征的逻辑关系式称为标准或与式，也称为最大项表达式。

任何一个具体的因果关系都可以用逻辑表达式来表示，逻辑表达式简洁方便，有利于逻辑函数的化简和变换。

3. 卡诺图

卡诺图是逻辑函数的一种图形表示。一个逻辑函数的卡诺图就是将此函数的最小项表达式中的各最小项相应地填入一个方格图内，此方格图称为卡诺图。卡诺图在逻辑函数化简中十分有用，将在后面结合逻辑函数的化简问题进行详细介绍。

4. 逻辑图

逻辑图是用逻辑符号表示逻辑函数的一种方法。其中，每一个逻辑符号就是一个最简单的逻辑图。根据表决器的最小项表达式 $Y = \overline{A}BC + A\overline{B}C + AB\overline{C} + ABC$，选择与或门为基本的器件就可以搭建能够实现表决器功能的逻辑图，如图 3.12 所示。

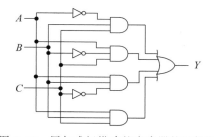

图 3.12　用与或门搭建的表决器的逻辑图

同样地，根据表决器的最大项表达式 $Y = (A+B+C)(A+B+\overline{C})(A+\overline{B}+C)(\overline{A}+B+C)$，也可以搭建以或与门为基本器件的表决器的逻辑图，如图 3.13 所示。

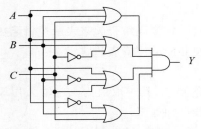

图 3.13　用或与门搭建的表决器的逻辑图

由图 3.12 和图 3.13 可见,两张逻辑图的结构完全不同,但它们能够实现相同的逻辑功能。由此可得,不同结构的逻辑图实现的逻辑功能有可能相同。

逻辑符号与实际器件有着明显的对应关系,能够方便地按逻辑图构成实际电路。因此,逻辑图也称为电路原理图。

上述表示逻辑函数的不同方法各有特点,它们各适用于不同场合。但针对某个具体问题而言,仅是同一问题的不同描述形式,彼此可以很方便地相互变换。这些表示方法可利用 Logisim 软件来仿真,用 Logisim 软件仿真的方法和结果请参阅附录 A 的内容。

3.2　布尔代数的基本定律和基本规则

3.2.1　基本定律

布尔代数的基本定律包括公理、基本公式和常用公式。

1. 公理

公理就是"0"和"1"的运算法则,它是完成运算或变换的最基本的出发点。它包括前面介绍的 3 种基本逻辑运算关系的运算法则,也就是与运算、或运算、非运算的规则。即

与运算规则: $0 \cdot 0 = 0, 0 \cdot 1 = 0, 1 \cdot 0 = 0, 1 \cdot 1 = 1$。

或运算规则: $0 + 0 = 0, 0 + 1 = 1, 1 + 0 = 1, 1 + 1 = 1$。

非运算规则: $\bar{0} = 1, \bar{1} = 0$。

2. 基本公式

根据布尔代数的公理,可以推导出如表 3.9 所示的布尔代数的基本公式。

表 3.9　布尔代数的基本公式

名　　称	公　　式	
0-1 律	$A \cdot 1 = A$	$A + 0 = A$
	$A \cdot 0 = 0$	$A + 1 = 1$
重叠律	$A \cdot A = A$	$A + A = A$
互补律	$A \cdot \bar{A} = 0$	$A + \bar{A} = 1$
交换律	$A \cdot B = B \cdot A$	$A + B = B + A$
结合律	$A \cdot (B \cdot C) = (A \cdot B) \cdot C$	$A + (B + C) = (A + B) + C$
分配律	$A(B + C) = AB + AC$	$A + BC = (A + B)(A + C)$
摩根定律(反演律)	$\overline{A \cdot B} = \bar{A} + \bar{B}$	$\overline{A + B} = \bar{A} \cdot \bar{B}$
非-非律(还原律)	$\overline{\overline{A}} = A$	

这些公式中,有一些是与普通代数不同的,在运用中要特别注意。

证明这些公式是极容易的,最直接的方法,就是将变量的各种可能取值组合代入等式中进行计算,如果等号两边的值相等,则等式成立,否则就不成立。这种证明方法称为真值表

法。例如,用真值表法对摩根定律的证明过程如表 3.10 所示。

表 3.10　证明摩根定律的真值表

A	B	$\overline{A \cdot B}$	$\overline{A} + \overline{B}$	$\overline{A+B}$	$\overline{A} \cdot \overline{B}$
0	0	1	1	1	1
0	1	1	1	0	0
1	0	1	1	0	0
1	1	0	0	0	0

3. 常用公式

应用基本公式,可以推导出一些其他的常用公式。直接运用这些常用公式可以给逻辑函数的化简带来很多方便。表 3.11 给出了布尔代数的一些常用公式。

表 3.11　布尔代数的常用公式

名　称	公　　式	
合并律	$AB + A\overline{B} = A$	$(A+B) \cdot (A+\overline{B}) = A$
吸收律	$A + AB = A$	$A \cdot (A+B) = A$
消因律	$A + \overline{A}B = A + B$	$A \cdot (\overline{A}+B) = A \cdot B$
包含律	$AB + \overline{A}C + BC = AB + \overline{A}C$	$(A+B)(\overline{A}+C)(B+C) = (A+B)(\overline{A}+C)$

下面给出表 3.11 中左侧公式的证明过程。

合并律证明:

$$AB + A\overline{B} = A \cdot (B + \overline{B}) = A \cdot 1 = A$$

可见,如果两乘积项中分别含有 B 和 $\overline{B}$ 形式而其他因子相同,则可消去变量 B,合并成一项。

吸收律证明:

$$A + AB = A \cdot (1 + B) = A \cdot 1 = A$$

可见,在两个乘积项中,如果一个乘积项是另一乘积项(如 AB)的因子,则另一个乘积项是多余的。

消因律证明:

$$A + \overline{A}B = (A + \overline{A}) \cdot (A + B) = 1 \cdot (A + B) = A + B$$

可见,在两个乘积项中,如果一个乘积项的反函数(如 $\overline{A}$)是另一个乘积项的因子,则这个因子是多余的。

包含律证明:

$$AB + \overline{A}C + BC = AB + \overline{A}C + (A + \overline{A})BC$$
$$= AB + \overline{A}C + ABC + \overline{A}BC$$
$$= AB(1 + C) + \overline{A}C(1 + B)$$
$$= AB + \overline{A}C$$

推论:

$$AB + \overline{A}C + BCDE = AB + \overline{A}C$$

可见,如果一个与或表达式中的两个乘积项中,一项含有原变量(如 A),另一项含有反变量(如 $\overline{A}$),而这两个乘积项的其他因子正好是第三个乘积项(或第三个乘积项的部分因子),则第三个乘积项是多余的。

根据对偶规则，可以得到表 3.11 中的右侧公式。对偶规则将在下一节进行介绍。

3.2.2　基本规则

布尔代数的基本规则包括代入规则、反演规则和对偶规则。

1. 代入规则

代入规则是指在任何一个逻辑等式中，如果将等式两端的某个变量都以一个逻辑函数代入，则等式仍然成立。应用代入规则，可扩大公式的应用范围。

例如，$\overline{A+Y}=\overline{A}\,\overline{Y}$，令 $Y=B+C$，则有

$$\overline{A+B+C}=\overline{A}\cdot\overline{B+C}$$

故

$$\overline{A+B+C}=\overline{A}\,\overline{B}\,\overline{C}$$

反复运用代入规则，则有

$$\overline{A+B+C+\cdots}=\overline{A}\,\overline{B}\,\overline{C}\cdots$$

同理可得

$$\overline{ABC\cdots}=\overline{A}+\overline{B}+\overline{C}+\cdots$$

代入规则的正确性是显然的，因为任何逻辑函数都和逻辑变量一样，只有 0 和 1 两种可能的取值。所以用一个函数取代某个变量，等式自然成立。

值得注意的是，使用代入规则时必须将等式中所有出现同一变量的地方均以同一函数代替，否则代入后的等式将不成立。

2. 反演规则

反演规则主要是用来求逻辑函数的反函数，其方法是将原函数中所有的"·"换成"+"、"+"换成"·"；所有的"0"换成"1"、"1"换成"0"；所有原变量变成反变量、反变量变成原变量。这样，所得到的新逻辑表达式就是原函数的反函数。例如，若

$$Y=\overline{A}\overline{B}+CD+0$$

则

$$\overline{Y}=(A+B)\cdot(\overline{C}+\overline{D})\cdot 1$$

反演规则实际上是摩根定律的推广，可通过摩根定律和代入规则得到证明。

使用反演规则时，还需注意以下两点：

① 所求反函数运算的优先顺序要与原函数一致；

② 原函数中不属于单个变量上的长非号在反函数中位置保持不变。

例如，已知函数 $Y_1=\overline{A}+B\cdot(C+\overline{DE})$，根据反演规则得到的反函数应该是

$$\overline{Y_1}=A\cdot[B+\overline{C}\cdot(D+\overline{E})]$$

而不应该是

$$\overline{Y_1}=A\cdot B+\overline{C}\cdot D+\overline{E}$$

再例如，已知函数 $Y_2=A+B+\overline{\overline{C}D+\overline{E}}$，根据反演规则得到的反函数应该是

$$\overline{Y_2}=\overline{A}\cdot\overline{B}\cdot\overline{(\overline{C}+\overline{\overline{D}E})}$$

3. 对偶规则

对偶规则主要是用来求逻辑函数的对偶式，其方法是将原函数中所有的"·"换成"+"、

"+"换成"·"；所有的"0"换成"1"、"1"换成"0"。这样，所得到的新逻辑函数就是原函数的对偶式。例如：若

$$Y = \overline{A(B + \overline{C})}$$

则 Y 的对偶式 Y' 为

$$Y' = \overline{A + B\overline{C}}$$

对偶规则和反演规则的不同之处在于，不需要将原变量和反变量互换。使用对偶规则时，仍需遵循反演规则的两点注意事项。

对比表 3.9 所列的公式，除还原律外，其余同一行公式中的左侧公式和右侧公式两边的表达式是互为对偶式的。因此可知，如果两个逻辑函数相等，则它们的对偶式也相等，这称为对偶规则。

根据对偶规则，当已证明某两个逻辑表达式相等时，便可知道它们的对偶式也相等。

例如，已知 $AB + \overline{A}C + \overline{B}C = AB + C$，根据对偶规则可知等式两端表达式的对偶式也相等，即有

$$(A + B) \cdot (\overline{A} + C) \cdot (\overline{B} + C) = (A + B) \cdot C$$

显然，利用对偶规则可以使定理、公式的证明减少一半。

3.3 逻辑函数的化简

对于某一给定的逻辑函数，其真值表是唯一的，但描述同一个逻辑函数的逻辑表达式却可以是多种多样的。例如，三人表决器使用的标准与或式和标准或与式，除此以外，还可利用布尔代数的基本定律将逻辑表达式转换为各种不同的形式，如与或式、或与式、与或非式、或与非式、与非与非式、或非或非式等。

为了提高数字电路的可靠性，应尽可能地减少所用的元器件数量，这就需要在搭建逻辑图之前，通过化简找出逻辑函数的最简形式，这样既提高了可靠性，又节省了元器件数量，降低了成本。

在不同形式的逻辑函数表达式中，与或表达式最简单直观，同时，与或表达式也比较容易转换成其他形式的表达式。因此，我们将重点放在与或表达式的化简上。

常用的逻辑函数的化简方法有公式化简法和卡诺图化简法。

3.3.1 公式化简法

公式化简法的原理就是反复利用布尔代数的基本定理和基本规则，将逻辑表达式中多余的项和因子消掉。对逻辑函数的标准与或式进行化简，使逻辑表达式中所包含的乘积项最少，且每个乘积项的因子也最少，经过这样处理后的逻辑表达式称为最简与或式。

例如，将三人表决器的标准与或式 $Y = \overline{A}BC + A\overline{B}C + AB\overline{C} + ABC$ 化简为最简与或式的过程如下：

利用布尔代数的重叠律公式 $A = A + A$，可将上述标准与或式改写成

$$Y = \overline{A}BC + A\overline{B}C + AB\overline{C} + ABC + ABC + ABC$$

再利用分配律，提取公因子，可得
$$Y = (\bar{A} + A)BC + A(\bar{B} + B)C + AB(\bar{C} + C)$$
利用互补律，$A + \bar{A} = 1$，可得
$$Y = AB + BC + AC$$

式中所包含的乘积项已最少，且组成每个乘积项的因子也最少，所以它为最简与或式。

根据该最简与或式，选择与或门为基本的器件，可以搭建实现表决器逻辑功能的电路图，如图 3.14 所示。对比图 3.12 和图 3.14 可见，利用最简与或式搭建的逻辑图也是最简的。

图 3.14 的逻辑图是利用与门和或门来搭建的，逻辑图中包含与门和或门两种类型的器件。为了使逻辑图的结构更加简捷，在搭建逻辑图时，通常利用摩根定律将最简与或式转换成与非与非式，转换过程如下：
$$Y = \bar{\bar{Y}} = \overline{\overline{AB + BC + AC}} = \overline{\overline{AB}\ \overline{BC}\ \overline{AC}}$$
式中，输出变量和输入变量之间的逻辑关系完全是与非的关系，所以，称为与非与非式。根据该式搭建的表决器的逻辑图如图 3.15 所示。

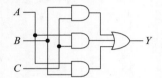
图 3.14　用最简与或式搭建的
表决器的逻辑图

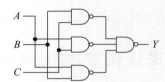
图 3.15　用与非与非式搭建的
表决器的逻辑图

公式化简法没有固定的步骤可以遵循，主要取决于对布尔代数中基本定律和基本规则的熟练掌握及灵活运用的程度。尽管如此，还是可以总结出一些适用于大多数情况的常用方法，包括并项法、吸收法、消去法和配项法等。

（1）并项法

利用合并律公式 $AB + A\bar{B} = A$，将两个与项合并成一个与项，合并后消去互补变量 B。例如，
$$Y = \bar{A}B\bar{C} + \bar{A}BC + \bar{A}\bar{B} = \bar{A}B + \bar{A}\bar{B} = \bar{A}$$

（2）吸收法

利用吸收律公式 $A + AB = A$，消去多余的项 AB。例如，
$$Y = \bar{A}C + \bar{A}BC(E + F) = \bar{A}C$$

（3）消去法

利用消因律公式 $A + \bar{A}B = A + B$，消去多余的因子 $\bar{A}$。例如，
$$Y = AB + \bar{A}C + \bar{B}C = AB + (\bar{A} + \bar{B})C = AB + \overline{AB}C = AB + C$$

（4）配项法

利用下面的公式进行配项，以消去更多的项，当然，还可以直接用来消项。

① 利用重叠律公式 $A + A = A$，重复写入某一项，再与其他项进行合并。例如，
$$Y = \bar{A}B\bar{C} + \bar{A}BC + ABC = (\bar{A}B\bar{C} + \bar{A}BC) + (\bar{A}BC + ABC) = \bar{A}B + BC$$

② 利用互补律公式 $A + \bar{A} = 1$，在某一项上乘以 $(A + \bar{A})$，将一项拆成两项，以便和其他

项进行合并。例如，

$$Y = A\bar{B} + B\bar{C} + \bar{B}C + \bar{A}B = A\bar{B} + B\bar{C} + (A + \bar{A})\bar{B}C + \bar{A}B(C + \bar{C})$$
$$= A\bar{B} + B\bar{C} + A\bar{B}C + \bar{A}\bar{B}C + \bar{A}BC + \bar{A}B\bar{C}$$
$$= A\bar{B} + B\bar{C} + \bar{A}C$$

③ 利用包含律公式 $AB + \bar{A}C + BC = AB + \bar{A}C$，直接消去多余的项 BC，或增加多余项 BC，再与其他项进行合并。例如，

$$Y = AB + \bar{A}C + BCD = AB + \bar{A}C + BC + BCD = AB + \bar{A}C + BC = AB + \bar{A}C$$

上面介绍的是几种常用的方法，举出的例子都比较简单。而实际应用中遇到的逻辑函数往往比较复杂，化简时应灵活、交替地运用上述方法，才能得到最后的化简结果。例如，分别求下列逻辑函数的最简与或表达式：

$$Y_1 = \bar{A}B + AC + \bar{B}C + A\bar{B} + \bar{A}C + BC$$
$$= \bar{A}(B + C) + A(\bar{B} + C) + \bar{B}C + BC$$
$$= (\bar{A} + A)(\bar{B} + C) + \bar{B}C + BC$$
$$= \bar{B} + C + \bar{B}C + BC$$
$$= \bar{B} + C$$

$$Y_2 = AD + A\bar{D} + AB + \bar{A}C + BD + ACEF + \bar{B}E + DEF$$
$$= A + AB + \bar{A}C + BD + ACEF + \bar{B}E + DEF$$
$$= A + \bar{A}C + BD + \bar{B}E + DE + DEF$$
$$= A + C + BD + \bar{B}E + DE$$
$$= A + C + BD + \bar{B}E$$

可以看出，公式化简法的优点是不受变量数目的约束，当对定理和规则十分熟练时化简比较方便；缺点是没有一定的规律和步骤，技巧性很强，而且在很多情况下难以判断化简结果是否为最简。因此，这种方法有较大的局限性。

3.3.2　卡诺图化简法

卡诺图是一种表示、化简和设计逻辑电路的重要工具。相比公式化简法，卡诺图化简法简单、直观、容易掌握。但它也有局限性，只能化简和设计输入变量少的简单数字逻辑电路。

1. 相关概念

（1）最小项

最小项即一个包含了所有输入变量的乘积项（每个输入变量均以原变量或反变量的形式在乘积项中出现，且仅出现一次）。它是根据输入变量的取值组合写出的。n 个输入变量共有 2^n 种取值组合，对应就有 2^n 个最小项。

例如，3 个输入变量共有 $2^3 = 8$ 种取值组合，就有 8 个最小项，即输入变量的取值组合分别是 $ABC = 000, ABC = 001, ABC = 010, ABC = 011, ABC = 100, ABC = 101, ABC = 110$ 和 $ABC = 111$，它们对应的乘积项分别是 $\bar{A}\bar{B}\bar{C}, \bar{A}\bar{B}C, \bar{A}B\bar{C}, \bar{A}BC, A\bar{B}\bar{C}, A\bar{B}C, AB\bar{C}$ 和 ABC。

视频讲解

视频讲解

视频讲解

（2）最小项编号

为了表示方便起见，常常把最小项排列起来，加以编号。编号后的最小项就用 m_i 的形式来表示，其中下标 i 即为编号。编号的方法是把使最小项值为 1 的取值组合当作二进制数，与这个二进制数等值的十进制数就是该最小项的编号。

例如，最小项 $\overline{A}BC$ 为 1 的取值组合为二进制数 011，对应的十进制数是 3，所以，代表 $\overline{A}BC$ 的最小项也可写成 m_3。同样地，代表 $AB\overline{C}$ 的最小项也可写成 m_6。

（3）最小项的性质

从最小项的定义式出发，还可以证明它具有如下性质：

① 在输入变量的任何取值下，必有一个最小项的值为 1。

② 全体最小项之和为 1。

③ 任意两个最小项的乘积为 0。

④ 具有相邻性的两个最小项之和可以合并成一项，并消去一对因子。

两个最小项的相邻性指的是只有一个变量不同、且这个不同变量互为反变量的两个最小项。例如，最小项 ABC 和 $\overline{A}BC$ 仅有输入变量 A 不同，所以它们是具有相邻性的两个最小项，这两个最小项相加的结果可消去一对因子 A 和 $\overline{A}$，消去的过程如下：

$$Y = ABC + \overline{A}BC = (A + \overline{A})BC = BC$$

2. 卡诺图的结构

卡诺图（Karnaugh Map）是一种平面方格图，由莫里斯·卡诺（Maurice Karnaugh）发明。n 个变量的卡诺图由 2^n 个小方格构成，每个小方格与一个最小项对应，并使具有逻辑相邻性的最小项在几何位置上也相邻地排列起来，所得到的图形叫作 n 变量卡诺图。卡诺图也是逻辑函数的一种表示方法，可以把卡诺图看成是真值表图形化的结果。

卡诺图一般画成正方形或矩形。卡诺图中各变量取值的顺序按照循环码规律排列，以保证在几何位置上相邻的最小项在逻辑上也是相邻的。卡诺图中最小项的排列方案不是唯一的，但任何一种排列方案都应保证能清楚地反映最小项的相邻关系，如图 3.16 所示为 2～4 变量卡诺图。

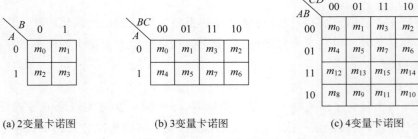

(a) 2变量卡诺图   (b) 3变量卡诺图   (c) 4变量卡诺图

图 3.16 2～4 变量卡诺图

由图 3.16 可以看出，将 n 变量分成了两组，例如，将 3 变量分成了 A 一组，BC 一组，将 4 变量分成了 AB 一组，CD 一组。变量的取值 0 表示相应变量的反变量，1 表示相应变量的原变量。每组的变量取值组合按循环码规律排列。例如，2 个变量的取值组合按 00→01→11→10 排列。必须注意，这里的相邻包含头、尾两组，即 00 与 10 也是相邻的。

3. 逻辑函数的卡诺图表示

任何一个逻辑函数都可以填到与之相对应的卡诺图中，称为逻辑函数的卡诺图。对于确定的逻辑函数，其卡诺图和真值表一样，都是唯一的。

(1) 由真值表画卡诺图

由于卡诺图与真值表一一对应，即真值表的某一行对应着卡诺图的某一个小方格。因此，如果真值表中的某一行函数值为 1，则卡诺图中对应的小方格填 1；如果真值表某一行的函数值为 0，则卡诺图中对应的小方格填 0，这样即可以得到逻辑函数的卡诺图。例如，由表 3.8 三人表决器的真值表，可画出三人表决器的卡诺图表示，如图 3.17 所示。

A \ BC	00	01	11	10
0	0	0	1	0
1	0	1	1	1

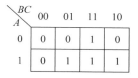

图 3.17 三人表决器的卡诺图表示

(2) 由最小项表达式画卡诺图

当逻辑函数为最小项表达式时，只需在卡诺图上找出和表达式中最小项对应的小方格填上 1，其余小方格填上 0，即可得到该逻辑函数的卡诺图。例如，由三人表决器的最小项表达式 $Y=\bar{A}BC+A\bar{B}C+AB\bar{C}+ABC$，同样可画出如图 3.17 所示的三人表决器的卡诺图。

逻辑函数的最小项表达式还可用 m_i 的求和形式来表示。例如，三人表决器的最小项表达式 $Y=\bar{A}BC+A\bar{B}C+AB\bar{C}+ABC$ 还可以表示为

$$Y(A,B,C)=m_3+m_5+m_6+m_7=\sum m(3,5,6,7)$$

式中，Σ 为逻辑或。

例如，4 变量函数 $Y(A,B,C,D)=\sum m(0,1,3,5,6,9,11,12,13,15)$ 的卡诺图如图 3.18 所示。

AB \ CD	00	01	11	10
00	0	1	1	0
01	0	1	0	1
11	1	1	1	0
10	0	1	1	0

图 3.18 函数 $Y(A,B,C,D)=\sum m(0,1,3,5,6,9,11,12,13,15)$ 的卡诺图

(3) 由逻辑函数表达式画卡诺图

当逻辑函数不是最小项表达式时，首先把逻辑函数表达式展开成最小项表达式，然后在每一个最小项对应的小方格内填 1，其余的小方格内填 0，这样就得到了该逻辑函数的卡诺图。例如，画函数 $Y=AB+BC$ 的卡诺图时，首先将其展开成最小项表达式，即

$$Y=AB+BC=AB(C+\bar{C})+(A+\bar{A})BC=ABC+AB\bar{C}+\bar{A}BC$$

或者表示为 $Y(A,B,C)=\sum m(3,6,7)$。

这样，即可按最小项表达式画出如图 3.19 所示的卡诺图。

A \ BC	00	01	11	10
0	0	0	1	0
1	0	0	1	1

图 3.19 函数 $Y=AB+BC$ 的卡诺图

4. 用卡诺图化简逻辑函数

卡诺图的结构特点使卡诺图具有一个重要性

质:可以从图形上直观地找出相邻最小项。当相邻的方格都为 1 时,可将其合并,利用公式消去一个或多个变量,合并的结果是消去不同的变量、保留相同的变量,进而达到化简逻辑函数的目的。

(1) 卡诺图中最小项合并的规律

一般来说,2^n 个相邻最小项合并时,可消去 n 个变量,即 2 个相邻最小项合并成一项时,可消去 1 个变量;4 个相邻最小项合并成一项时,可消去 2 个变量;8 个相邻最小项合并成一项时,可消去 3 个变量。

(2) 用卡诺图化简逻辑函数的步骤

用卡诺图化简逻辑函数时可以按如下步骤进行:

① 先将函数填入相应的卡诺图中;

② 按作圈原则将图上填 1 的小方格圈起来。每个圈就是一个乘积项。

③ 由作圈的结果写出最简与或表达式。

(3) 作圈的原则

作圈时,应遵循如下原则:

① 必须按 $2^i(i=0,1,2,3,\cdots,n)$ 的规律来圈取值为 1 的相邻最小项;

② 每个取值为 1 的相邻最小项至少圈一次,可以圈多次。

③ 圈数要最少,这样可以使化简后的逻辑函数的乘积项数最少;圈中应包含尽量多的最小项,这样可以使乘积项的因子最少。

④ 每个圈中应至少可以找到一个只被圈过一次的最小项,避免多余项。

画圈完成后,应当检查是否符合以上原则。尤其要注意是否漏圈了最小项(独立的最小项单独作圈);圈是否圈小了(相邻还包括上下底边相邻,左右边相邻,四角相邻);是否有多余的圈(某个圈中的 1 都被其他圈圈过)。只要能正确画圈,就能获得函数的最简与或表达式。

(4) 由圈写最简与或表达式的方法

由圈写最简与或表达式的方法如下。

① 将每个圈用一个乘积项表示。其中,圈内各最小项中相同的因子保留,相异的因子消去;相同因子取值为 1 时用原变量表示,取值为 0 时用反变量表示。

② 将各乘积项相或,便得到最简与或表达式。

例如,用卡诺图化简法化简逻辑函数 $Y(A,B,C,D)=\sum m(0,2,5,6,7,8,10,14,15)$ 为最简与或式的过程如下:

首先,将函数填入相应的卡诺图中,然后,按作圈原则将图上填 1 的小方格圈起来,如图 3.20 所示。

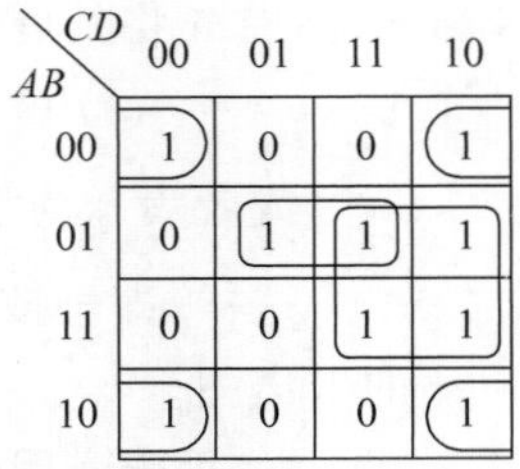

$\dfrac{CD}{AB}$	00	01	11	10
00	1	0	0	1
01	0	1	1	1
11	0	0	1	1
10	1	0	0	1

图 3.20　函数 $Y(A,B,C,D)=\sum m(0,2,5,6,7,8,10,14,15)$ 的卡诺图及作圈

最后,由作圈的结果写出最简与或表达式为 $Y=\overline{B}\,\overline{D}+BC+\overline{A}BD$。

同样地,逻辑函数 $Y(A,B,C,D)=\sum m(3,4,5,7,9,13,14,15)$ 的卡诺图及作圈如图 3.21 所示,得到最简与或表达式为 $Y=\overline{A}B\overline{C}+\overline{A}CD+A\overline{C}D+ABC$。

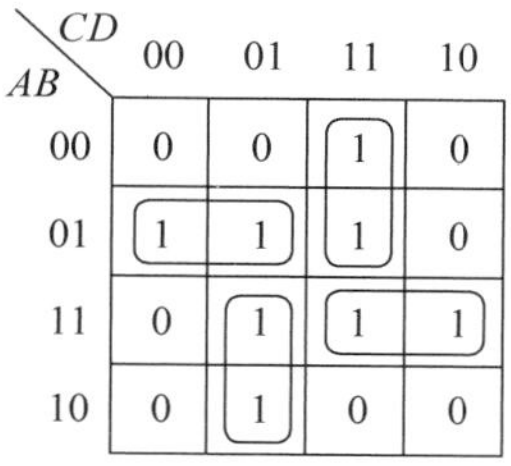

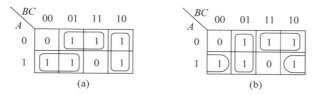

图 3.21　函数 $Y(A,B,C,D)=\sum m(3,4,5,7,9,13,14,15)$ 的卡诺图及作圈

需要说明的是,在有些情况下,不同圈法得到的与或表达式都是最简形式,即一个函数的最简与或表达式不是唯一的。

例如,用卡诺图化简法化简逻辑函数 $Y=A\overline{C}+\overline{A}C+\overline{B}C+B\overline{C}$,分别得到如图 3.22(a) 或(b)所示的两种作圈形式。

图 3.22　函数 $Y=A\overline{C}+\overline{A}C+\overline{B}C+B\overline{C}$ 的卡诺图及作圈

对应得到最简与或表达式分别为 $Y=\overline{A}C+A\overline{B}+B\overline{C}$,或 $Y=\overline{A}B+A\overline{C}+\overline{B}C$。两个结果虽然形式不同,但功能相同。

5. 具有无关项的逻辑函数的化简

在某些实际问题的逻辑关系中,有时会遇到这样的问题:对应于输入变量的某些取值组合,函数的值可以是任意的,或者这些输入变量的取值根本不会也不允许出现,这些输入变量取值所对应的最小项称为无关项或任意项、约束项。

例如,当 8421BCD 码作为输入变量时,1010~1111 这 6 种状态所对应的最小项就是无关项。

从定义可以看出,无关项是不决定函数值的最小项,也就是说,与无关项对应的逻辑函数值既可以看成 1,也可以看成 0。因此在卡诺图或真值表中,无关项常用 φ、d 或 x 来表示。在标准与或式中,用 $φ_i$、d_i 或 x_i 的求和形式来表示。

因为无关项的值可以根据需要取 0 或取 1,所以在用卡诺图化简逻辑函数时,充分利用无关项(作圈时,圈内的无关项取值为 1,圈外的无关项取值为 0),可以使逻辑函数进一步得到简化。

例如,求一位十进制数(采用 8421BCD 码)的四舍五入进位控制信号的最简与或表达式。

设电路输入信号 A、B、C、D 是一位十进制数 x 的 8421BCD 码,其中,A 为高位,D 为低位;电路输出信号 Y 为四舍五入进位控制,即当数 $x\geqslant 5$ 时输出 Y 为 1。

不利用无关项和利用无关项的卡诺图作圈结果分别如图 3.23(a)和(b)所示。

(a) 不利用无关项　　(b) 利用无关项

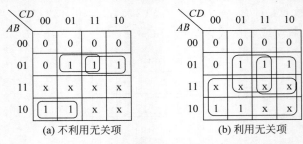

图 3.23　不利用无关项和利用无关项的卡诺图及作圈

对应得到最简与或表达式分别为 $Y=\bar{A}BD+\bar{A}BC+A\bar{B}\bar{C}$ 和 $Y=BD+BC+A$。

可见,充分利用无关项,可以使函数结果更简化。

例如,求逻辑函数 $Y(A,B,C,D)=\sum m(0,3,4,7,11)+\sum \phi(8,9,12,13,14,15)$ 的最简与或表达式,卡诺图作圈结果如图 3.24 所示,化简结果为 $Y=\bar{C}\bar{D}+CD$。

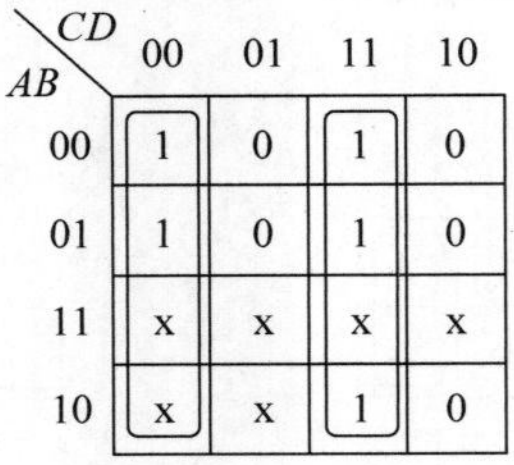

图 3.24　函数 $Y(A,B,C,D)=\sum m(0,3,4,7,11)+\sum \phi(8,9,12,13,14,15)$ 的卡诺图及作圈

卡诺图化简法和公式化简法在功能上是等效的,但是使用卡诺图化简法更直观,更有利于初学者掌握。卡诺图的缺点是随着输入变量数量的增加,图形迅速复杂化。所以,卡诺图化简法只适于化简变量数小于 5 的逻辑函数。

习题

3.1　试用真值表、卡诺图、逻辑图表示逻辑函数 $Y=(A+B)C$。

3.2　用真值表证明下列等式:

(1) $A(B\oplus C)=(AB)\oplus(AC)$

(2) $A\bar{B}+\bar{A}B=(\bar{A}+\bar{B})(A+B)$

(3) $\bar{A}\bar{B}+\bar{A}\bar{C}+\bar{B}\bar{C}=\overline{AB}\,\overline{AC}\,\overline{BC}$

(4) $A\bar{B}+\bar{A}\bar{C}=\overline{AB+\bar{A}C}$

3.3　利用反演规则和对偶规则求下列函数的反函数和对偶函数:

(1) $Y=AB+\bar{C}\bar{D}$

(2) $Y=[(A\bar{B}+C)D+E]G$

(3) $Y=(A+B)(\bar{A}+CD)+\bar{E}$

(4) $Y=\overline{AB}+C\bar{D}+\overline{A+\bar{C}+\overline{D+E}}$

3.4 将下列逻辑函数表示成最小项表达式的简写形式：

(1) $Y(A,B,C)=C+AB\bar{C}$

(2) $Y(A,B,C,D)=\bar{A}B+A+\bar{B}C+\bar{A}BC\bar{D}$

3.5 用布尔代数的定理和规则证明下列等式：

(1) $\bar{B}+AB+\bar{A}=1$

(2) $A\bar{B}+A\bar{C}+(\overline{A+C})D+CD=A\bar{B}+A\bar{C}+D$

(3) $(A\oplus B)\odot(AB)=\bar{A}\bar{B}$

(4) $Y=\overline{\bar{A}B+\bar{A}C}=A\bar{B}+A\bar{C}$

3.6 什么叫最简与或表达式？化简逻辑函数表达式的意义是什么？

3.7 用公式化简法求下列逻辑函数的最简与或式：

(1) $Y=AB+AC+\bar{B}\bar{C}+\bar{A}\bar{B}$

(2) $Y=A\bar{B}CD+AB\bar{C}D+A\bar{B}+A\bar{D}+A\bar{B}C$

(3) $Y=AB\bar{C}+\bar{A}BC+A\bar{B}\bar{C}+\bar{A}C$

(4) $Y=\overline{AC+\bar{A}BC+\bar{B}\bar{C}+AB\bar{C}}$

3.8 用卡诺图化简法求下列逻辑函数的最简与或表达式：

(1) $Y=\bar{A}\bar{B}+\bar{A}\bar{C}D+AC+B\bar{C}$

(2) $Y(A,B,C,D)=\sum m(0,1,3,5,6,9,11,12,13,15)$

(3) $Y(A,B,C,D)=\sum m(0,3,6,9)+\sum \phi(10,11,12,13,14,15)$

(4) $Y(A,B,C,D)=\sum m(2,3,9,11,12)+\sum \phi(5,6,8,10,13)$

第4章

集成逻辑门电路

知识导学

习题答案

在数字系统中,各种逻辑运算是由基本逻辑电路来实现的。这些基本电路控制着系统中信息的流通,它们的作用和门的开关作用极为相似,故称为逻辑门电路,简称逻辑门或门电路。逻辑门是逻辑设计的最小单位,不论其内部结构如何,在数字电路逻辑设计中都仅作为基本元件出现。

本章在简单地对集成电路进行基本介绍的基础上,主要讨论集成逻辑门电路的逻辑功能及外部特性。

4.1 集成电路

随着微电子技术的发展,人们不再使用二极管、三极管、电阻、电容等分立元件设计各种逻辑器件,而是把实现各种逻辑功能的元器件及其连线都集中制造在同一块半导体材料基片上,并封装在一个壳体中,通过引线与外界联系,这就构成了所谓的集成电路(Integrated Circuit,IC),通常又称为集成电路芯片。采用集成电路进行数字系统设计,不仅可以大大简化设计和调试过程,而且可以使数字系统具有可靠性高、可维护性好、功耗低、成本低等优点。

4.1.1 集成电路的分类

(1) 根据所用半导体器件的不同分类

根据所采用的半导体器件的不同,数字集成电路可分成 TTL 电路和 MOS(Metal-Oxide-Semiconductor,即金属-氧化物-半导体)电路两大系列。

TTL 数字集成电路是利用自由电子和空穴两种载流子导电的,所以又称为双极性电路。MOS 数字集成电路是只用一种载流子(自由电子或空穴)导电的电路,所以又称为单极性电路。其中,用电子导电的称为 N 型金属-氧化物-半导体(N-Metal-Oxide-Semiconductor,NMOS)电路;用空穴导电的称为 P 型金属-氧化物-半导体(P-Metal-Oxide-Semiconductor,PMOS)电路;用 NMOS 及 PMOS 复合起来组成的电路,称为 CMOS 电路。

TTL 和 CMOS 集成电路是目前数字系统中应用最广泛的基本电路,集成电路的性能如表 4.1 所示。

表 4.1 集成电路的性能

类型	优　点	缺　点	适应场合
TTL	功耗较大、速度快	对电源变化敏感(5 ± 0.5V)、抗干扰能力一般	中小规模集成电路、高速信号处理、接口应用

续表

类型	优 点	缺 点	适 应 场 合
CMOS	功耗低、集成度高、电源适应范围广(3～18V)、抗干扰能力强	速度不够高、对静电破坏敏感	中小规模集成电路、电子计算机、自动仪器仪表

相对而言,TTL 集成电路的特点是速度快、负载能力强,但功耗较大、结构较复杂,集成度较低;CMOS 集成电路的特点是结构简单、制造方便、集成度高、工作电源电压范围宽、功耗低、抗干扰能力强,但速度一般比 TTL 集成电路稍慢。

尽管 TTL 和 CMOS 集成电路所用的半导体器件不同,但从逻辑功能和应用的角度上讲,两者没有多大的区别。从产品的角度上讲,凡是 TTL 集成电路具有的芯片,CMOS 集成电路一般也具有,两者的芯片不仅功能相同,而且芯片的尺寸、管脚的分配都相同。换句话说,以 TTL 为基础设计实现的电路,也可以用 CMOS 电路来替代。因此,在数字电路系统设计时,不必事先考虑设计目标芯片的类型。

(2) 根据集成规模的大小分类

一块集成电路芯片所容纳的逻辑门数量反映了芯片的集成度,集成度越高,单个芯片所实现的逻辑功能就越强。随着集成电路技术的高速发展,数字电路的集成度越来越高。根据数字集成电路中包含的门电路或元器件数量,可将数字集成电路分为小规模集成电路(Small-Scale Integration,SSI)、中规模集成电路(Medium-Scale Integration,MSI)、大规模集成电路(Large-Scale Integration,LSI)、超大规模集成电路(Very-Large-Scale Integration,VLSI)、特大规模集成电路(Ultra-Large-Scale Integration,ULSI)和巨大规模集成电路(Giga Scale Integration,GSI)。表 4.2 列出了数字集成电路的集成度分类依据。

表 4.2　数字集成电路的集成度分类依据

分　类	集　成　度	典型集成电路
小规模集成电路(SSI)	<10 个逻辑门/片	逻辑门、触发器
中规模集成电路(MSI)	10～100 个逻辑门/片	编码器、译码器、集成计时器、寄存器
大规模集成电路(LSI)	100～10 000 个逻辑门/片	半导体存储器、某些计算机外设
超大规模集成电路(VLSI)	>1 万个逻辑门/片	存储器、微处理器
特大规模集成电路(ULSI)	>10 万个逻辑门/片	存储器、微处理器
巨大规模集成电路(GSI)	>1 亿个元件/片	存储器、微处理器

小规模集成电路于 1960 年出现,在一块硅片上包含的门电路在 10 个以内,或元器件数量不超过 100 个,如逻辑门、触发器等。

中规模集成电路于 1966 年出现,在一块硅片上包含的门电路在 10～100 个,或元器件数量在 100～1000 个,如编码器、译码器、集成计时器、寄存器等。

大规模集成电路于 1970 年出现,在一块硅片上包含的门电路在 1000 个以上,或元器件数量在 1000～10 000 个,如半导体存储器、某些计算机外设等。

超大规模集成电路是 20 世纪 70 年代后期研制成功的,在一块芯片上包含的门电路在 1 万个以上,或元器件数量在 100 000～1 000 000 个。超大规模集成电路主要用于制造存储器和微处理器。超大规模集成电路的研制成功是微电子技术的一次飞跃,大大推动了电子技术的进步,从而带动了军事技术和民用技术的发展。超大规模集成电路已成为衡量一个国家科学技术和工业发展水平的重要标志，也是世界主要工业国家竞争最激烈的一个领域。

1993 年，随着集成了 1000 万个晶体管的 16M 闪存（内存器件）和 256M 动态随机存取内存（Dynamic Random Access Memory，DRAM）的研制成功，进入了特大规模集成电路时代。特大规模集成电路包含的门电路在 10 万个以上，或元器件数量在 1 000 000～10 000 000 个。特大规模集成电路集成度的迅速增长主要取决于以下两个因素：一是晶体生长技术已达到极高的水平；二是制造设备不断完善，加工精度、自动化程度和可靠性的提高已使器件尺寸进入深亚微米级领域。

1994 年，由于集成 1 亿个元件的 1G DRAM 的研制成功，进入了巨大规模集成电路时代。随着微电子工艺的进步，集成电路的规模越来越大，简单地以集成元件数目来划分集成电路类型已经没有多大的意义了，目前暂时以"巨大规模集成电路"来统称集成规模超过 1 亿个元器件的集成电路。

（3）根据逻辑功能的不同特点分类

根据逻辑功能的特点不同，数字集成电路可以分为通用型和专用型两类。前面介绍的中、小规模集成电路都属于通用型数字集成电路。通用型集成电路的逻辑功能简单且固定不变，在组成复杂数字系统时经常用到，所以这些器件具有很强的通用性。

从理论上来讲，用这些通用型的中、小规模集成电路可以组成任何复杂的数字系统。随着集成电路的集成度越来越高，如果能把所设计的数字系统做成一片大规模集成电路，则不仅能减小电路的体积、重量和功耗，而且可以使电路的可靠性大为提高。这种为某种专门用途而设计的集成电路称为专用集成电路（Application Specific Integrated Circuit，ASIC）。ASIC 的使用在生产、生活中非常普遍，比如手机、平板电脑中的主控芯片都属于 ASIC。

4.1.2　集成电路的型号组成

按照国家标准（GB 3430—1989）的规定，集成电路的型号由五部分组成，各部分的含义如表 4.3 所示。第一部分用字母"C"表示该集成电路为中国制造，即符合国家标准；第二部分用字母表示集成电路的类型；第三部分用数字或数字与字母混合表示集成电路的系列和品种代号；第四部分用字母表示电路的工作温度范围；第五部分用字母表示集成电路的封装形式。

表 4.3　国标（GB 3430—1989）集成电路型号命名及含义

国标		电路类型		编号	温度范围		封装形式	
符号	含义	符号	含义	含义	符号	含义	符号	含义
C	中国制造	B	非线性电路	用数字或数字与字母混合表示器件系列和品种代号	C	0～70℃	B	塑料扁平
		C	CMOS 电路		G	−25～70℃	C	陶瓷芯片载体
		D	音响、电视电路		L	−24～85℃	D	多层陶瓷双列直插
		E	ECL 电路		E	−40～85℃	E	塑料芯片载体
		F	线性放大器		R	−55～85℃	F	多层陶瓷扁平
		H	HTL 电路		M	−55～125℃	G	网络阵列
		J	接口电路				H	黑瓷扁平
		M	存储器				J	黑瓷双列直插
		W	稳压器				K	金属菱形
		T	TTL 电路				P	塑料双列直插

续表

国标		电路类型		编号	温度范围		封装形式	
符号	含义	符号	含义	含义	符号	含义	符号	含义
C	中国制造	μ	微型机电路	用数字或数字与字母混合表示器件系列和品种代号			S	塑料单列直插
		AD	AD转换器				T	金属圆形
		DA	DA转换器					
		SC	通信专用电路					
		SS	敏感电路					
		SW	钟表电路					

例如,型号 CT74LS04CP 表示的含义如下:

第一部分字母 C 表示国标。

第二部分字母 T 表示 TTL 电路。

第三部分是器件系列和品种代号:74 表示国际通用 74 系列;54 表示军用产品系列;LS 表示低功耗肖特基系列;04 为品种代号,表示该集成电路为六反相器。

第四部分字母表示器件工作温度,C 为 0~70℃。

第五部分字母表示器件封装形式,P 为塑料双列直插式封装。

CT74LS××CP 可简称或简写为 74LS×× 或 LS××。

再如,型号 CC4001EJ 表示的含义如下:

第一部分字母 C 表示国标。

第二部分字母 C 表示 CMOS 电路。

第三部分是器件系列和品种代号:4001 表示该集成电路为二输入端四或非门。

第四部分字母表示器件工作温度,E 为 -40℃~85℃。

第五部分字母表示器件封装形式,J 为黑瓷双列直插式封装。

对于 4000 系列,可简称或简写为 40××。

4.1.3　集成电路的封装形式

集成电路的封装是把器件的核心晶粒封装在一个支撑物内。封装不仅可以有效防止物理损坏及化学腐蚀芯片内部,而且还提供对外连接的引脚,使芯片能更加方便地安装在印制电路板(Printed Circuit Board,PCB)上。常见的集成电路封装形式有直插式封装和表面贴装封装两种类型。

图 4.1(a)、(b)分别给出了一个封装类型(双列直插式封装)的外观图及剖面图,其中露出了封装内部的电路芯片,标出了芯片连接的封装引脚,用以连接外部的各种电路。

集成电路的引脚排列次序有一定的规律,一般是从外壳顶部向下看,从左下脚按逆时针方向读数,其中第一脚附近一般有参考标志,如凹槽、色点等。14 条引脚的双列直插式封装芯片的引脚编号如图 4.2 所示。

1. 直插式封装

常见的直插式封装有双列直插式、单列直插式以及插针网格阵列封装等。

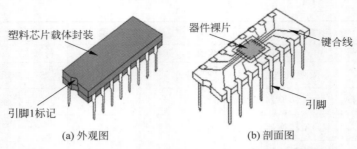

(a) 外观图　　　　　(b) 剖面图

图 4.1　一个封装类型(双列直插式封装)的外观图及剖面图

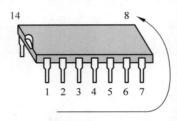

图 4.2　14 条引脚的双列直插式封装芯片的引脚编号

(1) 双列直插式封装(Dual In-line Package,DIP)

DIP 为直插式封装之一,引脚从封装两侧引出,按封装材料分为塑料 DIP 和陶瓷 DIP 两种。DIP 是最普及的直插式封装,其引脚数一般不超过 100 个。应用范围包括中小规模集成电路、大规模集成电路存储器、微机电路等。采用 DIP 形式封装的芯片有两排引脚,需要插入到具有 DIP 结构的芯片插座上。DIP 封装的芯片在从芯片插座上插拔时,需要注意不要损伤引脚。DIP 封装外形如图 4.3 所示。

DIP 封装适合在 PCB 上穿孔焊接,操作方便。但因其芯片面积与封装面积之间的比值较大,故体积也较大。Intel 系列 CPU 中的 8088 就采用 DIP,缓存(Cache)和早期的内存芯片也是这种封装形式。

(2) 单列直插式封装(Single In-line Package,SIP)

SIP 为直插式封装之一,引脚从封装一个侧面引出,排列成一条直线。当装配到 PCB 上时封装呈侧立状。SIP 封装的形状各异,引脚数量 2～23,多数为定制产品。SIP 封装外形如图 4.4 所示。

图 4.3　DIP 封装外形　　　　　　图 4.4　SIP 封装外形

(3) 插针网格阵列封装(Pin Grid Array Package,PGA)

PGA 常见于微处理器的封装,PGA 封装的芯片内外有多个方阵形的插针,每个方阵形插针沿芯片的四周间隔一定距离排列,根据管脚数目的多少,可以围成 2~5 圈。安装时,将芯片插入专门的 PGA 插座。PGA 封装外形如图 4.5 所示。

为了使得 CPU 能够更方便地安装和拆卸,从 80486 芯片开始,出现了一种 ZIF(Zero Insertion Force,零插拔力)中央处理器(Central Processing Unit,CPU)插座,专门用来满足 PGA 封装的 CPU 在安装和拆卸上的要求。对于同样管脚的芯片,PGA 封装通常要比过去常见的 DIP 封装需用的面积更小。该技术一般用于插拔操作比较频繁的场合之中。

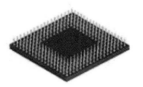

图 4.5 PGA 封装外形

把 ZIF 插座上的扳手轻轻抬起,CPU 就可很容易、轻松地插入插座中。然后将扳手压回原处,利用插座本身的特殊结构生成的挤压力,将 CPU 的引脚与插座牢牢地接触,绝对不存在接触不良的问题。而拆卸 CPU 芯片只需将 ZIF 插座的扳手轻轻抬起,则压力解除,CPU 芯片即可轻松取出。

PGA 封装插拔操作更方便、可靠性高,可适应更高的频率。Intel 系列 CPU 中,80486 和 Pentium、Pentium Pro 均采用这种封装形式。

2. 表面贴装封装

表面贴装封装是一种新的集成电路封装技术,比直插式封装更加紧凑,适用于高密集度、细小化的集成电路。表面贴装封装的特点是器件引脚直接焊接于 PCB 的表面,使得整体封装后的电路板可以更加紧凑,且生产过程比直插式封装更加自动化、高效快速。

常见的表面贴装封装有小外型封装、四方扁平封装、无引线陶瓷芯片载体封装、塑封引线芯片载体封装以及球栅阵列封装等。

(1) 小外型封装(Small Outline Package,SOP)

SOP 是 20 世纪 70 年代末起源的一种封装形式,同时也是表面贴装封装之一,引脚从封装两侧引出呈海鸥翼状(L 字形)。SOP 封装材料主要分为塑料和陶瓷两种。SOP 封装外形如图 4.6 所示。

图 4.6 SOP 封装外形

SOP 的应用范围很广,主板的频率发生器芯片就是选用 SOP。SOP 除了用于存储器 LSI 外,还可以用于其他领域,如输入输出端子不超过 10~40 的领域。随着时代的进步和需求的变化,也逐渐派生出 J 型引脚小外型封装(Small Out-Line J-Leaded Package,SOJ)、薄小型 SOP(Thin SOP,TSOP)、缩小型 SOP(Shrink SOP,SSOP)、薄的缩小型 SOP(Thin Shrink SOP,TSSOP)、小外型集成电路封装(Outline Integrated Circuit Package,SOIC)等。

(2) 四方扁平封装(Quad Flat Package,QFP)

QFP 是一种表面贴装的封装形式,封装的芯片引脚之间距离很短,引脚很细,其引脚数一般在 100 个以上。通常应用于通信、网络设备、消费类电子产品等领域。一般大规模或超大型集成电路都采用这种封装形式。QFP 封装外形如图 4.7 所示。

QFP 适用于采用贴装技术在 PCB 上安装布线,适合高频下使用,其操作方便、可靠性高,并且芯片面积与封装面积之间的比值较小。Intel 系列 CPU 中 80286、80386 和某些 80486 主板采用 QFP 封装形式。

（3）无引线陶瓷芯片载体封装（Leadless Ceramic Chip Carrier，LCCC）

LCCC 是没有引脚的一种封装。芯片被封装在陶瓷载体上，外形有正方形和矩形两种，无引线的电极焊端排列在封装底面上的四边。LCCC 封装外形如图 4.8 所示。

图 4.7   QFP 封装外形   图 4.8   LCCC 封装外形

LCCC 引出端子的特点是在陶瓷外壳侧面有类似城堡状的金属化凹槽与外壳底面镀金电极相连，提供了较短的信号通路，电感和电容损耗较低，可用于高频工作状态，如微处理器单元、门阵列和存储器。LCCC 集成电路的芯片是全密封的，可靠性高，但价格高，主要用于军用产品中。

（4）塑封引线芯片载体封装（Plastic Leaded Chip Carrier，PLCC）

PLCC 封装外形呈正方形，四周都有管脚，外形尺寸比 DIP 小得多。PLCC 适合用表面贴装技术（Surface Mounted Technology，SMT），在 PCB 上安装布线，具有外形尺寸小、可靠性高的优点。PLCC 封装外形如图 4.9 所示。

PLCC 封装材料通常采用塑料，成本低，适用于大规模生产和自动化生产线。

（5）球栅阵列封装（Ball Grid Array Package，BGA）

BGA 是从 PGA 改良而来，是一种将某个表面以格状排列的方式覆满引脚的封装方法。它是一种适用于高性能、高集成度的集成电路封装技术。BGA 封装外形如图 4.10 所示。

图 4.9   PLCC 封装外形   图 4.10   BGA 封装外形

BGA 封装通过将小球焊接的方式与 PCB 连接，采用颗粒间接触的形式实现电连接，避免了与 PCB 之间的信号突变，进一步提升了电路的性能和可靠性。BGA 封装主要应用于高速和高密度的集成电路。

除了以上几种常见的集成电路芯片封装形式，还有其他封装形式。在未来，随着技术的不断发展和市场需求的变化，集成电路芯片封装形式也会不断更新和创新，为电子产业的发展带来更大的助力。

4.2　集成逻辑门电路

门电路是一种用电脉冲控制的开关电路,具有一个或几个输入端,而输出端往往只有一个。它规定各个输入信号之间满足某种逻辑关系时,才有信号输出。即当输入端满足一定条件时,门电路就"开门",允许信号通过;当输入端不满足一定条件时就"关门",不允许信号通过。其输入量与输出量之间符合一定的逻辑关系,因此门电路也称逻辑开关电路。

所以,逻辑门电路就是用来实现基本的逻辑运算和复合逻辑运算的单元电路。按门电路的逻辑功能分为:与门、或门、非门(反相器)、与非门、或非门、异或门、三态门等。

4.2.1　常用逻辑门电路图形符号

常用逻辑门电路表达式及逻辑图符号如表 4.4 所示。

表 4.4　常用逻辑门电路表达式及逻辑图符号

逻　辑　门	表　达　式	符　号
与门	$Y=AB$	
或门	$Y=A+B$	
非门	$Y=\overline{A}$	
与非门	$Y=\overline{AB}$	
或非门	$Y=\overline{A+B}$	
异或门	$Y=A\oplus B$	
三态门	当 $E=1$ 时,$Y=A$; 当 $E=0$ 时,$Y=Z$。	
	当 $E=1$ 时,$Y=\overline{A}$; 当 $E=0$ 时,$Y=Z$。	
	当 $\overline{E}=0$ 时,$Y=A$; 当 $\overline{E}=1$ 时,$Y=Z$。	
	当 $\overline{E}=0$ 时,$Y=\overline{A}$; 当 $\overline{E}=1$ 时,$Y=Z$。	

三态门电路是具有三种输出状态,即高电平、低电平和高电阻的门电路。三态门的逻辑符号是在普通门电路的基础上,多了一个控制端 $\overline{E}$ 或 E,称为使能端。当使能端有效时,其逻辑功能与普通逻辑门功能相同。而当使能端无效时,输出呈现高阻态(通常用字母 Z 来表示),输出端相当于断路态。高阻态也称禁止态。

通常,普通门与三态门为基本逻辑电路,以它们为基础,将普通门电路进行有序搭接,可组成复杂的组合型逻辑电路。

4.2.2 典型的集成门电路

TTL 电路是数字电子技术中常用的一种逻辑门电路。最早的 TTL 门电路是 74 系列(又称标准 TTL 系列),后来出现了 74H(高速系列)、74L(低功耗系列)、74S(肖特基系列)、74LS(低功耗肖特基系列)、74AS(先进肖特基系列)、74ALS(先进低功耗肖特基系列)等系列。CMOS 数字集成电路主要分为 4000 系列(4500 系列)、74HC 系列、74HCT 系列等。

除工作参数不同外,相同序号的不同系列的器件之间的引脚功能、排列顺序是相同的。根据不同的条件和要求可选择不同类型的系列产品。

1. 集成与门

与门种类繁多,常见的集成与门有 2 输入与门、3 输入与门、4 输入与门等。

如图 4.11(a)、(b)所示分别是 2 输入端四与门 74LS08(TTL 电路)和 CD4081(CMOS电路)的内部结构及引脚排列图。2 输入端四与门,即该集成电路内部有四个独立的 2 输入与门电路,其逻辑表达式为

$$Y = AB$$

图 4.11 中,各独立的逻辑门共用一个电源和地线。其中,TTL 电路中的 V_{CC} 为电源引脚,GND 为接地引脚;CMOS 电路中的 V_{DD} 为电源引脚,V_{SS} 为接地引脚。下述的其他器件与此类同。

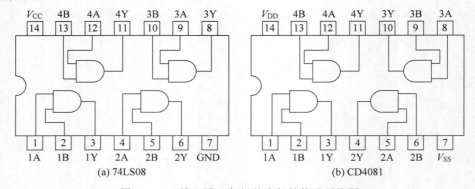

图 4.11 2 输入端四与门的内部结构及引脚图

如图 4.12(a)、(b)所示分别是 3 输入端三与门 74LS11(TTL 电路)和 CD4073(CMOS电路)的引脚排列图。3 输入端三与门,即该集成电路内部有三个独立的 3 输入与门电路,其逻辑表达式为

$$Y = ABC$$

如图 4.13(a)、(b)所示分别是 4 输入端二与门 74LS21(TTL 电路)和 CD4082(CMOS电路)的引脚排列图。4 输入端二与门,即该集成电路内部有二个独立的 4 输入与门电路,其逻辑表达式为

$$Y = ABCD$$

图 4.13 中,电路中的 NC 为空脚,表示"不连接"或"无连接",即所用芯片的引脚不需要连接到要使用的电路。下述的其他器件与此类同。

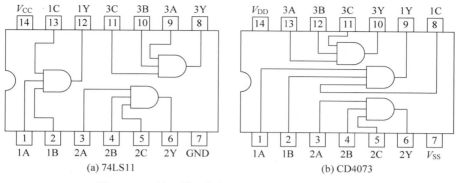

图 4.12 3 输入端三与门的内部结构及引脚排列图

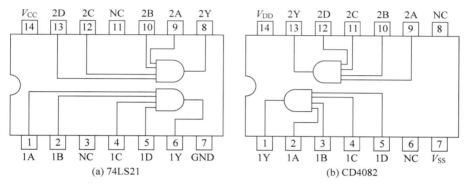

图 4.13 4 输入端二与门的内部结构及引脚排列图

2. 集成或门

常见的集成或门有 2 输入或门、3 输入或门、4 输入或门等。

如图 4.14(a)、(b)所示分别是 2 输入端四或门 74LS32(TTL 电路)和 CD4071(CMOS 电路)的引脚排列图。2 输入端四或门,即该集成电路内部有四个独立的 2 输入或门电路,其逻辑表达式为

$$Y = A + B$$

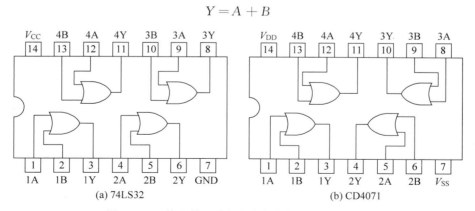

图 4.14 2 输入端四或门的内部结构及引脚排列图

如图 4.15(a)、(b)所示分别是 3 输入端三或门 CD4075(CMOS 电路)和 4 输入端二或门 CD4072(CMOS 电路)的引脚排列图。

3 输入端三或门，即该集成电路内部有三个独立的 3 输入或门电路，其逻辑表达式为

$$Y = A + B + C$$

4 输入端二或门，即该集成电路内部有二个独立的 4 输入或门电路，其逻辑表达式为

$$Y = A + B + C + D$$

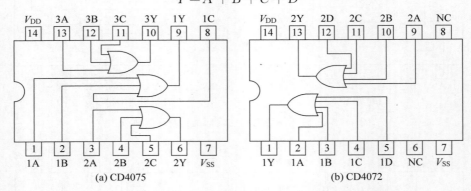

(a) CD4075　　　　　　　　　(b) CD4072

图 4.15　3 输入端三或门和 4 输入端二或门的内部结构及引脚图

3. 集成非门（反相器）

非门，即反相器。非门有一个输入和一个输出，如图 4.16(a)、(b)所示分别是六反相器 74LS04（TTL 电路）和 CD4069（CMOS 电路）的引脚排列图，六反相器，即该集成电路内部有六个独立的非门电路，其逻辑表达式为

$$Y = \overline{A}$$

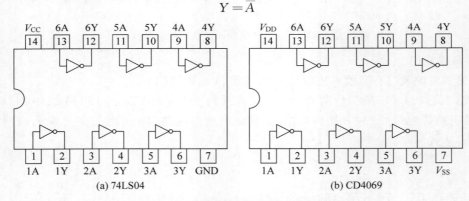

(a) 74LS04　　　　　　　　　(b) CD4069

图 4.16　六反相器的内部结构及引脚排列图

4. 集成与非门

常见的集成与非门有 2 输入与非门、3 输入与非门、4 输入与非门、8 输入与非门等。

如图 4.17(a)、(b)所示分别是 2 输入端四与非门 74LS00（TTL 电路）和 CD4011（CMOS 电路）的内部结构及引脚排列图。2 输入端四与非门，即该集成电路内部有四个独立的 2 输入与非门电路，其逻辑表达式为

$$Y = \overline{AB}$$

如图 4.18(a)、(b)所示分别是 3 输入端三与非门 74LS10（TTL 电路）和 CD4023（CMOS 电路）的内部结构及引脚排列图。3 输入端三与非门，即该集成电路内部有三个独立的 3 输入与非门电路，其逻辑表达式为

$$Y = \overline{ABC}$$

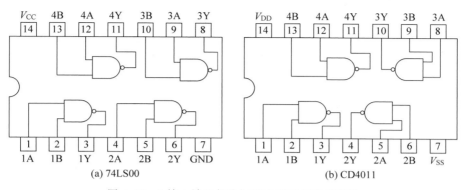

图 4.17　2 输入端四与非门的内部结构及引脚图

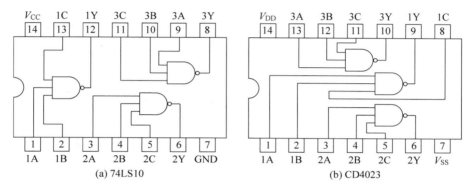

图 4.18　3 输入端三与非门的内部结构及引脚图

如图 4.19(a)、(b)所示分别是 4 输入端二与非门 74LS20(TTL 电路)和 CD4012(CMOS 电路)的内部结构及引脚排列图。4 输入端二与非门,即该集成电路内部有二个独立的 4 输入与非门电路,其逻辑表达式为

$$Y = \overline{ABCD}$$

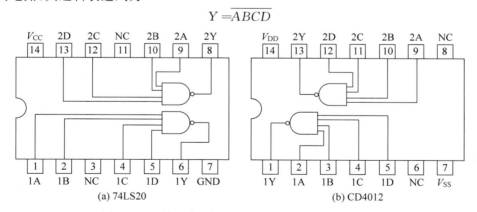

图 4.19　4 输入端二与非门的内部结构及引脚排列图

如图 4.20 所示是 8 输入端与非门 74LS30(TTL 电路)的内部结构及引脚排列图。8 输入端与非门,即该集成电路内部有一个 8 输入与非门电路,其逻辑表达式为

$$Y = \overline{ABCDEFGH}$$

5. 集成或非门

常见的集成或非门有 2 输入或非门、3 输入或非门、4 输入或非门等。

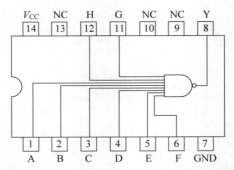

图 4.20　8 输入端与非门 74LS30 的内部结构及引脚排列图

如图 4.21(a)、(b)所示分别是 2 输入端四或非门 74LS02(TTL 电路)和 CD4001(CMOS 电路)的内部结构及引脚排列图。2 输入端四或非门，即该集成电路内部有四个独立的 2 输入或非门电路，其逻辑表达式为

$$Y = \overline{A + B}$$

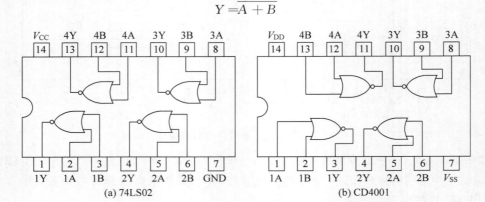

(a) 74LS02　　　　　　　　　(b) CD4001

图 4.21　2 输入端四或非门的内部结构及引脚排列图

如图 4.22(a)、(b)所示分别是 3 输入端三或非门 74LS27(TTL 电路)和 CD4025(CMOS 电路)的内部结构及引脚排列图。3 输入端三或非门，即该集成电路内部有三个独立的 3 输入或非门电路，其逻辑表达式为

$$Y = \overline{A + B + C}$$

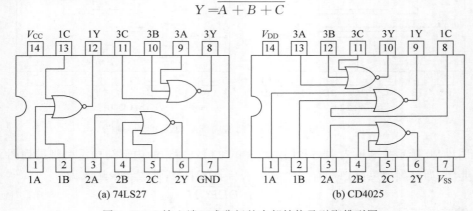

(a) 74LS27　　　　　　　　　(b) CD4025

图 4.22　3 输入端三或非门的内部结构及引脚排列图

　　如图 4.23 所示是 4 输入端二或非门 CD4002(CMOS 电路)的内部结构及引脚排列图。
4 输入端二或非门,即该集成电路内部有二个独立的 4 输入或非门电路,其逻辑表达式为

$$Y = \overline{A + B + C + D}$$

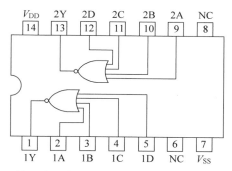

图 4.23　4 输入端二或非门 CD4002 的内部结构及引脚排列图

6. 集成异或门

　　异或门有两个输入和一个输出。如图 4.24(a)、(b)所示分别是 2 输入端四异或门 74LS86
(TTL 电路)和 CD4070(CMOS 电路)的内部结构及引脚排列图。2 输入端四异或门,即该集
成电路内部有四个独立的 2 输入异或门电路,其逻辑表达式为

$$Y = A \oplus B$$

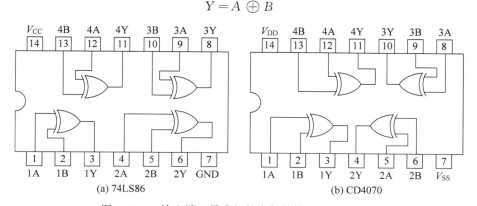

图 4.24　2 输入端四异或门的内部结构及引脚排列图

7. 集成三态门(总线缓冲器)

　　三态门又称总线缓冲器。总线是一组导线,是数据传送的公共通路。在总线结构的计
算机中,多个部件挂在总线上,共享总线。总线传送数据具有分时性,即在某一时刻,只允许
一组数据发送到总线上,但可以有多个部件接收总线上的数据。

　　在总线结构的系统中,为了能在总线上传送不同部件的信号,研制了相应的逻辑器件,
称为三态门。三态门是一种扩展逻辑功能的输出级,也是一种控制开关。三态门在总线传
输中起暂存缓冲数据的作用。

　　如图 4.25 所示是四总线缓冲器 74LS125(TTL 电路)的内部结构及引脚排列图。四总
线缓冲器,即该集成电路内部有 4 个独立的总线缓冲器。其中,$\overline{G}$ 为使能端,低电平有效。
74LS125 的输出与输入信号同相位。

　　如图 4.26 所示是八反相缓冲器 74LS240(TTL 电路)的内部结构及引脚排列图。八反

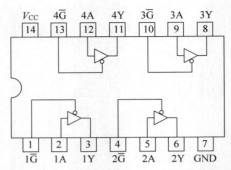

图 4.25　四总线缓冲器 74LS125 的内部结构及引脚排列图

相缓冲器,即该集成电路内部有 8 个独立的反相器电路。与普通反相器电路相比较,每路反相器除输入端、输出端外,多出一个控制端 $\overline{OE}$。信号的传输不但与输入信号状态相关,而且与 $\overline{OE}$ 的状态相关。当 $\overline{OE}$ 为低电平时,电路处于"开门",即通态,相当于普通反相器的功能;当 $\overline{OE}$ 为高电平时,电路处于"关门",传输状态被阻断,输出端处于高阻状态。74LS240 的两个 $\overline{OE}$ 分别控制四路反相器电路的开、关门。

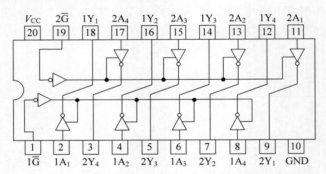

图 4.26　八反相缓冲器 74LS240 的内部结构及引脚图

典型的总线缓冲器芯片还有 8 位三态缓冲器 74LS244 和 74LS245,用来进行总线的传输控制。其中,74LS244 是单向传输,而 74LS245 是双向传输。

如图 4.27 所示是 74LS244 的内部结构及引脚排列图。

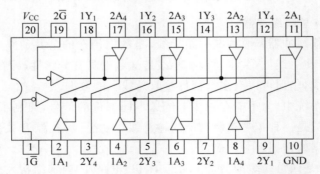

图 4.27　8 位三态缓冲器 74LS244 的内部结构及引脚图

芯片 74LS244 与芯片 74LS240 的逻辑功能相似,只不过 74LS240 是反相输出,而 74LS244 是同相输出。

芯片74LS244可用来进行总线的单向传输控制,其内部共有两个4位三态缓冲器,使用时可分别以$1\overline{G}$和$2\overline{G}$作为它们的选通工作信号。当$1\overline{G}$和$2\overline{G}$都为低电平时,开关接通,三态门传输信号,输出端Y和输入端A状态相同,称为工作状态;当$1\overline{G}$和$2\overline{G}$都为高电平时,开关断开,三态门不能传输信号,输出呈高阻态,以Z表示。

如图4.28所示是74LS245的内部结构及引脚排列图。

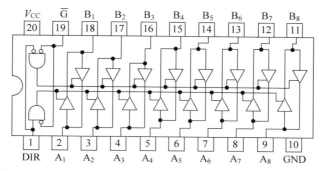

图4.28　8位三态缓冲器74LS245的内部结构及引脚排列图

74LS245可用来进行总线的双向传输控制,所以也称总线收发器。74LS245可以将8位的数据在两个方向上进行传输,并且可以通过控制信号使其实现三态输出。它包含两组8位的数据输入输出端(A/B端)以及一个方向控制信号DIR。当DIR为高电平时,数据从A端到B端;当DIR为低电平时,数据从B端到A端。同时,74LS245还有一个输出使能控制信号$\overline{OE}$,可以控制输出是否有效。当$\overline{OE}$为高电平时,输出无效,此时74LS245处于高阻输出状态。

4.2.3　集成门电路的使用特性

1. 电源电压范围

TTL电路的工作电源电压范围很窄,一般为$4.5\sim5.5V$,建议使用$+5V$稳压电源供电。

CMOS集成电路的工作电源电压范围较宽,为$3\sim18V$,74HC系列为$2\sim6V$。

2. 平均传输延迟时间

平均传输延迟时间是反映门电路工作速度的一个重要参数。以与非门为例,在输入端加上一个正方波,则需要一定的时间间隔才能从输出端得到一个负方波。若定义输入波形前沿的50%到输出波形前沿的50%之间的时间间隔t_1为前沿延迟;同样,若定义t_2为后沿延迟,则它们的平均值称为平均传输延迟时间t_{pd},即$t_{pd}=(t_1+t_2)/2$,平均传输延迟时间简称平均时延。

TTL电路的工作速度快,平均时延短,为$5\sim10ns$。CMOS电路的工作速度慢,平均时延长,为$25\sim50ns$。

3. 平均功耗

集成电路的功耗和集成密度密切相关。功耗大的的元器件集成度不能很高;否则,器件因无法散热而容易烧毁。

当输出端空载,门电路输出低电平时电路的功耗称为空载导通功耗P_{on}。当输出端为高电平时,电路的功耗称为空载截止功耗 P_{off}。平均功耗 P 为它们的平均值,即 $P=(P_{on}+P_{off})/2$。

例如,74H 系列 TTL 门电路,平均功耗为 22mW。而 CMOS 门电路平均功耗在微瓦数量级。

4. 扇入系数

门电路允许的输入端数目称为该门电路的扇入系数。一般门电路的扇入系数为 1～5,最多不超过 8。实际应用中若要求门电路的输入端数目超过它的扇入系数,可使用与扩展器或者或扩展器来增加输入端数目,也可改用分级实现的方法。

实际应用中若要求门电路的输入端数目小于它的扇入系数,可将多余的输入端接高电平或低电平,这取决于门电路的逻辑功能。

5. 扇出系数

门电路通常只有一个输出端,但它能与下一级的多个门的输入端连接。一个门的输出端所能连接的下一级门输入端的个数称为该门电路的扇出系数,或称负载能力。TTL 门电路的扇出系数一般为 8,驱动门的扇出系数可达 25。CMOS 门电路的扇出系数更大一些,可达 50 以上。

6. 多余输入端的处理

多余输入端的处理是在使用数字集成电路时经常遇到的实际问题。例如,一个四输入端的与非门在设计时只使用 3 个输入端,有一个输入端未使用,这时就需要正确处理这个多余输入端。

对于多余输入端,一般不悬空,主要是防止干扰信号从悬空输入端引入电路。多余输入端的处理,应以不改变电路正常逻辑功能且稳定工作为原则。

对于与门、与非门的多余输入端,可以直接接正电源(接电源相当于接高电平 1)或逻辑高电平。如果前级驱动能力允许,也可将不使用的输入端并接在使用的输入端上。

对于或门、或非门的多余输入端,可以直接接地(接地相当于接低电平 0)或逻辑低电平。同样地,如果前级驱动能力允许,也可将不使用的输入端并接在使用的输入端上。

4.3　正逻辑和负逻辑

4.3.1　正逻辑与负逻辑的概念

前面介绍各种逻辑门电路时,是约定用高电平表示逻辑 1、低电平表示逻辑 0 来讨论其逻辑功能的。事实上,用电平的高和低表示逻辑值 1 和 0 的关系并不是唯一的。既可以规定用高电平表示逻辑 1、低电平表示逻辑 0,也可以规定用高电平表示逻辑 0,低电平表示逻辑 1。这就引出了正逻辑和负逻辑的概念。

通常,将用高电平表示逻辑 1,低电平表示逻辑 0 的规定称为正逻辑。反之,将用高电平表示逻辑 0,低电平表示逻辑 1 的规定称为负逻辑。

4.3.2　正逻辑与负逻辑的关系

对于同一电路,正逻辑与负逻辑的规定不涉及逻辑电路本身的结构与性能好坏,但不同的规定可使同一电路具有不同的逻辑功能。例如,假定某逻辑门电路的输入/输出电平关系如表 4.5 所示。若按正逻辑规定,则可得到表 4.6 所示的真值表,由真值表可知,该电路是一个正逻辑的与门;若按负逻辑规定,则可得到表 4.7 所示的真值表,由真值表可知,该电路是一个负逻辑的或门。即正逻辑与门等价于负逻辑或门。

表 4.5 输入/输出电平关系

A	B	Y	A	B	Y
L	L	L	H	L	L
L	H	L	H	H	H

表 4.6 正逻辑真值表

A	B	Y	A	B	Y
0	0	0	1	0	0
0	1	0	1	1	1

表 4.7 负逻辑真值表

A	B	Y	A	B	Y
0	0	0	1	0	1
0	1	1	1	1	1

上述逻辑关系可以用反演规则得到证明。假定一个正逻辑与门的输出为 Y,输入为 A、B,即有

$$Y = A \cdot B$$

根据反演规则,可得

$$\overline{Y} = \overline{A} + \overline{B}$$

这就是说,若将一个逻辑门的输出和所有输入都反相,则正逻辑变为负逻辑。据此,可将正逻辑门转换为负逻辑门。几种常用逻辑门的正、负逻辑符号变换如表 4.8 所示。

表 4.8 逻辑门的正、负逻辑符号变换

正逻辑表示	等 效	负逻辑表示
	正与⇔负或	
	正或⇔负与	
	正与非⇔负或非	
	正或非⇔负与非	

对于相同逻辑电路,用正逻辑关系推导出"与"的结果,称为"正与";而在负逻辑关系下推导出"或"的结果,称为"负或"。"正与"和"负或"是相同电路的不同功能表示形式。同理,"正或"和"负与"也是相同电路的不同功能表示形式。

在分析数字电路时,必须事先规定是采用正逻辑还是负逻辑关系。在本教材中,逻辑电路的推导全部采用正逻辑,为了便于叙述,将正逻辑的"正"字省略。

习题

4.1 根据所采用的半导体器件不同,集成电路可分为哪两大类? 各自的主要优缺点是什么?

4.2 怎样判断门电路逻辑功能是否正常? 试举例说明。

4.3 如图 4.29(a)所示为三态门组成的总线换向开关电路,其中,A、B 为信号输入端,分别送入两个频率不同的信号;EN 为换向控制端,输入信号和控制电平的波形如图 4.29(b)所示。试画出 Y_1、Y_2 的波形。

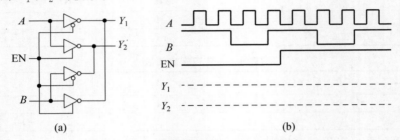

图 4.29 逻辑电路及有关信号波形

4.4 与非门一个输入端接连续脉冲,其余输入端什么状态时允许脉冲通过? 什么状态时禁止脉冲通过?

4.5 什么叫正逻辑? 什么叫负逻辑?

第5章

组合逻辑电路

知识导学

习题答案

在数字系统中,常用的各种逻辑电路按其结构、工作原理和逻辑功能可分为两大类:组合逻辑电路和时序逻辑电路。前面学过的门电路就属于最简单的组合逻辑电路。组合逻辑电路不但能独立完成各种复杂的逻辑功能,而且是时序逻辑电路的组成部分,它在数字系统中的应用十分广泛。

本章首先介绍组合逻辑电路的特点,然后介绍组合逻辑电路分析和设计的基本方法,最后介绍组合逻辑电路中的竞争-冒险。

5.1 组合逻辑电路的特点

由若干逻辑门组成的具有一组输入和一组输出的非记忆性逻辑电路,即为组合逻辑电路。它任意时刻产生的稳定输出值,仅取决于该时刻各输入值的组合,而与电路原来的状态无关,其一般结构框图如图 5.1 所示。

图 5.1 中,$X_0 \sim X_{m-1}$ 是电路的 m 个输入信号,$Y_0 \sim Y_{n-1}$ 是电路的 n 个输出信号。输出信号是输入信号的函数,表示为

$$Y_i = F_i(X_0, X_1, \cdots, X_{m-1}), \quad i = 0, 1, \cdots, n$$

从电路结构上看,组合逻辑电路由逻辑门电路组

图 5.1 组合逻辑电路的一般结构

成,不包含任何记忆元件,且其输入与输出信号是单向传输的,不存在任何反馈回路。

描述组合逻辑电路逻辑功能的方法主要有逻辑表达式、真值表、卡诺图、逻辑图、波形图等。

5.2 组合逻辑电路的分析

视频讲解

分析组合逻辑电路是为了确定已知电路的逻辑功能,或检查电路设计是否合理。分析就是根据给定的逻辑图,找出输出信号与输入信号之间的关系,从而确定电路的逻辑功能。

5.2.1 组合逻辑电路的分析方法

尽管各种组合逻辑电路在功能上千差万别,但是它们的分析方法有共同之处。掌握了分析方法,就可以识别任何一个给定的组合逻辑电路的逻辑功能。

组合逻辑电路的分析过程如图 5.2 所示。

图 5.2　组合逻辑电路的分析过程

组合逻辑电路分析的一般步骤如下。

(1)根据给定逻辑电路图写出输出与输入之间的逻辑函数表达式

为了确保写出的逻辑函数表达式正确无误,一般是在认清电路中所有逻辑器件和相互连线的基础上,从输入端开始往输出端逐级推导,直至得到所有与输入变量相关的输出函数表达式为止。用电路的输出函数表达式来表示电路的输出与输入之间的逻辑关系。

(2)化简输出函数表达式

根据给定逻辑电路写出的输出函数表达式不一定是最简表达式,为了简单、清晰地反映输入/输出之间的逻辑关系,应对逻辑函数表达式进行化简。化简的方法可以是公式化简法或卡诺图化简法。

(3)列出输出函数真值表

有时,为了使电路的逻辑功能更加直观,还可以将输出函数表达式转换为真值表的形式,再对电路功能进行描述。因为有时候,通过逻辑函数表达式不能直观地看出电路的逻辑功能,这时就需要通过真值表来判断。

把全部输入组合代入输出函数最简表达式,计算得出输出结果,并以真值表的形式表示出来。真值表详尽地给出了输入/输出取值关系,它通过逻辑值直观地描述了电路的逻辑功能。

(4)功能描述

根据真值表和化简后的输出函数表达式,概括出对电路逻辑功能的文字描述,并对原电路的设计方案进行评价,必要时提出改进意见和改进方案。

以上分析步骤是就一般情况而言的,实际应用中可根据问题的复杂程度和具体要求对上述步骤进行适当取舍。

5.2.2　组合逻辑电路的分析举例

【例 5-1】　试分析图 5.3 所示电路的逻辑功能。

解:(1)根据逻辑电路图,写出输出函数表达式

根据电路中各逻辑门的功能,从输入端开始逐级写出函数表达式如下:

$$Y = \overline{\overline{AB} \cdot \overline{BC} \cdot \overline{AC}}$$

(2)化简输出函数表达式

用公式化简法对输出函数 Y 的表达式化简如下:

$$Y = AB + BC + AC$$

(3)根据化简后的函数表达式列出真值表

该函数的真值表如表 5.1 所示。

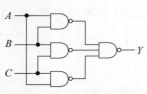

图 5.3　例 5-1 逻辑电路

表 5.1　例 5-1 真值表

A	B	C	Y	A	B	C	Y
0	0	0	0	1	0	0	0
0	0	1	0	1	0	1	1
0	1	0	0	1	1	0	1
0	1	1	1	1	1	1	1

（4）功能描述

分析真值表后可以看出,该电路的三个输入变量中,只有两个及两个以上变量取值为 1 时,输出才为 1。因此,通常称该电路为"三人表决电路"。

【例 5-2】　试分析图 5.4 所示电路的逻辑功能。

解:（1）根据逻辑电路图,写出输出函数表达式

根据电路中各逻辑门的功能,从输入端开始逐级写出函数表达式如下:

图 5.4　例 5-2 逻辑电路

$$Y = A \oplus B \oplus C$$

（2）根据函数表达式列出真值表

该函数的真值表如表 5.2 所示。

表 5.2　例 5-2 真值表

A	B	C	Y	A	B	C	Y
0	0	0	0	1	0	0	1
0	0	1	1	1	0	1	0
0	1	0	1	1	1	0	0
0	1	1	0	1	1	1	1

（3）功能描述

分析真值表后可以看出,该电路的三个输入变量中,取值有奇数个 1 时,Y 为 1,否则 Y 为 0。因此,该电路可用于检查 3 位二进制码的奇偶性,由于在输入的二进制码含有奇数个 1 时,输出有效信号,通常称该电路为"三变量奇校验电路"。

【例 5-3】　试分析图 5.5 所示电路的逻辑功能。

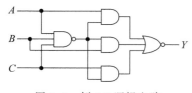

图 5.5　例 5-3 逻辑电路

解:（1）根据逻辑电路图,写出输出函数表达式

根据电路中各逻辑门的功能,从输入端开始逐级写出函数表达式如下:

$$Y = \overline{A \cdot \overline{ABC} + B \cdot \overline{ABC} + C \cdot \overline{ABC}}$$

（2）化简输出函数表达式

用公式化简法对输出函数 Y 的表达式化简如下:

$$Y = \overline{A \cdot \overline{ABC} + B \cdot \overline{ABC} + C \cdot \overline{ABC}}$$

$$= \overline{\overline{ABC}(A + B + C)}$$

$$= \overline{\overline{ABC}} + \overline{A + B + C}$$

$$= ABC + \overline{A} \cdot \overline{B} \cdot \overline{C}$$

（3）根据函数表达式列出真值表

该函数的真值表如表 5.3 所示。

表 5.3　例 5-3 真值表

A	B	C	Y	A	B	C	Y
0	0	0	1	1	0	0	0
0	0	1	0	1	0	1	0
0	1	0	0	1	1	0	0
0	1	1	0	1	1	1	1

（4）功能描述

分析真值表后可以看出，该电路的三个输入变量取相同值时，Y 为 1，否则 Y 为 0。换句话说，当输入取值一致时输出为 1，不一致时输出为 0。可见，该电路具有检查输入信号是否一致的逻辑功能，一旦输出为 1，则表明输入一致。因此，通常称该电路为"一致性判定电路"。

由分析可知，该电路的设计方案并不是最简的。根据化简后的输出函数表达式，可画出实现给定功能的简化后的逻辑电路图，如图 5.6 所示。显然，它比原电路简单、清晰。

【例 5-4】　一个二输入端、二输出端的组合逻辑电路如图 5.7 所示，分析该电路的功能。

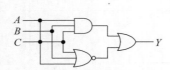

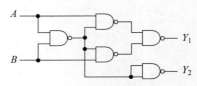

图 5.6　例 5-3 简化后的逻辑电路　　　　图 5.7　例 5-4 逻辑电路

解：（1）根据逻辑电路图，写出输出函数表达式

$$Y_1 = \overline{\overline{\overline{AB} \cdot A} \cdot \overline{\overline{AB} \cdot B}}$$

$$Y_2 = \overline{\overline{\overline{AB}}}$$

（2）化简输出函数表达式

用公式化简法对输出函数化简如下：

$$Y_1 = \overline{\overline{\overline{AB} \cdot A} \cdot \overline{\overline{AB} \cdot B}}$$

$$= \overline{AB} \cdot A + \overline{AB} \cdot B$$

$$= (\overline{A} + \overline{B}) \cdot A + (\overline{A} + \overline{B}) \cdot B$$

$$= A\overline{B} + \overline{A}B$$

$$Y_2 = \overline{\overline{\overline{AB}}}$$

$$= AB$$

（3）根据化简后的函数表达式列出真值表

该函数的真值表如表 5.4 所示。

表 5.4　例 5-4 真值表

A	B	Y_1	Y_2
0	0	0	0
0	1	1	0
1	0	1	0
1	1	0	1

（4）功能描述

分析真值表后可以看出，该电路的两个输入变量 A、B 都为 0 时，输出 Y_1 为 0，Y_2 也为 0；当 A、B 中有 1 个为 0 时，输出 Y_1 为 1，Y_2 为 0；当 A、B 都为 1 时，输出 Y_1 为 0，Y_2 为 1。这符合两个 1 位二进制数相加的原则，即 A、B 为两个加数，Y_1 是 A、B 相加的和 (S)，Y_2 是相加产生的进位 (C_O)。该电路通常称作"半加器"，它能实现两个一位二进制数的加法运算。

【例 5-5】　分析图 5.8 所示组合逻辑电路。已知电路输入 $ABCD$ 为 8421 码，说明该电路的功能。

解：（1）根据逻辑电路图，写出输出函数表达式

$$Y_1 = A \oplus (B \cdot (C + D))$$
$$Y_2 = B \oplus (C + D)$$
$$Y_3 = C \oplus \overline{D}$$
$$Y_4 = \overline{D}$$

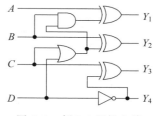

图 5.8　例 5-5 逻辑电路

（2）根据函数表达式列出真值表

由于电路输入 $ABCD$ 为 8421 码，所以 $ABCD$ 只允许取值 0000～1001。根据所得输出函数表达式，可列出真值表如表 5.5 所示。

表 5.5　例 5-5 真值表

$ABCD$	$Y_1Y_2Y_3Y_4$	$ABCD$	$Y_1Y_2Y_3Y_4$
0000	0011	0101	1000
0001	0100	0110	1001
0010	0101	0111	1010
0011	0110	1000	1011
0100	0111	1001	1100

（3）功能描述

分析真值表后可以看出，该电路的输出 $Y_1Y_2Y_3Y_4$ 是一位十进制数的余 3 码，即该电路是一个将 8421 码转换成余 3 码的代码转换电路。

以上例子说明了组合逻辑电路分析的一般方法。从讨论过程可以看出，通过对电路进行分析，不仅可以找出电路输入、输出之间的关系，确定电路的逻辑功能，同时还能对某些设计不合理的电路进行改进和完善。

5.3　组合逻辑电路的设计

组合逻辑电路的设计就是根据实际问题所要求完成的逻辑功能，设计出在特定条件下

视频讲解

实现该功能的最简逻辑电路。所谓的"最简"，是希望所设计的电路使用的器件的数量最少、种类最少，器件之间的连线最少。器件的数量最少、种类最少，可以降低电路的复杂度和成本。器件之间的连线最少，可以提高电路的可靠性。

显然，电路设计是电路分析的逆过程。

5.3.1　组合逻辑电路的设计方法

组合逻辑电路的设计过程如图 5.9 所示。

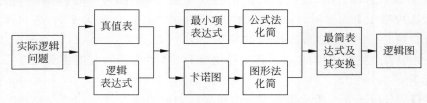

图 5.9　组合逻辑电路的设计过程

组合逻辑电路设计的一般步骤如下。

（1）进行逻辑抽象

在很多情况下，实际问题所要求完成的逻辑功能都是用文字来描述的，逻辑抽象就是将文字描述的功能要求抽象为一种逻辑关系，即分析因果关系：确定输入变量与输出变量；对其进行状态赋值；将状态归类后，将因果关系用真值表或经过分析用逻辑表达式表示出来。这一步最为关键，因为如果分析错误，即逻辑抽象错误，所设计出的电路就不能达到设计的要求。

（2）求出逻辑函数的最简表达式

基于小规模集成电路的组合逻辑电路设计是以门电路作为电路的基本单元，所以要以最简方案为目标，即应使使用的门电路的数目最少，而且门的输入端数目也最少。因此，需要求出逻辑函数的最简表达式。

由真值表可以直接写出逻辑函数的最小项表达式，然后用公式法化简为最简表达式；由真值表还可以画出逻辑函数的卡诺图，然后用图形法化简为最简表达式。

进行逻辑抽象得到的逻辑表达式如果不是最简，同样需要化简为最简表达式。

（3）选择逻辑门类型并进行逻辑函数变换

在进行组合逻辑电路设计时，常常有指定用某种器件来实现的要求。在这种情况下，可以根据逻辑函数的运算规则，把化简后的逻辑表达式变换为满足选定的逻辑门对应的形式。例如，可以把最简与或式变换为与非式，满足全部用与非门来实现电路设计的要求。

（4）画出逻辑电路图

根据变换后的逻辑表达式画出逻辑电路图。

以上设计步骤是就一般情况而言的，根据实际问题的难易程度和设计者的熟练程度，有时可跳过其中的某些步骤。在设计过程中可视具体情况灵活掌握。

5.3.2　组合逻辑电路的设计举例

【例 5-6】　设计一个监视交通信号灯状态的电路，以判断交通信号灯是否发生故障。

解：（1）进行逻辑抽象

首先，确定输入变量与输出变量。假设用 R、Y、G 分别代表红、黄、绿交通信号灯的 3 个输入变量，用输出变量 E 表示信号灯故障的结果。则电路的功能为：如果 R、Y、G 信号灯出现故障，则输出 E 为 1。由此得到电路框图如图 5.10 所示。

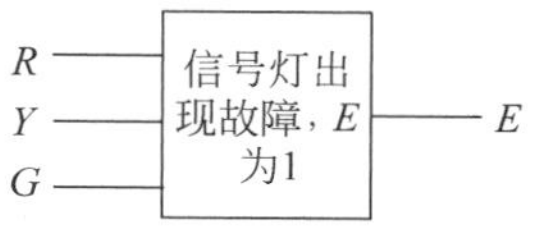

接着，对输入变量与输出变量进行状态赋值。假设约定输入变量取值为 0 表示信号灯灭，取值为 1 表示信号灯亮；输出变量取值为 0 表示无故障，取值为 1 表示有故障。

然后，将状态进行归类。本例即确定什么是正常状态，什么是故障状态。经分析，正常的工作状态是 R、Y、G 信号灯中每次有且只有一个灯亮，函数 E 的值为 0。其他情况都为故障的状态，函数 E 的值为 1。根据状态分类，可列出该逻辑函数的真值表如表 5.6 所示。

图 5.10 例 5-6 电路框图

表 5.6 例 5-6 真值表

R	Y	G	E	R	Y	G	E
0	0	0	1	1	0	0	0
0	0	1	0	1	0	1	1
0	1	0	0	1	1	0	1
0	1	1	1	1	1	1	1

（2）求出逻辑函数的最简表达式

由真值表求逻辑函数的最简表达式有两种方法。

方法一是先基于真值表写出逻辑函数最小项表达式后，再利用公式法化简得到。

首先，对应每一个输出 E 为 1 时输入的取值，写一个与式。与式中，当输入变量取值为 1，写为原变量的形式；当输入变量取值为 0，写为非变量的形式。接着用或符号连接与式，得到逻辑函数标准与或表达式，即函数 E 的最小项表达式为

$$E = \bar{R}\bar{Y}\bar{G} + \bar{R}YG + R\bar{Y}G + RY\bar{G} + RYG$$

然后利用公式法化简，过程如下

$$E = \bar{R}\bar{Y}\bar{G} + \bar{R}YG + R\bar{Y}G + RY\bar{G} + RYG$$

$$= \bar{R}\bar{Y}\bar{G} + (\bar{R} + R)YG + R(\bar{Y} + Y)G + RY(\bar{G} + G)$$

$$= \bar{R}\bar{Y}\bar{G} + YG + RG + RY$$

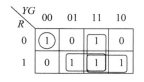

图 5.11 函数 E 的卡诺图

方法二是先基于真值表做出函数 E 的卡诺图，如图 5.11 所示。用卡诺图化简后得到函数的最简与或表达式为

$$E = \bar{R}\bar{Y}\bar{G} + YG + RG + RY$$

（3）选择逻辑门类型并进行逻辑函数变换

如果对设计的电路有选用特定的逻辑门类型的要求，则需要对逻辑函数进行形式变换。

按上述得到的逻辑函数 E 的最简式，如果选择非门和与或门，则无须再进行逻辑函数变换；而如果选择用集成电路来实现，则一般需要对表达式进行形式变换。

目前采用的小规模集成电路，大都是把几个相同类型的门电路封装在同一个集成芯片内。为提高集成芯片中逻辑门的利用率，可以减少集成芯片的使用数量。因此，在采用中小规模集成电路作为器件来设计逻辑电路时，尽量采用同一类型的逻辑门实现所要求的逻辑

功能。同时,考虑到提高电路工作速度的要求,通常选择输出端带取非功能的逻辑门(如与非门、或非门等),其速度要比输出端不带取非功能的逻辑门(如与门、或门等)快。

例如,在本例中,假定采用与非门实现给定功能的电路,则应将上述与或表达式变换成与非-与非形式。方法是利用还原律和反演规则(或摩根定律),即对与或表达式先进行两次取非运算,然后将最上面的非号保留,对下面的与或非表达式应用反演规则,同时对取非运算应用重叠律后,变换为如下的与非-与非形式的表达式。

$$E = \overline{R}Y\overline{G} + Y\overline{G} + R\overline{G} + R\overline{Y}$$
$$= \overline{\overline{\overline{R}Y\overline{G} + Y\overline{G} + R\overline{G} + R\overline{Y}}}$$
$$= \overline{\overline{\overline{R}Y\overline{G}} \cdot \overline{Y\overline{G}} \cdot \overline{R\overline{G}} \cdot \overline{R\overline{Y}}}$$
$$= \overline{\overline{RR \cdot \overline{YY} \cdot \overline{GG}} \cdot \overline{Y\overline{G}} \cdot \overline{R\overline{G}} \cdot \overline{R\overline{Y}}}$$

如果需要其他形式,也都可以通过对表达式进行形式变换得到。

(4) 画出逻辑电路图

根据表达式就可以画出逻辑电路图。

例如,在本例中,由变换后的与非-与非表达式画出的逻辑电路图如图 5.12 所示。

可以看到,严格按照组合逻辑电路的设计过程,就可以把电路设计出来。而这里的每一步,在前面的布尔代数和门电路章节中都已经介绍过。

上述例子中输入变量较少,在进行逻辑抽象时,通过建立真值表得到了相应的逻辑表达式。真值表的优点是规整、清晰,缺点是不方便,尤其当输入变量较多时十分麻烦。因此,当输入变量较多时,通常采用另一种方法,即通过分析问题,直接写出逻辑表达式。下面进行举例说明。

【例 5-7】 设计一个比较两个 4 位二进制数是否相等的数值比较器。

解:(1) 进行逻辑抽象

设两个 4 位二进制数分别为 $A = a_3 a_2 a_1 a_0$,$B = b_3 b_2 b_1 b_0$,比较结果用 Y 表示。当 $A = B$ 时,Y 为 1;否则 Y 为 0。显然,这是一个有 8 个输入变量和 1 个输出变量的组合逻辑电路。电路框图如图 5.13 所示。

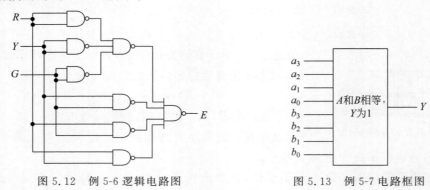

图 5.12 例 5-6 逻辑电路图   图 5.13 例 5-7 电路框图

由于二进制数 A 和 B 相等时,必须同时满足 $a_3 = b_3$、$a_2 = b_2$、$a_1 = b_1$、$a_0 = b_0$,而二进制数中,$a_i = b_i$ 只有 a_i 和 b_i 同时为 0 或者同时为 1 两种可能。而 a_i 和 b_i 同时为 0 或者同时为 1 时,$a_i \odot b_i = 1$。因此,该问题可用逻辑表达式描述如下:

$$Y = (a_3 \odot b_3)(a_2 \odot b_2)(a_1 \odot b_1)(a_0 \odot b_0)$$

（2）求出逻辑函数的最简表达式

上述逻辑函数表达式为同或-与表达式，不能化简。

（3）选择逻辑门类型并进行逻辑函数变换

假定采用异或门和或非门实现给定功能，可将逻辑表达式作如下变换：

$$Y = (a_3 \odot b_3)(a_2 \odot b_2)(a_1 \odot b_1)(a_0 \odot b_0)$$
$$= \overline{a_3 \oplus b_3} \ \overline{a_2 \oplus b_2} \ \overline{a_1 \oplus b_1} \ \overline{a_0 \oplus b_0}$$
$$= \overline{\overline{a_3 \oplus b_3} \ \overline{a_2 \oplus b_2} \ \overline{a_1 \oplus b_1} \ \overline{a_0 \oplus b_0}}$$
$$= \overline{(a_3 \oplus b_3) + (a_2 \oplus b_2) + (a_1 \oplus b_1) + (a_0 \oplus b_0)}$$

（4）画出逻辑电路图

根据变换后的逻辑表达式，可以画出逻辑电路图，如图 5.14 所示。

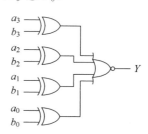

图 5.14　例 5-7 逻辑电路图

5.3.3　设计中实际问题的处理

上面介绍的是对组合逻辑电路进行设计的一般方法，然而，实际提出的设计要求是多种多样的，可能存在某些需要考虑的实际问题。最常见的实际问题包括下面的两种情况。

1. 多输出变量的组合逻辑电路设计

只有一个输出端的逻辑电路的化简方法比较简单，只要将该逻辑函数化为最简，然后画出对应的逻辑图即可。而在设计组合逻辑电路的实际问题中，有同一组输入变量却有多个输出变量的应用更为普遍。多输出端逻辑电路的每个输出端都对应一个逻辑函数。进行多输出变量的组合逻辑电路设计时，不必一个逻辑函数对应一个逻辑电路，再对电路进行简单的拼接，因为这样不能保证逻辑电路整体最简。也就是说，各输出函数的最简表达式不要孤立地求出。因为各输出函数之间往往存在相互联系，具有某些共同的部分，因此，应该将它们当作一个整体，综合进行考虑，在逻辑函数化简时找出它们的共用项，从而在逻辑电路中共享逻辑门，以使电路整体结构最简。

【例 5-8】 设计一个设备工作异常检测电路，如图 5.15 所示，请用最少的逻辑门实现。其中，用红、黄指示灯 L_R 和 L_Y 表示三台设备 A、B、C 的工作情况：红灯亮表示有一台设备工作不正常；黄灯亮表示有两台设备工作不正常；红、黄灯全亮表示三台设备工作都不正常。

图 5.15　设备工作异常检测电路框图

解：根据题意，列出异常检测电路的真值表如表 5.7 所示。

表 5.7　异常检测电路真值表

A	B	C	L_R	L_Y
0	0	0	0	0
0	0	1	1	0
0	1	0	1	0
0	1	1	0	1

A	B	C	L_R	L_Y
1	0	0	1	0
1	0	1	0	1
1	1	0	0	1
1	1	1	1	1

根据真值表写出输出函数的最小项表达式为

$$L_R = \overline{A}\,\overline{B}C + \overline{A}B\overline{C} + A\overline{B}\,\overline{C} + ABC$$

$$L_Y = \overline{A}BC + A\overline{B}C + AB\overline{C} + ABC$$

对上述 L_R 表达式进行形式变换：

$$L_R = \overline{A}\,\overline{B}C + \overline{A}B\overline{C} + A\overline{B}\,\overline{C} + ABC$$
$$= \overline{A}(\overline{B}C + B\overline{C}) + A(\overline{B}\,\overline{C} + BC)$$
$$= \overline{A}(B \oplus C) + A(\overline{B \oplus C})$$
$$= A \oplus (B \oplus C)$$

这样，L_R 函数只需两个异或门即可实现。

对 L_Y 表达式进行化简时，如果不考虑共享逻辑门，化简如下：

$$L_Y = \overline{A}BC + A\overline{B}C + AB\overline{C} + ABC$$
$$= (\overline{A}BC + ABC) + (A\overline{B}C + ABC) + (AB\overline{C} + ABC)$$
$$= BC + AC + AB$$

这样，L_Y 函数需要两个二输入与门和一个三输入或门才可实现。

如果选用与非门实现 L_R 函数，变换如下：

$$L_Y = BC + AC + AB = \overline{\overline{BC + AC + AB}} = \overline{\overline{BC}\ \overline{AC}\ \overline{AB}}$$

这样，L_Y 函数也需要两个二输入与非门和一个三输入与非门才可实现。

为了尽可能减少电路中的逻辑门类型，选用二输入与非门实现 L_Y 函数时，继续对上述表达式作变换如下：

$$L_Y = \overline{\overline{BC}\ \overline{AC}\ \overline{AB}} = \overline{\overline{\overline{BC}\ \overline{AC}}\ \overline{AB}}$$

这样，L_Y 函数需要六个二输入与非门才可实现。

可见，如果不考虑共享逻辑门时，本电路最少选用异或门和二输入与非门两种逻辑门类型，最少需要两个异或门和六个二输入与非门加以实现。

考虑到 L_Y 函数可以与 L_R 函数共享异或门，这样，选用异或门和二输入与非门实现 L_R 函数，可以对其作如下变换：

$$L_Y = \overline{A}BC + A\overline{B}C + AB\overline{C} + ABC = BC + A(\overline{B}C + B\overline{C})$$
$$= BC + A(B \oplus C) = \overline{\overline{BC} \cdot \overline{A(B \oplus C)}}$$

可见，据此表达式实现 L_Y 函数时，除与 L_R 函数共用一个异或门外，额外只需三个二输入与非门即可实现。

根据化简变换后的输出函数表达式可画出相应的逻辑电路，如图 5.16 所示。

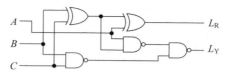

图 5.16　设备工作异常检测电路逻辑图

显然,通过找出两个函数的公共项,使它们共用同一个逻辑门,可使电路从整体上得到进一步简化。

2. 包含无关项的组合逻辑电路设计

前面给出的电路设计实例中,对于电路输入变量的任何一种取值组合,都有确定的输出函数值与之对应。换句话说,对于一个具有 n 个输入变量的组合逻辑电路,输出函数与 2^n 种输入取值组合均相关。但在某些实际问题中,常常由于输入变量之间存在的相互制约或问题的某种特殊限定等,使得输入变量的某些取值组合根本不会出现,或者虽然可能出现,但在这些输入取值组合下函数的值可以是任意的,对它为 1 还是为 0 并不关心。这类问题即为包含无关项(或任意项、约束项)的电路设计问题。

【例 5-9】　设计一个组合逻辑电路,将输入的 8421 码转换为 2421 码,试用与非门实现该电路。

图 5.17　代码转换电路框图

解:代码转换电路设计示意图如图 5.17 所示,它有四个输入端 A_3、A_2、A_1、A_0 和四个输出端 B_3、B_2、B_1、B_0。

代码转换真值表如表 5.8 所示,其中 1010~1111 不会在输入端出现,故作为约束项处理,并用"x"表示。

表 5.8　代码转换真值表

$A_3A_2A_1A_0$	$B_3B_2B_1B_0$	$A_3A_2A_1A_0$	$B_3B_2B_1B_0$
0000	0000	1000	1110
0001	0001	1001	1111
0010	0010	1010	xxxx
0011	0011	1011	xxxx
0100	0100	1100	xxxx
0101	1011	1101	xxxx
0110	1100	1110	xxxx
0111	1101	1111	xxxx

由真值表分别作出函数 B_3、B_2、B_1、B_0 的卡诺图,如图 5.18(a)、(b)、(c)、(d)所示。

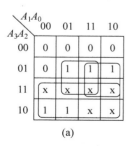
(a)

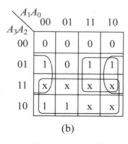
(b)

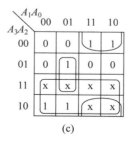
(c)

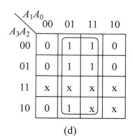
(d)

图 5.18　函数 B_3、B_2、B_1、B_0 的卡诺图

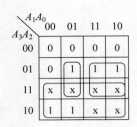

图 5.19　修改后的函数
B_3 的卡诺图

通过观察 B_3、B_2、B_1、B_0 的卡诺图中作圈的情况，为了使不同函数卡诺图中尽可能多地出现相同的圈，以使最后的逻辑电路中能够共用电路。所以修改函数 B_3 的卡诺图如图 5.19 所示。

用卡诺图化简后得到函数的最简与或表达式，并转换为与非-与非式：

$$B_3 = A_3 + A_2 A_1 + A_2 \overline{A_1} A_0 = \overline{\overline{A_3} \cdot \overline{A_2 A_1} \cdot \overline{A_2 \overline{A_1} A_0}}$$

$$B_2 = A_3 + A_2 A_1 + A_2 \overline{A_0} = \overline{\overline{A_3} \cdot \overline{A_2 A_1} \cdot \overline{A_2 \overline{A_0}}}$$

$$B_1 = A_3 + \overline{A_2} A_1 + A_2 \overline{A_1} A_0 = \overline{\overline{A_3} \cdot \overline{\overline{A_2} A_1} \cdot \overline{A_2 \overline{A_1} A_0}}$$

$$B_0 = A_0$$

根据上述表达式，画出电路的逻辑图，如图 5.20 所示。

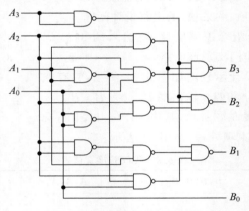

图 5.20　代码转换电路逻辑图

设计包含无关项的组合逻辑电路时，恰当地利用无关项进行函数化简，通常可使设计出来的电路更简单。

3. 带有使能端的组合逻辑电路设计

使能端（Enable，En）通常指的是控制信号输入端，又称允许输入端，也叫片选端（Chip Select，CS）。它是电路的一个输入信号，只有该信号有效，电路才能工作。通常情况下，信号名称采用原变量形式表示高电平有效，采用非变量形式表示低电平有效。

在组合逻辑电路的设计中，一般可以采用在电路的最后一级逻辑门的输入端加入使能控制信号实现使能端功能。下面举例说明。

【例 5-10】　设计一个密码锁，如图 5.21 所示。其中，A、B、C、D 是四位二进制代码输入端，$\overline{E}$ 为密码输入使能端（当 $\overline{E} = 0$ 时，表示确认密码）。每把锁有四位密码（设该锁的密码为 1011），若输入代码符合该锁密码且 $\overline{E} = 0$ 使能时，送出一个开锁信号（$Y_{\text{open}} = 1$），用于开锁指示的指示亮；若输入代码不符合该锁密码且 $\overline{E} = 0$ 使能时，送出报

图 5.21　密码锁电路框图

警信号($Y_{alarm}=1$),用于报警指示的灯亮;若$\bar{E}=1$,密码锁不工作,不送出任何信号。

解:密码锁简化的真值表(也称功能表)如表 5.9 所示,其中,当$\bar{E}=1$时,输入端A、B、C、D无论状态是什么(用"x"表示),密码锁不工作,输出端信号状态为 0。

表 5.9 密码锁功能表

$\bar{E}$	$ABCD$	Y_{open}	Y_{alarm}	$\bar{E}$	$ABCD$	Y_{open}	Y_{alarm}
0	0000	0	1	0	1001	0	1
0	0001	0	1	0	1010	0	1
0	0010	0	1	0	1011	0	1
0	0011	0	1	0	1100	0	1
0	0100	0	1	0	1101	1	0
0	0101	0	1	0	1110	0	1
0	0110	0	1	0	1111	0	1
0	0111	0	1	1	xxxx	0	0
0	1000	0	1				

不考虑$\bar{E}$时,根据功能表写出输出函数表达式为

$$Y_{open} = AB\bar{C}D$$

$$Y_{alarm} = \overline{Y_{open}}$$

当$\bar{E}=0$时,上述表达式有效,输出为 1;当$\bar{E}=1$时,上述表达式无效,输出为 0。因此,考虑$\bar{E}$时,得到输出函数表达式为

$$Y_{open} = \bar{\bar{E}}AB\bar{C}D$$

$$Y_{alarm} = \bar{\bar{E}}\overline{Y_{open}}$$

为了说明使能信号的引入,此处不对输出函数进行形式变换,根据上述表达式,直接画出电路的逻辑图,如图 5.22 所示。

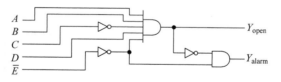

图 5.22 密码锁电路逻辑图

在中规模集成电路中,使能端被普遍应用,它既可以是输入,也可以是输出,一般用来扩展中规模集成电路的功能。当进行输入使能时,使能信号也可以由三态门的使能信号来提供。

4. 带有输入缓冲的组合逻辑电路设计

组合逻辑电路的功能中有些是专用的,有些是通用的。一些通用的组合逻辑电路一般是做成一个电路芯片,以整体的形式用于数字系统的设计中。从上述举例的设计电路中可以看到,电路的一个输入信号大多需要同时驱动片内很多逻辑门的输入。而如果该电路的输入信号是由前序电路的逻辑门输出信号提供时,这就导致其负载数目不是一个,而是多个。无形中降低了输入信号的驱动能力,增加了前面电路的负担。一般情况下,希望将一个电路芯片看作一个负载,这样,就需要在组合逻辑电路设计时,增加输入缓冲电路部分。输

入缓冲一般可以用两级反相器来实现。下面举例说明。

图 5.23　2-4 译码器电路框图

【例 5-11】　设计一个 2-4 译码器,如图 5.23 所示。其中,D_1、D_0 是 2 位二进制代码代表的信号输入端,$\overline{Y_0}$、$\overline{Y_1}$、$\overline{Y_2}$、$\overline{Y_3}$ 是 2 位二进制代码代表的 4 个信号输出端,低电平有效。当 $D_1D_0=00$ 时,$\overline{Y_0}$ 有效;当 $D_1D_0=01$ 时,$\overline{Y_1}$ 有效;当 $D_1D_0=10$ 时,$\overline{Y_2}$ 有效;当 $D_1D_0=11$ 时,$\overline{Y_3}$ 有效。

解：根据题意,列出 2-4 译码器的真值表如表 5.10 所示。

表 5.10　2-4 译码器真值表

D_1	D_0	$\overline{Y_0}$	$\overline{Y_1}$	$\overline{Y_2}$	$\overline{Y_3}$
0	0	0	1	1	1
0	1	1	0	1	1
1	0	1	1	0	1
1	1	1	1	1	0

由真值表得到输出函数表达式如下:

$$\overline{Y_0}=\overline{\overline{D_1}\,\overline{D_0}}$$

$$\overline{Y_1}=\overline{\overline{D_1}\,D_0}$$

$$\overline{Y_2}=\overline{D_1\,\overline{D_0}}$$

$$\overline{Y_3}=\overline{D_1\,D_0}$$

根据上述表达式,画出电路的逻辑图,如图 5.24 所示。

由图 5.24 可见,输入信号 D_1 和 D_0 的负载分别有三个。

加入输入缓冲电路后的逻辑图如图 5.25 所示。

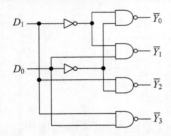

图 5.24　2-4 译码器电路逻辑图

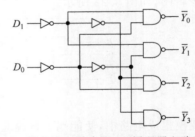

图 5.25　带有输入缓冲的 2-4 译码器电路逻辑图

由图 5.25 可见,加入输入缓冲电路后,输入信号 D_1 和 D_0 的负载分别只有一个。

视频讲解

5.4　组合逻辑电路中的竞争-冒险

前面讨论组合逻辑电路时,只研究了输入信号和输出信号稳定状态之间的关系,而没有考虑信号在传输中的延迟问题。实际上,当输入信号通过任何一个逻辑部件时,都会有延迟,这就使得当电路所有输入信号达到稳定状态时,输出信号并不是立即达到稳定状态。同时,延迟也使输出端可能出现不是理想条件下的结果,甚至会产生一些错误。

对于组合逻辑电路来说,当两个或多个输入信号同时向相反方向发生变化时,由于逻辑部件的传输延迟不同而造成信号传输过程中的竞争,可能会在输出端产生短暂的尖峰错误信号,这种尖峰就是组合逻辑电路中的竞争-冒险。虽然竞争-冒险是暂时的,信号稳定后会消失,但这种尖峰信号对一些边沿敏感的器件或电路(如触发器、计数器等)会引起误操作,使电路工作的可靠性下降。

5.4.1　竞争-冒险的产生

当一个逻辑门的两个输入端的信号同时向相反方向变化时,从变化开始到稳定状态所需的时间不同,称为竞争。两个输入端可以是不同变量所产生的信号,但取值的变化方向是相反的。也可以是在一定条件下,门电路输出端的逻辑表达式化简成两个互补信号相与或者相或。逻辑门因输入端的竞争而导致输出产生不应有的尖峰干扰脉冲(又称过渡干扰脉冲)的现象,称为冒险。冒险是一种瞬态现象,它暂时性地破坏正常逻辑关系,一旦瞬态过程结束,即可恢复正常逻辑关系。下面举两个例子说明这一现象。

例如,图 5.26 所示的电路,其输出表达式为

$$Y = \overline{\overline{A}\,\overline{B}} = A + B$$

在稳态情况下,当输入信号 A 和 B 中只要有一个为 1 时,即 $\overline{A}$ 和 $\overline{B}$ 中只要有一个为 0 时,与非门 G_3 的输出始终为 1。如果信号 A、B 分别经非门 G_1、G_2 送入与非门 G_3 时的变化同时发生,则能满足要求。若信号 A 和 B 同时向相反方向变化,即 A 从 1 变为 0,B 从 0 变为 1,由于非门 G_1、G_2 电路的延迟差异或信号传输延迟差异,致使 $\overline{B}$ 从 1 变为 0 的时刻,滞后 $\overline{A}$ 从 0 变为 1 的时刻。因此,在很短的时间间隔内,与非门 G_3 的两个输入均为 1,其输出就会出现一个低电平窄脉冲(干扰脉冲),如图 5.27 所示。

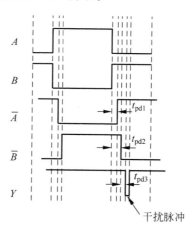

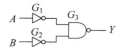

图 5.26　竞争-冒险电路举例一　　　图 5.27　竞争-冒险电路举例一输出波形图

图 5.27 中,t_{pd1}、t_{pd2}、t_{pd3} 分别表示逻辑门 G_1、G_2、G_3 的延迟时间(图中没有考虑其他传输延迟因素)。

再如图 5.28 所示的电路,其输出表达式为

$$Y = \overline{\overline{AB}\,\overline{\overline{A}C}} = AB + \overline{A}C$$

假设输入信号 $B=C=1$，将 B、C 的值代入上述函数表达式，得

$$Y = A + \overline{A}$$

图 5.28　竞争-冒险电路举例二

此时，同样出现最后一级逻辑门的两个输入信号同时向相反方向变化的情况。即在输出应该为 1 的情况下，可能会产生一个瞬态为 0 的信号。因此，电路产生了竞争-冒险。

5.4.2　竞争-冒险的消除

对于一个具体的数字逻辑电路，由于各种因素的随机性，判断它是否存在竞争-冒险是十分困难的。然而，由于竞争-冒险对一些边沿敏感的器件或电路会引起误操作，降低电路工作的可靠性。因此，必须采取相应的措施消除组合逻辑电路中的竞争-冒险。常用于消除竞争-冒险的方法有增加冗余项法、增加选通脉冲法等。

1. 增加冗余项法

增加冗余项的方法是，通过在函数表达式中"或"上多余的与项或者"与"上多余的或项，使原函数不可能在某种条件下转化成 $X+\overline{X}$ 或者 $X \cdot \overline{X}$ 的形式，从而消除可能产生的竞争-冒险。

【例 5-12】　用增加冗余项的方法消除图 5.28 所示电路中可能产生的竞争-冒险。

解：根据函数表达式

$$Y = AB + \overline{A}C$$

当 $B=C=1$ 时，输入信号 A 的变化使电路输出可能产生竞争-冒险。解决这一问题的思路是如何保证当 $B=C=1$ 时，使输出保持为 1。显然，若函数表达式中包含与项 BC，则可达到这一目的。为此，根据布尔代数中的包含律，在上述表达式中增加与项 BC，可以将表达式形式变换为

$$Y = AB + \overline{A}C = AB + \overline{A}C + BC$$

可见，与项 BC 是上述函数的一个冗余项。增加冗余项后的逻辑电路如图 5.29 所示。该电路不再产生竞争-冒险。

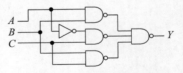

图 5.29　增加冗余项消除竞争-冒险的电路逻辑图

2. 增加选通脉冲法

用增加冗余项的方法可以消除一些竞争-冒险现象。但是，这种方法的适用范围是有限的。用增加选通脉冲的方法消除竞争-冒险则具有通用性。

由于组合逻辑电路中的竞争-冒险总是发生在输入信号发生变化的瞬间，且竞争-冒险总是以窄脉冲的形式输出，因此，为了避开竞争-冒险，可以增加一个选通脉冲来对输出可能产生尖峰干扰脉冲的门电路加以控制。在选通脉冲到来之前，选通控制线的电平使输出门被关闭，使竞争-冒险脉冲无法输出。只有在输入信号转换完成并稳定后，才引入选通脉冲使输出门被开启，使电路送出稳定输出信号。

脉冲有正和负之分。如果脉冲跃变后的值比初始值高，为正脉冲，如图 5.30(a)所示；

反之,则为负脉冲,如图 5.30(b)所示。

　　用增加选通脉冲的方法消除图 5.26 所示电路中可能产生的竞争-冒险的电路,如图 5.31 所示。

图 5.30　正脉冲与负脉冲　　　　　图 5.31　增加选通脉冲消除竞争-冒险的电路逻辑图

　　如图 5.31 所示,如果输出门是与门或与非门,则选通信号是一个正脉冲,因为正脉冲(高电平)到来时,它们的输出才是有效信号;没有选通脉冲时(低电平),电路没有输出。选通脉冲是等到输入信号稳定后才出现的,这样可以避免竞争-冒险,如图 5.32 所示。

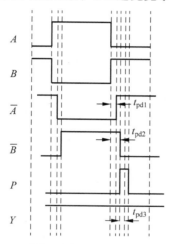

图 5.32　竞争-冒险电路举例—输出波形图

　　如果输出门是或门或者或非门,则选通信号是一个负脉冲,因为负脉冲(低电平)到来时,或门或者或非门的输出才是有效信号;没有选通脉冲时(高电平),电路没有输出。

习题

　　5.1　组合逻辑电路图如图 5.33 所示,写出输出函数的与或表达式,并列出其真值表。

　　5.2　组合逻辑电路图如图 5.34 所示,写出输出函数表达式,列出真值表,并说明电路的逻辑功能。

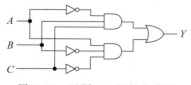
图 5.33　习题 5.1 逻辑电路图

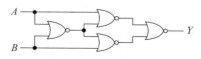
图 5.34　习题 5.2 逻辑电路图

5.3 组合逻辑电路图如图 5.35 所示，写出输出函数表达式，列出真值表，并说明电路的逻辑功能。

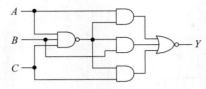

图 5.35 习题 5.3 逻辑电路图

5.4 组合逻辑电路图如图 5.36 所示，写出输出函数表达式，列出真值表，并说明电路的逻辑功能。

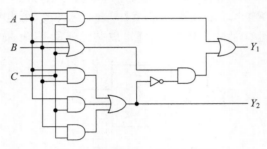

图 5.36 习题 5.4 逻辑电路图

5.5 组合逻辑电路图如图 5.37 所示，写出输出函数表达式，列出真值表，并说明电路的逻辑功能。

5.6 组合逻辑电路图如图 5.38 所示，写出输出函数表达式，列出真值表，并说明电路的逻辑功能。

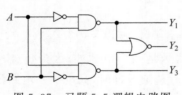

图 5.37 习题 5.5 逻辑电路图

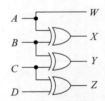

图 5.38 习题 5.6 逻辑电路图

5.7 用与非门设计一个 4 变量的多数表决器电路。当输入变量中有 3 个或 3 个以上为 1 时，则输出为 1，否则输出为 0。

5.8 设计一个数值比较电路，对输入的两个 2 位二进制数 $A = A_1 A_0$，$B = B_1 B_0$ 进行比较。当 $A > B$ 时，输出 $Y = 1$，否则输出 $Y = 0$。

5.9 用与非门设计一个代码转换电路，将 1 位十进制数的余 3 码转换成 2421 码。

5.10 用与非门设计一个四舍五入电路。该电路输入为 1 位十进制数的 8421 码，当其值大于或等于 5 时，输出 $Y = 1$，否则输出 $Y = 0$。

5.11 设计一个偶检测电路，检测 4 位二进制码中 1 的个数是否为偶数。若为偶数个 1，则输出为 1，否则输出为 0。

5.12 有一火灾报警系统，设有烟感、温感和紫外光感 3 种类型的火灾探测器。为了防止误报警，只有当其中两种或两种以上类型的探测器发出火灾探测信号时，报警系统才产生报警控制信号。试用与非门设计一个产生报警控制信号的电路。

5.13 判断图 5.39 所示各逻辑电路是否存在竞争-冒险,说明原因。

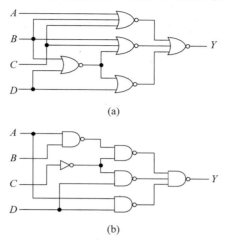

(a)

(b)

图 5.39 习题 5.13 逻辑电路图

5.14 下列函数描述的电路是否可能产生竞争-冒险? 如果能产生,说明是在什么情况下产生,并用增加冗余项的方法消除。

(1) $Y_1 = AB + A\bar{C} + \bar{C}D$

(2) $Y_2 = AB + \bar{A}CD + BC$

(3) $Y_3 = (A + \bar{B})(\bar{A} + \bar{C})$

第6章

常用的集成组合逻辑电路

知识导学

习题答案

在数字系统设计中,有些逻辑电路是经常或大量使用的,为了使用方便,一般把这些逻辑电路制成中、小规模集成电路产品。在组合逻辑电路中,常用的中规模集成组合逻辑电路产品有加法器、数值比较器、编码器、译码器、多路选择器、奇偶校验器等。这些中规模集成组合逻辑器件的功能虽然比小规模集成电路强,但也不像大规模集成电路那样功能专一化,这些器件产品的品种虽然不少,但也不可能完全符合使用者的要求,这就需要将多片级联以扩展其功能。

本章分别介绍这些组合逻辑器件的电路结构、工作原理和级联扩展或使用方法。

视频讲解

6.1 加法器

数字系统的基本任务之一是进行算术运算。在数字系统中,加、减、乘、除运算均可利用加法器来实现,所以加法器是数字系统中最基本的运算单元电路。

6.1.1 半加器

两个 1 位二进制数相加而不考虑来自低位进位的加法运算称为半加,实现半加运算的电路称为半加器(Half Adder,HA)。半加器的逻辑符号如图 6.1 所示。

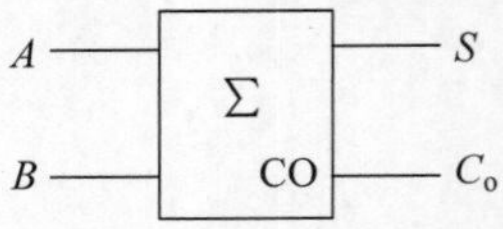

图 6.1 中,A、B 是两个 1 位二进制加数的输入端,S 是两个数相加后的和数输出端,C_o 是向高位的进位输出端,真值表如表 6.1 所示。

图 6.1 半加器的逻辑符号

表 6.1 半加器的真值表

A	B	S	C_o	A	B	S	C_o
0	0	0	0	1	0	1	0
0	1	1	0	1	1	0	1

按照分析方法,由表 6.1 可以写出半加器输出端的逻辑函数表达式:

$$S = \overline{A}B + A\overline{B} = A \oplus B$$

$$C_o = AB$$

根据半加器的逻辑函数表达式,可画出其逻辑电路如图 6.2 所示。

6.1.2 全加器

完成两个 1 位二进制数与相邻低位来的进位数相加的运算电路称为全加器(Full Adder,FA)。全加器的逻辑符号如图 6.3 所示。

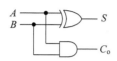

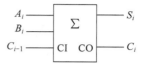

图 6.2 半加器的逻辑电路图   图 6.3 全加器的逻辑符号

图 6.3 中,A_i、B_i 是两个 1 位二进制加数的输入端,C_{i-1} 是低位来的进位输入端,S_i 是和数输出端,C_i 是向高位的进位输出端,真值表如表 6.2 所示。

表 6.2 全加器的真值表

A_i	B_i	C_{i-1}	S_i	C_i
0	0	0	0	0
0	0	1	1	0
0	1	0	1	0
0	1	1	0	1
1	0	0	1	0
1	0	1	0	1
1	1	0	0	1
1	1	1	1	1

按照分析方法,由表 6.2 可以写出全加器输出端的逻辑函数表达式:

$$S_i = (\overline{A_i B_i} + A_i B_i)C_{i-1} + (\overline{A_i B_i} + A_i \overline{B_i})\overline{C_{i-1}}$$
$$= (\overline{A_i \oplus B_i})C_{i-1} + (A_i \oplus B_i)\overline{C_{i-1}}$$
$$= A_i \oplus B_i \oplus C_{i-1}$$
$$C_i = (\overline{A_i}B_i + A_i\overline{B_i})C_{i-1} + A_i B_i$$
$$= (A_i \oplus B_i)C_{i-1} + A_i B_i$$

根据全加器的逻辑函数表达式,可画出其逻辑电路如图 6.4 所示。

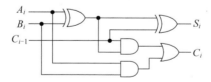

图 6.4 全加器的逻辑电路图

6.1.3 多位加法器

能够实现多位二进制数相加运算的电路称为多位加法器。在构成多位加法器电路时,按照进位方式的不同,又有串行进位加法器和超前进位加法器两种类型。

1. 串行进位加法器

用 4 片 1 位全加器构成的 4 位串行进位加法器电路如图 6.5 所示。

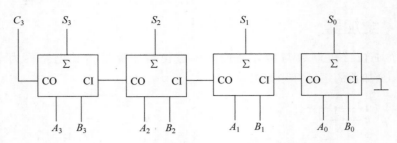

图 6.5   4 位串行进位加法器电路

在电路中,依次将低位全加器的进位输出端 CO 接到高位全加器的进位输入端 CI。加法从低位开始,低位的进位产生以后,才能作为次低位的进位,参与次低位的加法运算。以此类推,每一位的相加结果都必须等到低位的进位产生以后才能建立起来,因此把这种结构的电路称为串行进位加法器。

2. 超前进位加法器

串行进位加法器的优点是电路比较简单,缺点是运算速度较慢,而且位数越多,速度就越慢。为了提高运算速度,可以采用超前进位加法器。超前进位加法器使每位的进位只由加数和被加数决定,利用快速进位电路把各位的进位同时算出来,从而提高运算速度。

74LS283 是常用的集成 4 位超前进位加法器,可实现两个 4 位二进制数的相加运算。该器件为 16 条引脚的芯片,其逻辑符号和引脚排列图分别如图 6.6(a)、(b)所示。

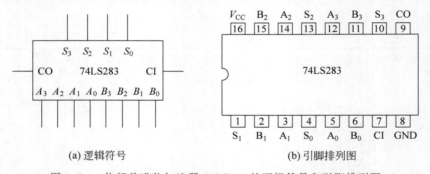

(a) 逻辑符号   (b) 引脚排列图

图 6.6   4 位超前进位加法器 74LS283 的逻辑符号和引脚排列图

图 6.6 中,$A_3 \sim A_0$ 和 $B_3 \sim B_0$ 是两个 4 位二进制加数输入端,$S_3 \sim S_0$ 是 4 位二进制数相加的和数输出端,CI 是低位来的进位输入端,CO 是向高位的进位输出端。

1 片 74LS283 只能完成 4 位二进制数的加法运算。在实际使用中,常常需要把若干片 74LS283 级联起来,构成更多位数的加法器电路,称为集成电路的扩展。把 2 片 74LS283 级联起来,扩展成的 8 位加法器电路如图 6.7 所示,其中片(1)是低位片,完成低 4 位数 $A_3 \sim A_0$ 和 $B_3 \sim B_0$ 的加法运算;片(2)是高位片,完成高 4 位数 $A_7 \sim A_4$ 和 $B_7 \sim B_4$ 的加法运算。另外,把低位片的低位进位输入端 CI 接地,把向高位的进位输出端 CO 接于高位片的进位输入端 CI 即可。按照此方法,可以把 4 片 74LS283 级联起来,构成 16 位加法器电路。

利用 74LS283 的加法运算功能,还可以实现某些有特定功能的逻辑电路。例如,根据余 3 码是由 8421 码加上 3 后得到的特点,用 74LS283 可以实现由 8421 码到余 3 码的代码转换电路,如图 6.8 所示。

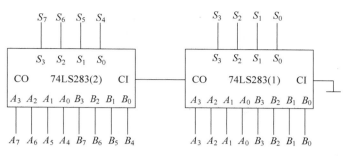

图 6.7　用 74LS283 扩展成的 8 位加法器电路

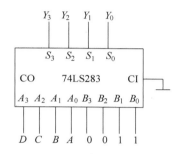

图 6.8　用 74LS283 实现的代码转换电路

图 6.8 中,令 74LS283 的一组加数输入端 $A_3 \sim A_0$ 作为 8421 码输入端 D、C、B、A,另一组加数输入端 $B_3 \sim B_0$ 输入二进制数 0011,进位输入端 CI 输入 0,便可从输出端 $S_3 \sim S_0$ 得到输入 8421 码对应的余 3 码输出 Y_3、Y_2、Y_1、Y_0。

6.2　数值比较器

视频讲解

在数字系统中,特别是在计算机中,经常需要比较两个数值的大小。数值比较器用于比较两个位数相同的二进制数的大小,得出大于、小于和等于的结果。

6.2.1　1 位数值比较器

1 位数值比较器可以对两个 1 位二进制数 A 和 B 进行比较,比较结果分别由 $Y_{A>B}$(大于)、$Y_{A<B}$(小于)和 $Y_{A=B}$(等于)给出。1 位数值比较器的逻辑符号如图 6.9 所示,其真值表如表 6.3 所示。

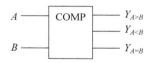

图 6.9　1 位数值比较器的逻辑符号

表 6.3　1 位数值比较器的真值表

A	B	$Y_{A>B}$	$Y_{A<B}$	$Y_{A=B}$
0	0	0	0	1
0	1	0	1	0
1	0	1	0	0
1	1	0	0	1

按照分析方法,由表 6.3 可以写出 1 位数值比较器输出端的逻辑函数表达式:

$$Y_{A>B} = A\bar{B}$$

$$Y_{A<B} = \overline{A}B$$

$$Y_{A=B} = \overline{A}\,\overline{B} + AB = A \odot B = \overline{A \oplus B}$$

根据 1 位数值比较器的逻辑函数表达式，可画出其逻辑电路，如图 6.10 所示。

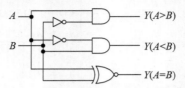

图 6.10 1 位数值比较器的逻辑电路图

6.2.2 多位数值比较器

多位数值比较器的比较规则是从高位到低位逐位进行，而且只有在高位相等时，才进行低位比较。例如，在 4 位数值比较器中进行 $A_3A_2A_1A_0$ 和 $B_3B_2B_1B_0$ 的比较时，应首先比较最高位 A_3 和 B_3。如果 $A_3 > B_3$，则 $A > B$；如果 $A_3 < B_3$，则 $A < B$。如果 $A_3 = B_3$，则需比较次高位 A_2 和 B_2。如果 $A_2 > B_2$，则 $A > B$；如果 $A_2 < B_2$，则 $A < B$。如果 $A_2 = B_2$，则需比较更低一位 A_1 和 B_1。以此类推，直至比较出 A 和 B 的大小。

74LS85 是常用的集成 4 位数值比较器，可实现两个 4 位二进制数的比较。该器件为 16 条引脚的芯片，其逻辑符号和引脚排列图分别如图 6.11(a)、(b)所示。

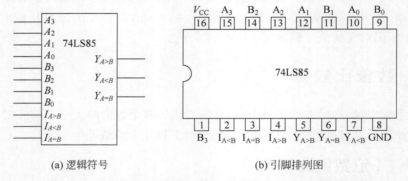

(a) 逻辑符号   (b) 引脚排列图

图 6.11 4 位数值比较器 74LS85 的逻辑符号和引脚排列图

图 6.11 中，$A_3 \sim A_0$ 和 $B_3 \sim B_0$ 是两个进行比较的 4 位二进制数输入端，$Y_{A>B}$、$Y_{A<B}$ 和 $Y_{A=B}$ 是 3 个比较结果输出端，高电平有效；$I_{A>B}$、$I_{A<B}$ 和 $I_{A=B}$ 是 3 个级联输入端，用于芯片的扩展。74LS85 的功能表如表 6.4 所示。

表 6.4 4 位数值比较器 74LS85 的功能表

比 较 输 入				级 联 输 入			比 较 输 出		
A_3 B_3	A_2 B_2	A_1 B_1	A_0 B_0	$I_{A>B}$	$I_{A<B}$	$I_{A=B}$	$Y_{A>B}$	$Y_{A<B}$	$Y_{A=B}$
$A_3 > B_3$	x x	x x	x x	x	x	x	1	0	0
$A_3 < B_3$	x x	x x	x x	x	x	x	0	1	0
$A_3 = B_3$	$A_2 > B_2$	x x	x x	x	x	x	1	0	0
$A_3 = B_3$	$A_2 < B_2$	x x	x x	x	x	x	0	1	0
$A_3 = B_3$	$A_2 = B_2$	$A_1 > B_1$	x x	x	x	x	1	0	0

比 较 输 入				级 联 输 入			比 较 输 出		
A_3 B_3	A_2 B_2	A_1 B_1	A_0 B_0	$I_{A>B}$	$I_{A<B}$	$I_{A=B}$	$Y_{A>B}$	$Y_{A<B}$	$Y_{A=B}$
$A_3=B_3$	$A_2=B_2$	$A_1<B_1$	x x	x	x	x	0	1	0
$A_3=B_3$	$A_2=B_2$	$A_1=B_1$	$A_0>B_0$	x	x	x	1	0	0
$A_3=B_3$	$A_2=B_2$	$A_1=B_1$	$A_0<B_0$	x	x	x	0	1	0
$A_3=B_3$	$A_2=B_2$	$A_1=B_1$	$A_0=B_0$	1	0	0	1	0	0
$A_3=B_3$	$A_2=B_2$	$A_1=B_1$	$A_0=B_0$	0	1	0	0	1	0
$A_3=B_3$	$A_2=B_2$	$A_1=B_1$	$A_0=B_0$	0	0	1	0	0	1

由 74LS85 的功能表可知,当两个 4 位二进制数不相等时,比较结果取决于两个数本身,与级联输入端无关,当两个 4 位二进制数相等时,比较结果取决于级联输入端的状态。

用一片 74LS85 可以实现两个 4 位二进制数的比较,电路连接如图 6.12 所示。当两个 4 位二进制数不相等时,用输出 $Y_{A>B}=1$ 或 $Y_{A<B}=1$ 表示大于或小于的比较结果。当两个 4 位二进制数相等时,输出 $Y_{A>B}$、$Y_{A<B}$、$Y_{A=B}$ 与级联输入 $I_{A>B}$、$I_{A<B}$、$I_{A=B}$ 相等。因此,需要把 $I_{A>B}$ 和 $I_{A<B}$ 接低电平 0,把 $I_{A=B}$ 接高电平 1,此时,输出 $Y_{A>B}=0$、$Y_{A<B}=0$、$Y_{A=B}=1$,表示 $A=B$。

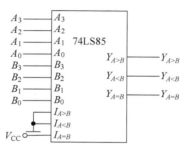

图 6.12 单片 4 位数值比较器 74LS85 的电路连接图

在实际使用中,常常需要把若干片 74LS85 级联起来,构成更多位数的数值比较器电路。例如,把 2 片 74LS85 级联起来,可扩展成 8 位数值比较器。两个 8 位二进制数 $A_7 \sim A_0$ 和 $B_7 \sim B_0$ 比较时,先比较高 4 位数 $A_7 \sim A_4$ 和 $B_7 \sim B_4$,高 4 位数不相等时,最终比较结果取决于高 4 位数的比较结果;高 4 位数相等时,再比较低 4 位数 $A_3 \sim A_0$ 和 $B_3 \sim B_0$,因此低 4 位数比较结果应作为高 4 位数比较的条件,即低 4 位端比较器的输出端 $Y_{A>B}$、$Y_{A<B}$、$Y_{A=B}$ 应分别与高 4 位数比较器的级联输入端 $I_{A>B}$、$I_{A<B}$、$I_{A=B}$ 相连,同时低 4 位端比较器的级联输入端 $I_{A>B}=0$、$I_{A<B}=0$、$I_{A=B}=1$。两片 74LS85 组成 8 位数值比较器的电路如图 6.13 所示。

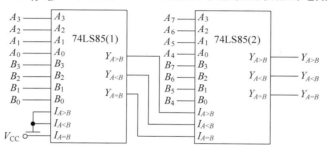

图 6.13 两片 74LS85 组成 8 位数值比较器的电路连接图

图 6.13 中，片(1)是低位片，完成低 4 位数 $A_3 \sim A_0$ 和 $B_3 \sim B_0$ 的比较；片(2)是高位片，完成高 4 位数 $A_7 \sim A_4$ 和 $B_7 \sim B_4$ 的比较。另外，把高位片的级联输入端 $I_{A>B}$、$I_{A<B}$、$I_{A=B}$ 接于低位片的输出端 $Y_{A>B}$、$Y_{A<B}$、$Y_{A=B}$，低位片的级联输入端 $I_{A>B}=0$、$I_{A<B}=0$、$I_{A=B}=1$，把高位片的输出 $Y_{A>B}$、$Y_{A<B}$、$Y_{A=B}$ 作为 8 位数值比较器的结果输出。

视频讲解

6.3　编码器

能够完成编码功能的逻辑电路称为编码器。编码器输入的是被编码的信号，输出的是所使用的二进制代码，其结构框图如图 6.14 所示。

图 6.14　编码器的结构框图

n 位二进制符号有 2^n 种不同的组合，因此有 n 位输出的二进制编码器可以表示 2^n 个不同的输入信号，因此，输入信号的个数 m 与输出代码的位数 n 之间应满足 $m \leqslant 2^n$。习惯上把有 m 个输入端、n 个输出端的编码器称为 m 线-n 线编码器。

按照被编码信号的不同特点和要求，编码器可分为普通编码器和优先编码器。在普通编码器中，输入信号是互斥的，即任何时刻只允许一个输入信号有效，否则输出将发生混乱。在优先编码器中，对每一位输入信号都设置了优先权，因此各个输入信号不是互斥的，即允许两位以上的输入信号同时有效。但优先编码器只对优先级较高的输入信号进行编码，从而保证编码器工作的可靠性。优先编码器输入信号的优先级别是设计人员根据需要预先确定的。在实际产品中均采用优先编码器。

按照输出代码的位数与输入信号个数之间的关系，编码器可分为二进制编码器和二-十进制编码器两类。

6.3.1　二进制优先编码器

用 n 位二进制代码对 2^n 个信号进行编码的电路称为二进制编码器。显然，二进制编码器输入信号的个数 m 与输出代码的位数 n 之间满足 $m=2^n$ 的关系。

74LS148 是常见的集成 8 线-3 线二进制优先编码器，图 6.15(a)、(b)分别是它的逻辑符号和引脚排列图。

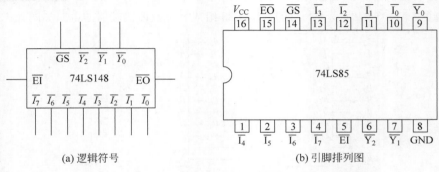

(a) 逻辑符号　　　　　　　　(b) 引脚排列图

图 6.15　优先编码器 74LS148 的逻辑符号和引脚排列图

图 6.15 中,信号名称上面加一个小横线,表示低电平有效。$\overline{I_7} \sim \overline{I_0}$ 为 8 个编码信号输入端,$\overline{Y_2}$、$\overline{Y_1}$、$\overline{Y_0}$ 为 3 位二进制编码输出端。此外,为了便于电路的扩展和使用的灵活性,还设置了使能输入端 $\overline{EI}$、使能输出端 $\overline{EO}$ 和扩展输出端 $\overline{GS}$。74LS148 的功能表如表 6.5 所示。

表 6.5　优先编码器 74LS148 的功能表

使能输入	输入								输出			使能输出	扩展输出
$\overline{EI}$	$\overline{I_0}$	$\overline{I_1}$	$\overline{I_2}$	$\overline{I_3}$	$\overline{I_4}$	$\overline{I_5}$	$\overline{I_6}$	$\overline{I_7}$	$\overline{Y_2}$	$\overline{Y_1}$	$\overline{Y_0}$	$\overline{EO}$	$\overline{GS}$
1	x	x	x	x	x	x	x	x	1	1	1	1	1
0	x	x	x	x	x	x	x	0	0	0	0	1	0
0	x	x	x	x	x	x	0	1	0	0	1	1	0
0	x	x	x	x	x	0	1	1	0	1	0	1	0
0	x	x	x	x	0	1	1	1	0	1	1	1	0
0	x	x	x	0	1	1	1	1	1	0	0	1	0
0	x	x	0	1	1	1	1	1	1	0	1	1	0
0	x	0	1	1	1	1	1	1	1	1	0	1	0
0	0	1	1	1	1	1	1	1	1	1	1	1	0
0	1	1	1	1	1	1	1	1	1	1	1	0	1

$\overline{EI}$ 为使能输入端(或称选通输入端),低电平有效。当 $\overline{EI}=1$ 时,电路处于禁止工作状态,此时无论 8 个输入端为何种状态,三个输出端均为高电平,$\overline{EO}$ 和 $\overline{GS}$ 也为高电平,编码器不工作。当 $\overline{EI}=0$ 时,电路处于正常工作状态,允许 $\overline{I_7} \sim \overline{I_0}$ 中同时有几个输入端为低电平,即同时有几路编码输入信号有效。

在 8 个输入端中,$\overline{I_7}$ 的优先权最高,$\overline{I_0}$ 的优先权最低。当 $\overline{I_7}=0$ 时,无论其他输入端有无有效输入信号(功能表中以 x 表示),输出端只输出 $\overline{I_7}$ 的编码(输出为反码有效),即 $\overline{Y_2}\,\overline{Y_1}\,\overline{Y_0}=000$;当 $\overline{I_7}=1$、$\overline{I_6}=0$ 时,无论其余输入端有无有效输入信号,只对 $\overline{I_6}$ 进行编码,输出为 $\overline{Y_2}\,\overline{Y_1}\,\overline{Y_0}=001$,其余状态以此类推。

$\overline{EO}$ 为使能输出端(或称选通输出端),低电平表示"无编码信号输入"。当使能输入端有效(即 $\overline{EI}=0$)而无信号输入(即 $\overline{I_7} \sim \overline{I_0}$ 均为 1)时,$\overline{EO}$ 为 0;否则为 1。

$\overline{GS}$ 为扩展输出端,低电平表示"有编码信号输入",即用于标记输入信号是否有效。当使能输入端有效(即 $\overline{EI}=0$)且有信号输入(即 $\overline{I_7} \sim \overline{I_0}$ 中至少有一个为 0)时,$\overline{GS}$ 为 0;否则为 1。$\overline{GS}$ 通常用来扩展编码器功能。

分析表 6.5 中出现的 3 种输出 $\overline{Y_2}\,\overline{Y_1}\,\overline{Y_0}=111$ 的情况,可以用 $\overline{EO}$ 和 $\overline{GS}$ 的不同状态来区别,即如果 $\overline{Y_2}\,\overline{Y_1}\,\overline{Y_0}=111$ 且 $\overline{EO}\,\overline{GS}=11$,则表示电路处于禁止工作状态;如果 $\overline{Y_2}\,\overline{Y_1}\,\overline{Y_0}=111$ 且 $\overline{EO}\,\overline{GS}=10$,则表示电路处于工作状态而且 $\overline{I_0}$ 有编码信号输入;如果 $\overline{Y_2}\,\overline{Y_1}\,\overline{Y_0}=111$ 且 $\overline{EO}\,\overline{GS}=01$,则表示电路处于工作状态但没有输入编码信号。

利用 74LS148 的输出端 $\overline{EO}$ 和 $\overline{GS}$ 可以实现多片的级联。例如,将两片 74LS148 级联起来,扩展得到 16 线-4 线优先编码器,如图 6.16 所示。图 6.16 中,$\overline{I_{15}} \sim \overline{I_0}$ 是扩展后的 16 位编码信号输入端,高 8 位 $\overline{I_{15}} \sim \overline{I_8}$ 接于(1)片的 $\overline{I_7} \sim \overline{I_0}$,低 8 位 $\overline{I_7} \sim \overline{I_0}$ 接于(2)片的 $\overline{I_7} \sim$

$\overline{I_0}$。$\overline{Z_3} \sim \overline{Z_0}$ 是 4 位编码输出端（输出为反码有效）。

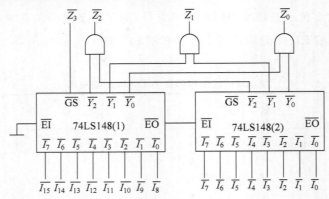

图 6.16　用两片 74LS148 构成的 16 线-4 线编码器

按照优先顺序的要求，只有 $\overline{I_{15}} \sim \overline{I_8}$ 均无输入信号时，才允许对 $\overline{I_7} \sim \overline{I_0}$ 的输入信号进行编码。因此，只要把(1)片的无编码信号输入 $\overline{EO}$ 作为(2)片的使能信号 $\overline{EI}$ 即可。另外，(1)片有编码信号输入时 $\overline{GS}=0$，无编码信号输入时 $\overline{GS}=1$，正好用它作为第 4 位编码输出 $\overline{Z_3}$。当 $\overline{I_{15}}=0$ 时，$\overline{Z_3}=\overline{GS}=0$，而且(1)片的 $\overline{Y_2}\,\overline{Y_1}\,\overline{Y_0}=000$，使得 $\overline{Z_2}\,\overline{Z_1}\,\overline{Z_0}=000$，产生 $\overline{I_{15}}$ 的编码输出 0000。以此类推，可以得到其他输入信号的编码。

6.3.2　二-十进制优先编码器

将十进制数 0～9 编成二进制代码的电路，即用 4 位二进制代码表示 1 位十进制数的编码电路，称为二-十进制编码器。该编码器的输入是代表 0～9 的 10 个信号（$m=10$），输出是 4 位二进制代码，故称 10 线-4 线编码器。8421BCD 码编码器就是最常用的一种二-十进制编码器。

常用的集成二-十进制优先编码器有 74LS147，它把 $\overline{I_0} \sim \overline{I_9}$ 的 10 个状态（数）分别编成 10 个 BCD 码（输出为反码有效）。图 6.17(a)、(b)分别是它的逻辑符号和引脚排列图。

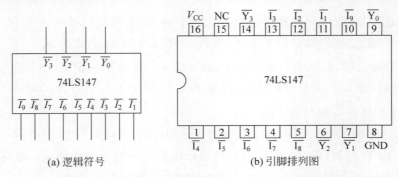

(a) 逻辑符号　　　　　　　(b) 引脚排列图

图 6.17　优先编码器 74LS147 的逻辑符号和引脚排列图

优先编码器 74LS147 的输入端和输出端都是低电平有效，输入低电平时，表示有编码请求，输入高电平无效。其中，$\overline{I_9}$ 的优先权最高，$\overline{I_0}$ 的优先权最低。即当 $\overline{I_9}=0$ 时，其余输入编码信号无效，电路只对 $\overline{I_9}$ 进行编码，输出 $\overline{Y_3}\,\overline{Y_2}\,\overline{Y_1}\,\overline{Y_0}=0111$，为反码输出，对应的原码为 1001，其余类推。74LS147 的功能表如表 6.6 所示。

表 6.6 优先编码器 74LS147 的功能表

输 入									输 出			
$\overline{I_1}$	$\overline{I_2}$	$\overline{I_3}$	$\overline{I_4}$	$\overline{I_5}$	$\overline{I_6}$	$\overline{I_7}$	$\overline{I_8}$	$\overline{I_9}$	$\overline{Y_3}$	$\overline{Y_2}$	$\overline{Y_1}$	$\overline{Y_0}$
x	x	x	x	x	x	x	x	0	0	1	1	0
x	x	x	x	x	x	x	0	1	0	1	1	1
x	x	x	x	x	x	0	1	1	1	0	0	0
x	x	x	x	x	0	1	1	1	1	0	0	1
x	x	x	x	0	1	1	1	1	1	0	1	0
x	x	x	0	1	1	1	1	1	1	0	1	1
x	x	0	1	1	1	1	1	1	1	1	0	0
x	0	1	1	1	1	1	1	1	1	1	0	1
0	1	1	1	1	1	1	1	1	1	1	1	0
1	1	1	1	1	1	1	1	1	1	1	1	1

优先编码器 74LS147 的逻辑符号、引脚图和功能表中没有 $\overline{I_0}$,是因为当 $\overline{I_1} \sim \overline{I_9}$ 都为高电平时,输出 $\overline{Y_3}\,\overline{Y_2}\,\overline{Y_1}\,\overline{Y_0}=1111$,其原码为 0000,相当于输入 $\overline{I_0}$ 请求编码。

6.4 译码器

译码是编码的逆过程,是把二进制代码所表示的特定信息翻译出来的过程。如果把代码比作电话号码,那么译码就是按照电话号码找用户的过程。能够实现译码功能的电路称为译码器,其功能与编码器正好相反。译码器输入的是二进制代码,输出的是二进制代码所表示的信号,其结构框图如图 6.18 所示。

译码器将 n 位输入代码转换为对应的 m 个输出信号。显然,输入代码的位数 n 与输出信号的个数 m 之间应满足 $m \leqslant 2^n$。习惯上把有 n 位输入代码、m 个输出信号的译码器称为 n 线-m 线译码器。译码器的用处有很多,如计算机中普遍使用的地址译码

图 6.18 译码器的结构框图

器、指令译码器,用于数字仪表中的显示译码器,以及数字通信设备中广泛使用的多路分配器等。

常用的译码器有二进制译码器、二-十进制译码器和数字显示译码器。

6.4.1 二进制译码器

把二进制代码的所有组合状态都翻译出来的电路即为二进制译码器,其输入代码位数 n 与输出信号个数 m 之间满足 $m = 2^n$ 的关系。从结构上看,一个二进制译码器一般具有 n 个输入端、2^n 个输出端和一个(或多个)使能输入端。在使能输入端为有效电平时,对应每一组输入代码,仅一个输出端为有效电平,其余输出端为无效电平。输出有效电平可以是高电平,也可以是低电平。常见的二进制译码器有 2 线-4 线译码器、3 线-8 线译码器和 4 线-16 线译码器等。

2 线-4 线译码器的逻辑符号如图 6.19 所示。

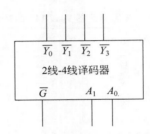

图 6.19   2 线-4 线译码器的逻辑符号

图 6.19 中，$\overline{G}$ 为使能端，作用是禁止或选通译码器；A_1、A_0 为 2 位二进制代码输入端，其输入代码为原码；$\overline{Y_0} \sim \overline{Y_3}$ 为与代码状态相对应的 4 个信号输出端，低电平有效。2 线-4 线译码器的功能表如表 6.7 所示。

表 6.7   2 线-4 线译码器的功能表

使能输入	输 入		输 出			
$\overline{G}$	A_1	A_0	$\overline{Y_0}$	$\overline{Y_1}$	$\overline{Y_2}$	$\overline{Y_3}$
0	0	0	0	1	1	1
0	0	1	1	0	1	1
0	1	0	1	1	0	1
0	1	1	1	1	1	0
1	x	x	1	1	1	1

由功能表可知，当使能端 $\overline{G}=1$ 时，译码器不工作，此时 4 个输出端均为高电平，即不译码。当使能端 $\overline{G}=0$ 时，译码器处于工作状态。此时，对于每一组输入代码 A_1、A_0，对应着一个确定的输出信号，即输出 $\overline{Y_0} \sim \overline{Y_3}$ 中有且仅有一个为 0（低电平有效），其余都是 1。反过来说，译码器的每个输出信号都对应输入代码变量的一个最小项，即译码器的输出信号提供了输入代码变量的所有最小项。

74LS138 是常见的集成 3 线-8 线二进制译码器，图 6.20(a)、(b)分别是它的逻辑符号和引脚排列图。

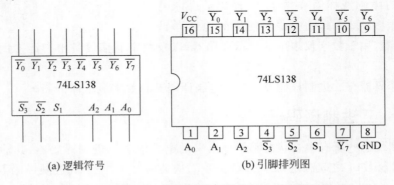

(a) 逻辑符号   (b) 引脚排列图

图 6.20   译码器 74LS138 的逻辑符号和引脚排列图

图 6.20 中，A_2、A_1、A_0 为 3 位二进制代码输入端，输入代码为原码；$\overline{Y_0} \sim \overline{Y_7}$ 为与代码状态相对应的 8 个信号输出端，低电平有效；$\overline{S_3}$、$\overline{S_2}$、S_1 为使能输入端，作用是禁止或选通译码器。74LS138 的功能表如表 6.8 所示。

表 6.8　译码器 74LS138 的功能表

使能输入		输　入			输　出							
S_1	$\overline{S_2}+\overline{S_3}$	A_2	A_1	A_0	$\overline{Y_0}$	$\overline{Y_1}$	$\overline{Y_2}$	$\overline{Y_3}$	$\overline{Y_4}$	$\overline{Y_5}$	$\overline{Y_6}$	$\overline{Y_7}$
1	0	0	0	0	0	1	1	1	1	1	1	1
1	0	0	0	1	1	0	1	1	1	1	1	1
1	0	0	1	0	1	1	0	1	1	1	1	1
1	0	0	1	1	1	1	1	0	1	1	1	1
1	0	1	0	0	1	1	1	1	0	1	1	1
1	0	1	0	1	1	1	1	1	1	0	1	1
1	0	1	1	0	1	1	1	1	1	1	0	1
1	0	1	1	1	1	1	1	1	1	1	1	0
0	x	x	x	x	1	1	1	1	1	1	1	1
x	1	x	x	x	1	1	1	1	1	1	1	1

由功能表可知,当 $S_1=1$ 且 $\overline{S_3}=\overline{S_2}=0$ 时,译码器处于工作状态。此时,对于每一组输入代码 A_2、A_1、A_0,对应着一个确定的输出信号,即输出 $\overline{Y_0}\sim\overline{Y_7}$ 中有且仅有一个为 0(低电平有效),其余都是 1。当 $S_1=0$ 或 $\overline{S_3}+\overline{S_2}=1$ 时,译码器不工作,此时 8 个输出端均为高电平,即不译码。

利用 74LS138 的使能端 $\overline{S_3}$、$\overline{S_2}$、S_1 可以实现多片的级联。例如,将两片 74LS138 级联起来,扩展得到 4 线-16 线译码器,如图 6.21 所示。

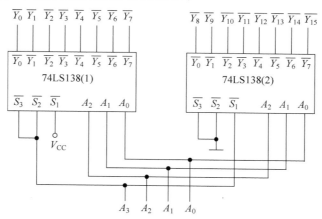

图 6.21　用两片 74LS138 构成的 4 线-16 线译码器

图 6.21 中,$A_3\sim A_0$ 是 4 位二进制代码输入端,$\overline{Y_0}\sim\overline{Y_{15}}$ 是扩展后的 16 位信号输出端。当输入端 $A_3=1$ 时,使能(2)片,输出高位 $\overline{Y_8}\sim\overline{Y_{15}}$ 中有且仅有一个为有效低电平;当输入端 $A_3=0$ 时,使能(1)片,输出低位 $\overline{Y_0}\sim\overline{Y_7}$ 中有且仅有一个为有效低电平。

6.4.2　二-十进制译码器

二-十进制译码器的功能是将 4 位 BCD 码的 10 组代码翻译成 10 个与十进制数字符号对应的输出信号。它有 4 个输入端,10 个输出端,因此又称 4 线-10 线译码器。其中,8421BCD 码译码器应用较广泛。

常用的集成8421BCD码译码器有74LS42,图6.22(a)、(b)分别是它的逻辑符号和引脚排列图。

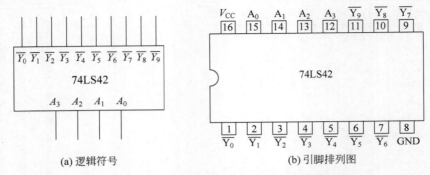

(a) 逻辑符号   (b) 引脚排列图

图 6.22　译码器 74LS42 的逻辑符号和引脚排列图

该译码器有 4 个输入端 $A_3 \sim A_0$,输入为 8421BCD 码;有 10 个输出端 $\overline{Y_0} \sim \overline{Y_9}$,分别与十进制数字 0～9 相对应,低电平有效,其真值表如表 6.9 所示。

表6.9　二-十进制译码器 74LS42 的真值表

输　入				输　出									
A_3	A_2	A_1	A_0	$\overline{Y_0}$	$\overline{Y_1}$	$\overline{Y_2}$	$\overline{Y_3}$	$\overline{Y_4}$	$\overline{Y_5}$	$\overline{Y_6}$	$\overline{Y_7}$	$\overline{Y_8}$	$\overline{Y_9}$
0	0	0	0	0	1	1	1	1	1	1	1	1	1
0	0	0	1	1	0	1	1	1	1	1	1	1	1
0	0	1	0	1	1	0	1	1	1	1	1	1	1
0	0	1	1	1	1	1	0	1	1	1	1	1	1
0	1	0	0	1	1	1	1	0	1	1	1	1	1
0	1	0	1	1	1	1	1	1	0	1	1	1	1
0	1	1	0	1	1	1	1	1	1	0	1	1	1
0	1	1	1	1	1	1	1	1	1	1	0	1	1
1	0	0	0	1	1	1	1	1	1	1	1	0	1
1	0	0	1	1	1	1	1	1	1	1	1	1	0
1	0	1	0	1	1	1	1	1	1	1	1	1	1
1	0	1	1	1	1	1	1	1	1	1	1	1	1
1	1	0	0	1	1	1	1	1	1	1	1	1	1
1	1	0	1	1	1	1	1	1	1	1	1	1	1
1	1	1	0	1	1	1	1	1	1	1	1	1	1
1	1	1	1	1	1	1	1	1	1	1	1	1	1

从真值表可知,对于某个 8421BCD 码的输入,相应的输出端为低电平,其他输出端为高电平。对于 8421BCD 码中不允许出现的 6 个非法码(1010～1111),译码器输出端 $\overline{Y_0} \sim \overline{Y_9}$ 均无低电平信号产生,即译码器对这 6 个非法码拒绝翻译。这种译码器的优点是当输入端出现非法码时,电路不会产生错误译码。

6.4.3　数字显示译码器

在数字测量仪表和其他数字系统中,常常需要将测量和运算的结果用数字、符号等直观地显示出来,供人们直接读取处理结果或监视数字系统的工作情况,因此,数字显示电路是许多数字设备不可缺少的部分。数字显示电路的组成框图如图 6.23 所示。

图 6.23　数字显示电路的组成框图

如图 6.23 所示,用数字显示译码器驱动数字显示器件,就可以达到数字显示的目的。数字显示译码器的输入一般为二-十进制代码(BCD 代码),输出的信号则用于驱动数字显示器件显示十进制数字。

目前广泛使用的数字显示器件是七段数码管。它由 a、b、c、d、e、f、g 七段可发光的线段拼合而成,控制各段的亮或灭,就可以显示一位 0~9 共 10 个数字,如图 6.24 所示。

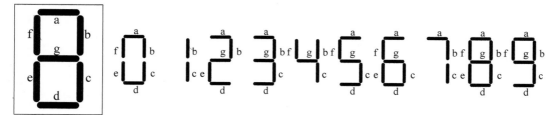

图 6.24　七段数码管的数字显示

七段数码管有半导体数码管和液晶数码管两种。图 6.25(a)、(b)所示分别是半导体七段数码管 BS201A 的外形引脚图和等效电路,这种数码管的每个段都是一个发光二极管(Light Emitting Diode,LED)。LED 的正极称为阳极,负极称为阴极。当 LED 加上正向电压时,可以发出橙红色的光。有的数码管在右下角还增设了一个小数点,形成八段显示。由 BS201A 的等效电路可见,构成数码管的 7 只 LED 的阴极是连接在一起的,属于共阴极结构,a~g 高电平时,驱动 LED 发光。

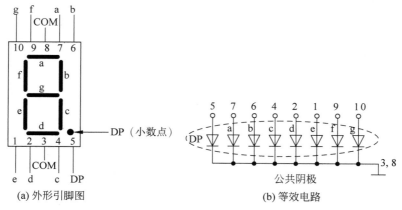

(a) 外形引脚图　(b) 等效电路

图 6.25　七段数码管 BS201A 的外形引脚图和等效电路

如果把 7 只 LED 的阳极连接在一起,则属于共阳极结构,如图 6.26 所示。a~g 低电平时,驱动 LED 发光。

能驱动七段数码管发光的数字显示译码器有 7 个输出端,它们按需要输出相应的高低电平,就能让七段显示器件的某些段发光,从而显示出相应的字形。

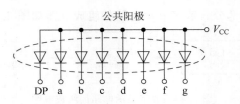

图 6.26　七段数码管的共阳极结构

常用的集成七段显示译码器有 74LS48,图 6.27(a)、(b)分别是它的逻辑符号和引脚排列图。它是一种输出高电平有效、与共阴极七段数字显示器配合使用的集成译码器,它的功能是将输入的 4 位二进制代码转换成显示器件所需要的 7 个段信号。

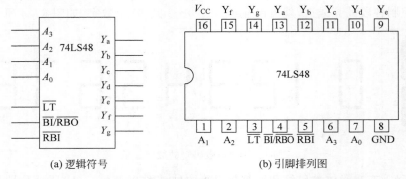

(a) 逻辑符号　　　　　　　　　　(b) 引脚排列图

图 6.27　七段显示译码器 74LS48 的逻辑符号和引脚排列图

图 6.27 中,$A_3 \sim A_0$ 为 8421BCD 码输入端,$Y_a \sim Y_g$ 为七段输出端,为七段显示器件提供驱动信号。输出为高电平有效,即输出为 1 时,对应字段点亮;输出为 0 时,对应字段熄灭。74LS48 的功能表如表 6.10 所示。

表 6.10　七段显示译码器 74LS48 的功能表

输入控制		输　　入				$\overline{\text{BI}}/\text{RBO}$	输　　　出							说明
$\overline{\text{LT}}$	$\overline{\text{RBI}}$	A_3	A_2	A_1	A_0		Y_a	Y_b	Y_c	Y_d	Y_e	Y_f	Y_g	数字/功能
1	x	0	0	0	0	$\overline{\text{BI}}=1$	1	1	1	1	1	1	0	0
1	x	0	0	0	1	$\overline{\text{BI}}=1$	0	1	1	0	0	0	0	1
1	x	0	0	1	0	$\overline{\text{BI}}=1$	1	1	0	1	1	0	1	2
1	x	0	0	1	1	$\overline{\text{BI}}=1$	1	1	1	1	0	0	1	3
1	x	0	1	0	0	$\overline{\text{BI}}=1$	0	1	1	0	0	1	1	4
1	x	0	1	0	1	$\overline{\text{BI}}=1$	1	0	1	1	0	1	1	5
1	x	0	1	1	0	$\overline{\text{BI}}=1$	0	0	1	1	1	1	1	6
1	x	0	1	1	1	$\overline{\text{BI}}=1$	1	1	1	0	0	0	0	7
1	x	1	0	0	0	$\overline{\text{BI}}=1$	1	1	1	1	1	1	1	8
1	x	1	0	0	1	$\overline{\text{BI}}=1$	1	1	1	0	0	1	1	9
x	x	x	x	x	x	$\overline{\text{BI}}=0$	0	0	0	0	0	0	0	灭灯
0	x	x	x	x	x	$\overline{\text{RBO}}=1$	1	1	1	1	1	1	1	试灯
1	0	0	0	0	0	$\overline{\text{RBO}}=0$	0	0	0	0	0	0	0	灭零

74LS48 除了完成译码驱动的功能外,还利用 3 个辅助控制信号 $\overline{\text{LT}}$、$\overline{\text{RBI}}$ 和 $\overline{\text{BI}}/\text{RBO}$ 来增强器件的功能。

其中,$\overline{BI}/\overline{RBO}$ 为灭灯输入端/灭零输出端(低电平有效),该控制端具有双向控制功能,有时作为输入信号 $\overline{BI}$(灭灯输入端),有时作为输出信号 $\overline{RBO}$(灭零输出端)。当 $\overline{BI}/\overline{RBO}$ 作为输入信号使用,且 $\overline{BI}=0$ 时,不管其他输入状态如何,各段输出 $Y_a \sim Y_g$ 全部为低电平,使被驱动数码管的七段全部熄灭,目的是降低系统功耗,在不需要观察时熄灭全部显示器。当 $\overline{BI}/\overline{RBO}$ 作为输出信号使用时,受控于 $\overline{LT}$ 和 $\overline{RBI}$。

$\overline{LT}$ 为试灯输入端(低电平有效),当 $\overline{LT}=0$ 时,$\overline{BI}/\overline{RBO}$ 是输出端,且 $\overline{RBO}=1$,此时,不管其他输入状态如何,各段输出 $Y_a \sim Y_g$ 全部为高电平,使被驱动数码管的七段全部点亮,显示数字 8。因此,$\overline{LT}=0$ 的信号可以用来检查译码器 74LS48 本身及数码管的七段显示管是否都能正常工作。

$\overline{RBI}$ 为灭零输入端,用来熄灭无意义 0 的显示。在 $\overline{LT}=1$ 的前提下,只要 $\overline{RBI}=0$ 且输入 $A_3 \sim A_0$ 为全 0 时,$\overline{BI}/\overline{RBO}$ 为输出端,且 $\overline{RBO}=0$。此时输出 $Y_a \sim Y_g$ 全部为低电平,使被驱动数码管本来应显示的 0 熄灭。因此灭零输出端 $\overline{RBO}=0$ 表示译码器处于灭零状态,灭零输出端 $\overline{RBO}$ 主要用于在显示多位数时,与灭零输入端 $\overline{RBI}$ 配合使用,实现多位数码显示的灭零控制。

当 $\overline{LT}=1$,且 $\overline{BI}/\overline{RBO}=1$ 时,输入 $A_3 \sim A_0$ 为 8421BCD 码,译码输出 $Y_a \sim Y_g$ 产生相应驱动信号,使数码管显示 $0 \sim 9$。

用 74LS48 驱动共阴极结构的半导体数码管 BS201A 实现七段显示译码的工作原理如图 6.28 所示。在实际使用的电路连接中,由于 74LS48 是集电极开路门结构,所以在其每个输出信号驱动 BS201A 之前,还需分别外加一个 1kΩ 的上拉电阻。

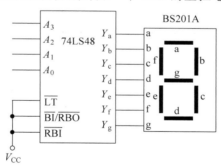

图 6.28　用 74LS48 驱动 BS201A 实现七段显示译码的工作原理

6.5　多路选择器和多路分配器

多路选择器和多路分配器是数字系统中常用的中规模集成电路,其基本功能是完成对多路数据的选择与分配、在公共传输线上实现多路数据的分时传送。

6.5.1　多路选择器

多路选择器(Multiplexer)又称数据选择器或多路开关,常用 MUX 表示。它是一种多路输入、单路输出的组合逻辑电路,其逻辑功能是从多路输入数据中选中一路数据送至输出端,输出对输入的选择受选择控制信号控制。通常,一个具有 2^n 路输入和一路输出的

MUX 有 n 个选择控制信号,对应控制信号的每种取值组合,选中相应的一路输入送至输出。常用的多路选择器有 4 路选择器、8 路选择器和 16 路选择器等。

1. 4 路选择器

74LS153 是常见的集成双 4 路选择器,图 6.29(a)、(b)分别是它的逻辑符号和引脚排列图。

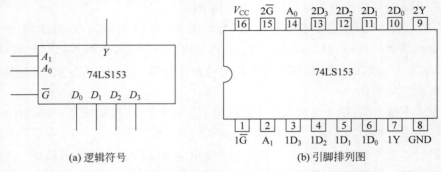

(a) 逻辑符号   (b) 引脚排列图

图 6.29   双 4 路选择器 74LS153 的逻辑符号和引脚排列图

该芯片中有两个 4 路选择器。其中,$\overline{G}$ 为使能端,低电平有效;$D_0 \sim D_3$ 为数据输入端;A_1、A_0 为选择控制端,由两个 4 路选择器共用;Y 为输出端。

双 4 路选择器 74LS153 的功能表如表 6.11 所示。

表 6.11   双 4 路选择器 74LS153 的功能表

使能输入	选 择 输 入		数 据 输 入				输出
$\overline{G}$	A_1	A_0	D_0	D_1	D_2	D_3	Y
0	0	0	D_0	x	x	x	D_0
0	0	1	x	D_1	x	x	D_1
0	1	0	x	x	D_2	x	D_2
0	1	1	x	x	x	D_3	D_3
1	x	x	x	x	x	x	0

由功能表可知,当使能端 $\overline{G}=1$ 时,不论其他输入状态如何,均无输出($Y=0$),多路开关被禁止。当使能端 $\overline{G}=0$ 时,多路开关正常工作:当 $A_1A_0=00$ 时,$Y=D_0$;当 $A_1A_0=01$ 时,$Y=D_1$;当 $A_1A_0=10$ 时,$Y=D_2$;当 $A_1A_0=11$ 时,$Y=D_3$,即在 A_1、A_0 的控制下,依次选中输入端 $D_0 \sim D_3$ 的数据送至输出端 Y。

2. 8 路选择器

74LS151 是常见的集成 8 路选择器,图 6.30(a)、(b)分别是它的逻辑符号和引脚排列图。

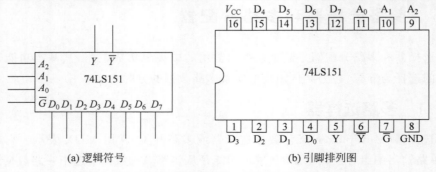

(a) 逻辑符号   (b) 引脚排列图

图 6.30   8 路选择器 74LS151 的逻辑符号和引脚排列图

74LS151 为互补输出的 8 路选择器。其中,$\overline{G}$ 为使能端,低电平有效;$D_0 \sim D_7$ 为数据输入端;A_2、A_1、A_0 为选择控制端;Y 和 $\overline{Y}$ 为两个互补的输出端。

8 路选择器 74LS151 的功能表如表 6.12 所示。

表 6.12 8 路选择器 74LS151 的功能表

使能输入	选择 输 入			数 据 输 入								输出	
$\overline{G}$	A_2	A_1	A_0	D_0	D_1	D_2	D_3	D_4	D_5	D_6	D_7	Y	$\overline{Y}$
0	0	0	0	D_0	x	x	x	x	x	x	x	D_0	$\overline{D_0}$
0	0	0	1	x	D_1	x	x	x	x	x	x	D_1	$\overline{D_1}$
0	0	1	0	x	x	D_2	x	x	x	x	x	D_2	$\overline{D_2}$
0	0	1	1	x	x	x	D_3	x	x	x	x	D_3	$\overline{D_3}$
0	1	0	0	x	x	x	x	D_4	x	x	x	D_4	$\overline{D_4}$
0	1	0	1	x	x	x	x	x	D_5	x	x	D_5	$\overline{D_5}$
0	1	1	0	x	x	x	x	x	x	D_6	x	D_6	$\overline{D_6}$
0	1	1	1	x	x	x	x	x	x	x	D_7	D_7	$\overline{D_7}$
1	x	x	x	x	x	x	x	x	x	x	x	0	1

由功能表可知,当使能端 $\overline{G}=1$ 时,不论其他输入状态如何,均无输出($Y=0$,$\overline{Y}=1$),多路开关被禁止。当使能端 $\overline{G}=0$ 时,多路开关正常工作,在选择控制端 A_2、A_1、A_0 的控制下,依次选中输入端 $D_0 \sim D_7$ 的数据送至输出端 Y,输出端 $\overline{Y}$ 输出选中输入端 $D_0 \sim D_7$ 数据的反码。

6.5.2 多路分配器

多路分配器(Demultiplexer)又称数据分配器,常用 DEMUX 表示。其结构与多路选择器正好相反,它是一种单输入、多输出的逻辑部件,输入数据具体从哪一路输出由选择控制信号决定。4 路分配器的逻辑符号如图 6.31 所示。

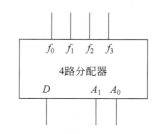

图 6.31 4 路分配器的逻辑符号

图 6.31 中,D 为数据输入端,A_1、A_0 为选择控制输入端,$f_0 \sim f_3$ 为数据输出端,其功能表如表 6.13 所示。

表 6.13 4 路分配器的功能表

选 择 输 入		输 出			
A_1	A_0	f_0	f_1	f_2	f_3
0	0	D	0	0	0
0	1	0	D	0	0
1	0	0	0	D	0
1	1	0	0	0	D

由功能表可知,当 $A_1A_0=00$ 时,输出 $f_0=D$,其余为 0;当 $A_1A_0=01$ 时,输出 $f_1=D$,其余为 0;当 $A_1A_0=10$ 时,输出 $f_2=D$,其余为 0;当 $A_1A_0=11$ 时,输出 $f_3=D$,其余为 0,即在 A_1、A_0 的控制下,输入端 D 数据依次送至输出端 $f_0 \sim f_3$。

如果把 A_1、A_0 视为输入编码,把 D 视为使能端,则当 $D=1$ 时,输出仅取决于 A_1、A_0 的状态。因此,4 路分配器也是一个具有使能端的 2 线-4 线译码器。故多路分配器和译码器一般是可以互相替代的,通常归于一类。

6.6　奇偶校验器

奇偶校验（Parity Check）是一种校验代码传输正确性的方法。根据被传输的一组二进制代码的数位中"1"的个数是奇数或偶数来进行校验。采用奇数的称为奇校验，反之，称为

图 6.32　4 位奇偶校验器的逻辑符号

偶校验。采用何种校验是事先规定好的。通常专门设置一个奇偶校验位，用它使这组代码中"1"的个数为奇数或偶数。若用奇校验，则当接收端收到这组代码时，校验"1"的个数是否为奇数，从而确定传输代码的正确性。在计算机和一些数字通信系统中，常用奇偶校验器来检查数据传输和数码记录中是否存在错误。

4 位奇偶校验器的逻辑符号如图 6.32 所示。

图 6.32 中，$B_0 \sim B_3$ 是数据输入端，F_{OD} 是判奇输出端，F_{EV} 是判偶输出端。4 位奇偶校验器的功能表如表 6.14 所示。

表 6.14　4 位奇偶校验器的功能表

输　入	输　　出	
$B_0 \sim B_3$ 中"1"的个数	F_{OD}	F_{EV}
奇数	1	0
偶数	0	1

奇偶校验器一般由异或门构成，异或运算也称为"模 2 加"运算。模 2 加就是只考虑两个二进制数（每个都是 0 或 1）相加后的和，而不考虑它们的进位的加法运算即 $0+0=0$，H0＝0＋1＝1，H1＝0。当和为 1 时，表示两个二进制数中"1"的个数是奇数；当和为 0 时，则表示"1"的个数是偶数。同理，对 m 个二进制数 $a_1, a_2, \cdots, a_m$（每个都是 0 或 1）进行模 2 加时，当和为 1 时，表示这 m 个数中"1"的个数是奇数；当和为 0 时，则表示"1"的个数是偶数。判断奇数和判断偶数的结果是相反的，因此对判奇输出端 F_{OD} 加一个反相器，即可得到判偶输出端 F_{EV}。4 位奇偶校验器的输出表达式如下：

$$F_{OD} = B_0 \oplus B_1 \oplus B_2 \oplus B_3$$
$$F_{EV} = \overline{B_0 \oplus B_1 \oplus B_2 \oplus B_3}$$

奇偶校验器还具有奇偶产生的功能，通常把它称为奇偶校验器/产生器。74LS180 是常见的集成 9 位奇偶产生器/校验器，图 6.33(a)、(b) 分别是它的逻辑符号和引脚排列图。

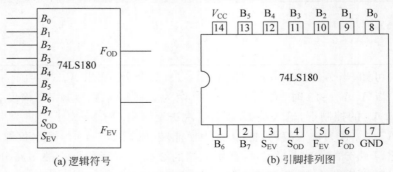

(a) 逻辑符号　　　　　　　　　(b) 引脚排列图

图 6.33　9 位奇偶产生器/校验器 74LS180 的逻辑符号和引脚排列图

图 6.33 中,$B_0 \sim B_7$ 是 8 位数据输入端,S_{EV} 是偶校验控制输入端,S_{OD} 是奇校验控制输入端;F_{OD} 是奇输出端,F_{EV} 是偶输出端。74LS180 的功能表如表 6.15 所示。

表 6.15 9 位奇偶产生器/校验器 74LS180 的功能表

输 入			输 出	
$B_0 \sim B_7$ 中"1"的个数	S_{OD}	S_{EV}	F_{OD}	F_{EV}
奇数	1	0	0	1
偶数	1	0	1	0
奇数	0	1	1	0
偶数	0	1	0	1
x	0	0	1	1
x	1	1	0	0

当进行奇校验时,$S_{OD}=1$,$S_{EV}=0$;当 $B_0 \sim B_7$ 中有奇数个"1"时,$F_{OD}=0$,$F_{EV}=1$,传输正确;如出现偶数个"1",则 $F_{OD}=1$,$F_{EV}=0$,说明传输有误。

当进行偶校验时,$S_{OD}=0$,$S_{EV}=1$;当 $B_0 \sim B_7$ 中有奇数个"1"时,$F_{OD}=1$,$F_{EV}=0$,传输正确;如出现偶数个"1",则 $F_{OD}=0$,$F_{EV}=1$,说明传输有误。

下面通过一个简单的奇偶校验系统说明奇偶产生器/校验器的应用。图 6.34 是一个奇偶校验系统,图中的(1)片是奇产生器,奇校验控制输入端 S_{OD} 接电源(即数据"1"),偶校验控制输入端 S_{EV} 接地(即数据"0")。当数据 $D_0 \sim D_7$ 中"1"的个数为奇数时,奇输出端 $F_{OD}=0$;当数据 $D_0 \sim D_7$ 中"1"的个数为偶数时,$F_{OD}=1$。这样,(1)片的输出 F_{OD} 与数据 $D_0 \sim D_7$ 构成 9 位数据,F_{OD} 是奇产生/校验位。不管数据 $D_0 \sim D_7$ 中"1"的个数是奇数还是偶数,加上 F_{OD}(第 9 位)的数据后,组成 9 位数据中"1"的个数一定是奇数。所以,(1)片称为奇产生器。

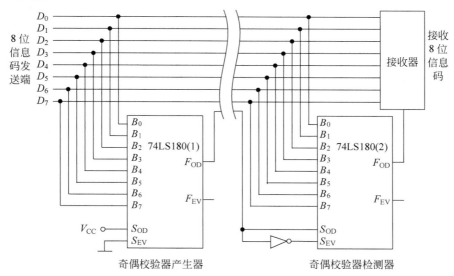

图 6.34 奇偶校验系统

(2)片是奇校验器,将数据 $D_0 \sim D_7$ 接到数据输入端 $B_0 \sim B_7$,(1)片的奇产生/校验位 F_{OD} 接到(2)片的奇控制输入端 S_{OD},偶控制输入端 S_{EV} 接 $\overline{F_{OD}}$。这样,如果原数据 $D_0 \sim D_7$ 中有偶数个 1,(1)片的 $F_{OD}=1$;或者原数据 $D_0 \sim D_7$ 中有奇数个 1,(1)片的 $F_{OD}=0$,

在传输无误时，(2)片的输出 $F_{OD}=1$，使接收器打开，表示数据传输正确，8 位信号送到接收端。如果传输过程中有一个数据位发生了差错，即由 0 变为 1 或由 1 变为 0，则使 9 位数据中"1"的个数由奇数变为偶数，(2)片的输出 $F_{OD}=0$，使接收器关闭，表示数据传输有差错，8 位信号不送到接收端。

奇偶校验只能检测出错误而无法进行修正，同时，虽然双位同时发生错误的概率相当低，但奇偶校验却无法检测出双位错误。

习题

6.1　什么叫数值比较器？数值比较器有什么功能和用途？

6.2　什么叫编码？二进制编码器有什么特点？什么叫优先编码器？

6.3　什么叫译码器？二进制译码器有哪些特点和用途？

6.4　什么叫多路选择器？多路选择器有什么功能和用途？

6.5　什么叫奇偶校验器？奇偶校验器有什么功能和用途？

6.6　用两片 8 选 1 数据选择器 74LS151 扩展成 16 选 1 数据选择器，画出电路连线图。

6.7　当优先编码器 74LS148 的 $\overline{EI}$ 接 0，输入 $\overline{I_7} \sim \overline{I_0}$ =11010001 时，输出状态为何值？

6.8　当 4 路选择器 74LS153 的选择控制端 A_1、A_0 接变量 A、B，数据输入端 $D_0 \sim D_3$ 依次接 $\overline{C}$、0、0、C 时，电路实现何功能？

第7章

触 发 器

知识导学

习题答案

在数字系统中,不仅需要对二进制信号进行各种运算和操作,还需要把参与这些运算和操作的数据以及结果进行保存,这就需要用到具有记忆功能的器件。触发器是具有记忆功能的二进制存储器件,它是由逻辑门加上适当的反馈线耦合而成的双稳态元件。触发器是构成各种时序逻辑电路的基本元件。

本章在介绍双稳态元件特点的基础上,介绍触发器的类型、电路结构和逻辑功能的表示方法,为时序逻辑电路的学习打下基础。

7.1 双稳态元件

双稳态元件是指具有 0 和 1 两个稳定状态,一旦进入其中一种状态,就能长期保持不变的单元电路。

在数字电路中,双稳态元件是存储器件的基本模块,具有记忆一位二进制数的功能。只要没有新的输入,那么输出端的状态就会一直保持。

双稳态元件的特点是:

(1)有两个互反的输出端 Q 和 $\bar{Q}$。

(2)在没有外来触发信号的作用下,电路始终处于原来的稳定状态。它的两个稳定状态分别被称为 1 状态($Q=1,\bar{Q}=0$)和 0 状态($Q=0,\bar{Q}=1$)。

(3)在外加输入触发信号的作用下,它可从一个稳定状态翻转到另一个稳定状态。通常把输入信号作用之前的状态称为现态,用 Q^n 和 $\bar{Q}^n$ 表示,而把输入信号作用后的状态称为次态,用 Q^{n+1} 和 $\overline{Q^{n+1}}$ 表示。为了简单起见,一般省略现态的右上标 n,就用 Q 和 $\bar{Q}$ 表示现态。显然,次态是现态和输入的函数。

从上述特点可以看出,每个双稳态元件可保存一位二进制数,对应一个状态变量。双稳态元件通常指的是触发器(Flip-Flop)。

触发器按逻辑输入端分为 SR 触发器、D 触发器和 JK 触发器,按控制方式分为直接控制、电平控制和边沿控制。

7.2 SR 触发器

7.2.1 直接控制的 SR 触发器

置位-复位触发器(Set-Reset Flip-Flop,SR 触发器)是构成其他触发器的最基本单元,所以也称为基本 SR 触发器。一般由两个与非门或者两个或非门交叉耦合连接组成。

视频讲解

1. 低电平有效输入的 SR 触发器

由两个与非门交叉耦合组成的低电平有效输入的 SR 触发器的逻辑电路如图 7.1 所示。

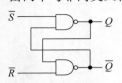

图 7.1 低电平有效输入的
SR 触发器的逻辑电路

图 7.1 中，Q 和 $\bar{Q}$ 为触发器的两个互反的输出端；$\bar{S}$ 和 $\bar{R}$ 为触发器的两个输入端，其中 $\bar{S}$ 称为置位端，$\bar{R}$ 称为复位端。输入变量上面的非号表示低电平有效，即仅当低电平作用于输入端时，触发器状态才能发生变化（通常称为翻转）。

由与非门的逻辑特性可知：当输入 $\bar{S}$ 为有效低电平，而 $\bar{R}$ 为无效高电平时，触发器置位，为 1 状态；当输入 $\bar{R}$ 为有效低电平，而 $\bar{S}$ 为无效高电平时，触发器复位，为 0 状态；当输入 $\bar{S}$ 和 $\bar{R}$ 同为无效高电平时，触发器状态保持不变（此时触发器原来的状态被存储起来，体现了它的记忆功能）；当输入 $\bar{S}$ 和 $\bar{R}$ 同为有效低电平时，触发器状态无效。上述逻辑功能可以用触发器的功能表 7.1 加以描述。

表 7.1　低电平有效输入的 SR 触发器的功能表

$\bar{S}$	$\bar{R}$	Q^{n+1}	$\overline{Q^{n+1}}$	功能
1	1	Q	$\bar{Q}$	保持
0	1	1	0	置位
1	0	0	1	复位
0	0	1	1	无效

功能表中，第一行表明，当 $\bar{S}$ 和 $\bar{R}$ 同为 1 时，触发器保持原来的状态。下面两行则表明了 $\bar{S}$ 和 $\bar{R}$ 信号的控制作用，即输入信号直接控制触发器的输出。最后一行表明，当 $\bar{S}$ 和 $\bar{R}$ 同为 0 时，触发器为无效的状态，由此表明，SR 触发器工作是具有约束条件的。

低电平有效输入的 SR 触发器不允许出现 $\bar{S}$ 和 $\bar{R}$ 同时有效的情况。因为当 $\bar{S}$ 和 $\bar{R}$ 同时为 0 时，将使两个与非门的输出 Q 和 $\bar{Q}$ 均为 1，破坏了触发器两个输出端的状态应该互反的逻辑关系。此外，当这两个输入端的 0 信号被撤销时，触发器的状态将是不确定的，这取决于两个门电路的时间延迟。若 $\bar{S}$ 连接的与非门的时延大于 $\bar{R}$ 连接的与非门，则输出 $\bar{Q}$ 先变为 1，使触发器处于 0 状态；反之，若 $\bar{R}$ 连接的与非门的时延大于 $\bar{S}$ 连接的与非门，则输出 Q 先变为 1，从而使触发器处于 0 状态。通常，两个门电路的延迟时间是难以人为控制的，因而在将输入端的 0 信号同时撤去后触发器的状态将难以预测，这是不允许的。因此，规定 $\bar{S}$ 和 $\bar{R}$ 不能同时为 0。

上述功能表表明，触发器输出次态与输入和现态有关，它们之间的完整关系还可以用如表 7.2 所示的触发器次态真值表加以描述。

表 7.2　低电平有效输入的 SR 触发器的次态真值表

$\bar{S}$	$\bar{R}$	Q	Q^{n+1}
1	1	0	0
1	1	1	1
0	1	0	1
0	1	1	1
1	0	0	0
1	0	1	0
0	0	0	x
0	0	1	x

表 7.2 中，$\bar{S}$ 和 $\bar{R}$ 同时为 0 为约束条件，用无关项"x"表示。

由表 7.2 可以做出输出次态 Q^{n+1} 的卡诺图，如图 7.2 所示。

由卡诺图得到输出次态 Q^{n+1} 与输入和现态之间逻辑关系的函数表达式为

$$Q^{n+1} = \bar{\bar{S}} + \bar{R}Q = S + \bar{R}Q \quad (\bar{S} + \bar{R} = 1)$$

式中，$\bar{S} + \bar{R} = 1$ 为约束条件，它表示两个输入 $\bar{S}$ 和 $\bar{R}$ 不允许同时为 0，即至少有一个为 1。

次态 Q^{n+1} 的函数表达式称为触发器的特性方程(也称特征方程、次态方程)。由特性方程可见，次态 Q^{n+1} 不仅与当前的输入状态 $\bar{S}$ 和 $\bar{R}$ 有关，而且还与现态 Q 有关，这再一次体现了触发器的记忆功能。

触发器的特性方程不仅可以表示触发器的功能，也是分析和设计时序逻辑电路的重要工具。

状态转换图简称状态图，是用来表示触发器状态变化的图形。低电平有效输入的 SR 触发器的状态图如图 7.3 所示，图中用标有"0"符号和"1"符号的圆圈分别表示触发器的 0 状态和 1 状态，用带箭头的线表示触发器的状态变化方向；箭头线旁的数据表示触发器状态变化需要的输入条件。例如，触发器从 0 状态转换到 1 状态时，需要的输入条件是 $\bar{S}\bar{R} = 01$(置位功能)；从 0 状态到 0 状态(即保持不变)时，输入条件是 $\bar{S}\bar{R} = 11$(保持功能)，或者 $\bar{S}\bar{R} = 10$(复位功能)，因此归纳为输入条件是 $\bar{S}\bar{R} = 1x$。x 表示条件任意，即为 0、为 1 均可。状态图也是分析和设计时序逻辑电路的重要工具。

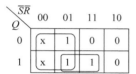

图 7.2　低电平有效输入的 SR 触发器
次态 Q^{n+1} 的卡诺图

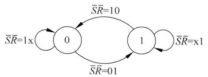

图 7.3　低电平有效输入的 SR
触发器的状态图

触发器的输出随输入变化的波形称为时序图。低电平有效输入的 SR 触发器的时序图如图 7.4 所示(图中未考虑时延情况)。其中，$\bar{S}\bar{R} = 00$ 是约束条件，使用时是不允许出现的。为了更清晰地描述违反约束条件导致的后果，图中有意识地加入了约束条件下的输入组合以及相应的输出波形。

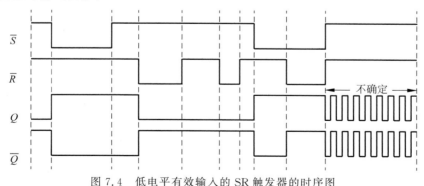

图 7.4　低电平有效输入的 SR 触发器的时序图

触发器输出按时间次序受输入信号 $\bar{S}$ 和 $\bar{R}$ 的控制过程如下：

① 假设触发器的初始状态是 0 状态，即 $Q = 0$，$\bar{Q} = 1$。

② 接下来，$\bar{S}\bar{R} = 01$，即 $\bar{S}$ 有效，使触发器置位，为 1 状态，即 $Q = 1$，$\bar{Q} = 0$。

③ 接下来，$\overline{SR}=11$，触发器保持 1 状态，即 $Q=1,\overline{Q}=0$。

④ 接下来，$\overline{SR}=10$，即 $\overline{R}$ 有效，使触发器复位，为 0 状态，即 $Q=0,\overline{Q}=1$。

⑤ 接下来，$\overline{SR}=11$，触发器保持 0 状态，即 $Q=0,\overline{Q}=1$。

⑥ 接下来，$\overline{SR}=10$，即 $\overline{R}$ 有效，使触发器复位，为 0 状态，即 $Q=0,\overline{Q}=1$。

⑦ 接下来，$\overline{SR}=11$，触发器保持 0 状态，即 $Q=0,\overline{Q}=1$。

⑧ 接下来，$\overline{SR}=01$，即 $\overline{S}$ 有效，使触发器置位，为 1 状态，即 $Q=1,\overline{Q}=0$。

⑨ 接下来，$\overline{SR}=00$（约束条件），$Q=1,\overline{Q}=1$。此时，与非门的反馈回路不起作用。因为与非门总有一个输入为 0，直接使输出为 1，而与反馈输入的状态无关。

⑩ 接下来，$\overline{SR}=11$（保持），触发器存储的信息丢失，其状态将是不确定的。

2. 高电平有效输入的 SR 触发器

由两个或非门交叉耦合组成的高电平有效输入的 SR 触发器的逻辑电路及逻辑符号分别如图 7.5(a)、(b)所示。该电路的输入端是高电平有效。

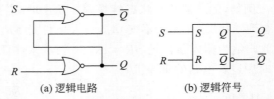

(a) 逻辑电路　　　　　　　　(b) 逻辑符号

图 7.5　高电平有效输入的 SR 触发器的逻辑电路及逻辑符号

由或非门的逻辑特性可知：当输入 S 为有效高电平，而 R 为无效低电平时，触发器置位，为 1 状态；当输入 R 为有效高电平，而 S 为无效低电平时，触发器复位，为 0 状态；当输入 S 和 R 同为无效低电平时，触发器状态保持不变；当输入 S 和 R 同为有效高电平时，触发器状态无效。高电平有效输入的 SR 触发器的功能表如表 7.3 所示。

表 7.3　高电平有效输入的 SR 触发器的功能表

S	R	Q^{n+1}	$\overline{Q^{n+1}}$	功　能
0	0	Q	$\overline{Q}$	保持
1	0	1	0	置位
0	1	0	1	复位
1	1	0	0	无效

同样地，高电平有效输入的 SR 触发器不允许出现 S 和 R 同时有效的情况。当 S 和 R 同时为 1 时，将使两个或非门的输出 Q 和 $\overline{Q}$ 均为 0。

高电平有效输入的 SR 触发器的次态真值表如表 7.4 所示。

表 7.4　高电平有效输入的 SR 触发器的次态真值表

S	R	Q	Q^{n+1}
0	0	0	0
0	0	1	1
1	0	0	1
1	0	1	1
0	1	0	0
0	1	1	0
1	1	0	x
1	1	1	x

表 7.4 中, S 和 R 同时为 1 为约束条件, 用无关项 "x" 表示。

由表 7.4 做出输出次态 Q^{n+1} 的卡诺图, 如图 7.6 所示。

由卡诺图得到高电平有效输入的 SR 触发器的特性方程为

$$Q^{n+1} = S + \overline{R}Q \quad (S \cdot R = 0)$$

式中, $S \cdot R = 0$ 为约束条件, 它表示两个输入 S 和 R 不允许同时为 1, 即至少有一个为 0。根据布尔代数的反演规则, $S \cdot R = 0$ 经过表达式形式变换, 可以得到 $\overline{S} + \overline{R} = 1$。可见, 上述两种结构的 SR 触发器的特性方程是相同的。

高电平有效输入的 SR 触发器的状态图如图 7.7 所示。

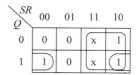

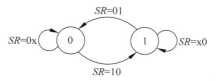

图 7.6 高电平有效输入的 SR 触发器　　　图 7.7 高电平有效输入的 SR 触发器的状态图
次态 Q^{n+1} 的卡诺图

高电平有效输入的 SR 触发器的时序图如图 7.8 所示(图中未考虑时延情况)。同样, $SR = 11$ 是约束条件, 图中也有意识地加入了约束条件下的输入组合以及相应的输出波形, 但在实际使用时, 约束条件是不允许出现的。

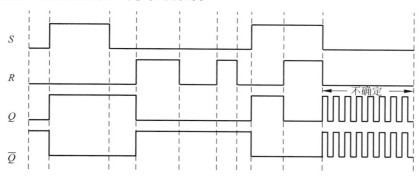

图 7.8 高电平有效输入的 SR 触发器的时序图

7.2.2 电平控制的 SR 触发器

前面介绍的两种类型的 SR 触发器, 其输入信号直接控制触发器输出端的状态, 因此不能实现同步控制, 即不能在要求的时间或时刻由输入信号控制输出状态。而在数字系统和实际工作中, 触发器的工作状态往往不仅要由触发信号决定, 而且还要求触发器按一定的节拍同步动作(翻转), 以取得系统的协调。为此, 产生了由电平控制的触发器(也称为锁存器), 以及由时钟脉冲边沿控制的触发器(也称为钟控触发器)。锁存器只有在电平控制输入信号 EN 有效时, 状态才能改变。钟控触发器只有在时钟输入端 CP 上出现有效时钟脉冲边沿时, 状态才能改变。

电平控制的 SR 触发器也称 SR 锁存器。SR 锁存器的逻辑电路如图 7.9 所示, 它是在低电平有效输入的 SR 触发器的两个与非门的输入信号前面增加两个与非门用作输入控制, 当使能信号 EN = 1 时, 电路即为高电平有效输入的 SR 触发器。

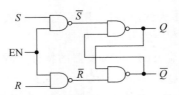

图 7.9　SR 锁存器的逻辑电路

当使能信号 EN＝0 时，低电平有效输入的 SR 触发器的输入 $\overline{S}$ 和 $\overline{R}$ 都为 1，电路输出不再受输入信号 S 和 R 的影响。SR 锁存器的功能表如表 7.5 所示。

表 7.5　SR 锁存器的功能表

S	R	EN	Q^{n+1}	$\overline{Q^{n+1}}$	功　能
x	x	0	Q	$\overline{Q}$	保持
0	0	1	Q	$\overline{Q}$	保持
1	0	1	1	0	置位
0	1	1	0	1	复位
1	1	1	1	1	无效

如图 7.10 所示的时序图给出了 SR 锁存器在输入控制下的状态变化（为简化起见，图中省略了无效的情况）。

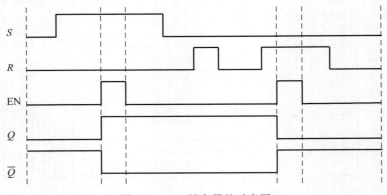

图 7.10　SR 锁存器的时序图

设 SR 锁存器的初始状态为 0，输入 EN 第一次有效时，允许输入 SR＝10 控制 SR 锁存器的输出 Q＝1。之后，触发器保持该输出的值，因为输入 EN 是无效的。然后 EN 再次有效时，输入 SR＝01，使输出 Q＝0。

可见，输入 EN 是用来限制锁存器的输出仅在 EN 有效的期间发生变化。通过缩短这一有效期间，可以得到触发器另一种形式的同步控制——边沿控制的触发器。

7.2.3　边沿控制的 SR 触发器

视频讲解

由时钟脉冲 CP 边沿控制的 SR 触发器也称为钟控 RS 触发器。该触发器状态的改变与时钟脉冲同步。

边沿控制的触发器在现代数字系统中有着广泛的应用。在这种结构的电路中，数据的获取和输出的变化都发生在时钟的一个过渡（边沿）上。如果有效边沿是上升边沿，则称为正边沿触发；如果有效边沿是下降边沿，则称为负边沿触发。在其他的时间里，触发器的输出不受输入的影响。

如图 7.11(a)、(b)所示分别为上升边沿触发和下降边沿触发的 SR 触发器的逻辑符号。

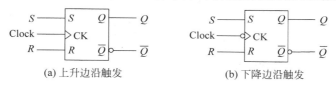

(a) 上升边沿触发 (b) 下降边沿触发

图 7.11　边沿控制的 SR 触发器的逻辑符号

图 7.11 中,时钟输入 Clock 处的小三角形表示边沿触发,小圆圈表示下降边沿,没有小圆圈则表示上升边沿。

如表 7.6 所示为上升边沿触发的 SR 触发器的功能表,时钟列中的向上箭头表示上升边沿触发输出状态的变化。

表 7.6　上升边沿触发的 SR 触发器的功能表

S	R	Clock	Q^{n+1}	$\overline{Q^{n+1}}$	功　能
0	0	↑	Q	$\overline{Q}$	保持
1	0	↑	1	0	置位
0	1	↑	0	1	复位
1	1	↑	1	1	无效
x	x	0	Q	$\overline{Q}$	保持
x	x	1	Q	$\overline{Q}$	保持

表 7.6 中的最后两行是多余的,这里给出它们是为了强调在没有边沿触发的情况下,触发器将保持之前的状态。在后续的功能表中将不再表述。

如图 7.12 所示的时序图表明,触发器的输出 Q 在时钟上升边沿时受输入 S 和 R 的控制,并在一个时钟周期内保持稳定(为简化起见,图中省略了无效的情况)。

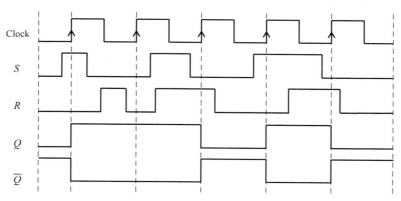

图 7.12　上升边沿触发的 SR 触发器的时序图

设钟控 SR 锁存器的初始状态为 0,输入 Clock 第一个上升沿到来时,允许输入 $SR=10$ 控制 SR 触发器的输出 $Q=1$。之后,触发器保持该输出的值。然后 Clock 第二个上升沿到来时,输入 $SR=00$,使输出保持 $Q=1$。接着 Clock 第三个上升沿到来时,输入 $SR=01$,使输出 $Q=0$。Clock 第四个上升沿到来时,输入 $SR=10$,使输出 $Q=1$。Clock 第五个上升沿到来时,输入 $SR=01$,使输出 $Q=0$。

可见,触发器的输出 Q 只随着时钟上升的前沿而发生变化。用时钟保持固定的定时关系的信号称为同步信号。

7.3　D 触发器

7.3.1　直接控制的 D 触发器

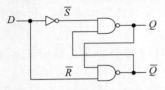

图 7.13　直接控制的 D 触发器的逻辑电路

D 触发器用一个数据输入端 D 代替 SR 触发器中的两个输入控制端,从而简化信息位的存储,并且避免了无效工作状态,如图 7.13 所示,D 触发器是在低电平数据输入的 SR 触发器的基础上增加一个非门。数据输入端 D 直接提供信号给 $\bar{R}$,而 $\bar{D}$ 提供信号给 $\bar{S}$。非门使得 $\bar{S}$ 和 $\bar{R}$ 不会同时为相同的电平,这样可以防止 SR 触发器出现无效的情况。

直接控制的 D 触发器的功能表如表 7.7 所示。

表 7.7　直接控制的 D 触发器的功能表

D	Q^{n+1}	$\overline{Q^{n+1}}$	功　能
0	0	1	复位
1	1	0	置位

然而,从如图 7.14 所示的时序图中可以看出,D 触发器的输出 Q 总是随着输入 D 的变化而变化,而没有保持数据的功能,因此,不能存储数据。所以,在直接控制方式的触发器中,不使用 D 触发器这一类型。

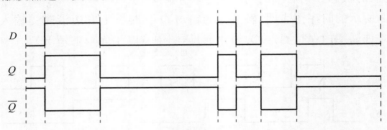

图 7.14　直接控制的 D 触发器的时序图

7.3.2　电平控制的 D 触发器

电平控制的 D 触发器也称 D 锁存器,如图 7.15 所示,它是在 SR 锁存器的基础上,增加一个非门。数据输入端 D 直接提供信号给 S,而 $\bar{D}$ 提供信号给 R。非门使得 S 和 R 不会同时为相同的电平,这样可以防止出现 SR 锁存器中无效的情况。

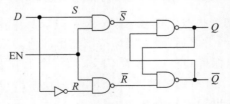

图 7.15　D 锁存器的逻辑电路

D 锁存器的功能表如表 7.8 所示。

表 7.8 D 锁存器的功能表

D	EN	Q^{n+1}	$\overline{Q^{n+1}}$	功 能
x	0	Q	$\overline{Q}$	保持
0	1	0	1	存储 0
1	1	1	0	存储 1

当 EN 有效为 1 时,输出 Q 重现输入 D 的值,而当 EN 无效为 0 时,输出 Q 保持原来的状态。

由表 7.8 可以得到 D 锁存器的特性方程为

$$Q^{n+1} = D \quad (\text{EN 有效})$$

D 锁存器由于电路简洁,通常用于制造广泛应用于时序电路及计算机中的许多类型的寄存器和半导体存储器器件。为了存储信息,首先需要将要存储的信息状态提供给输入端 D,然后使能输入信号 EN,如图 7.16 所示的时序图给出了 D 锁存器的典型信号序列。

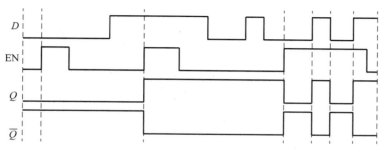

图 7.16 D 锁存器的时序图

设 D 锁存器的初始状态为 0。首先,将数据输入端 D 设置为 0,在输入 EN 有效期间,输入端 D 的数据 0 传输到输出端 Q。当 EN 无效时,锁存器保持输出端的值。接下来,使输入数据端 $D=1$,在 EN 再次有效后,锁存器输出端 Q 为 1。从图 7.16 中可以看出,在 EN$=0$ 的时间间隔内,输入端 D 即使发生多次变化,也不会在输出端 Q 产生变化。在时序图的最后,显示的是 EN 在一段时间内保持为 1 时,输出端 Q 重复输入端 D 的值。

可见,电平控制方式的触发器在 EN$=1$ 的整个期间都接收输入信号,若输入信号变化多次,则触发器的状态将随输入信号变化而翻转多次。通常将这种同一个 EN 有效电平期间,触发器状态发生多次翻转的现象称为空翻。空翻现象会破坏整个电路系统中各触发器的工作节拍,使触发器的工作受到限制或造成工作混乱。为了克服空翻现象,引入了边沿控制的触发器。

7.3.3 边沿控制的 D 触发器

如图 7.17(a)、(b)所示分别为上升边沿触发和下降边沿触发的 D 触发器的逻辑符号。

如表 7.9 所示为上升边沿触发的 D 触发器的功能表,时钟列中的向上箭头表示上升边沿触发输出状态的变化。

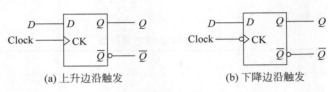

(a) 上升边沿触发　　　　　　(b) 下降边沿触发

图 7.17　D 触发器的逻辑符号

表 7.9　上升边沿触发的 D 触发器的功能表

D	Clock	Q^{n+1}	$\overline{Q^{n+1}}$	功　能
0	↑	0	1	存储 0
1	↑	1	0	存储 1

由表 7.9 可以得到 D 触发器的特性方程为

$$Q^{n+1} = D \quad (\text{Clock 有效})$$

如图 7.18 所示的时序图表明，触发器的输出 Q 重现在时钟上升边沿时的输入 D 的值，并在一个时钟周期内保持稳定。

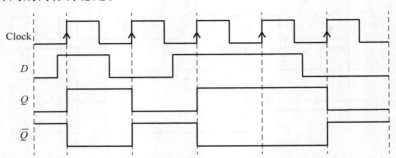

图 7.18　上升边沿触发的 D 触发器的时序图

7.4　JK 触发器

7.4.1　直接控制的 JK 触发器

课程思政

SR 触发器的工作是有约束条件的，D 触发器虽然没有约束条件，但功能较少。JK 触发器是一种功能最全面，而且没有约束条件的触发器。

JK 触发器是在低电平有效输入的 SR 触发器的基础上，加上两个与非门进行反馈连接，如图 7.19 所示。新的输入被命名为 J 和 K（名称 JK 是为了纪念集成电路发明人 Jack Kilby）。

从图 7.19 中可以看到，输入 J 和输出 $\overline{Q}$ 通过一个新的与非门提供驱动信号 $\overline{S}$，输入 K 和输出 Q 通过另一个新的与非门提供驱动信号 $\overline{R}$。这样就使得 $\overline{S}$ 和 $\overline{R}$ 不会同时有效。直接控制的 JK 触发器的功能表如表 7.10 所示。

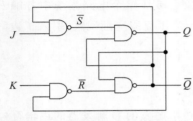

视频讲解

图 7.19　直接控制的 JK 触发器的
逻辑电路

表 7.10 直接控制的 JK 触发器的功能表

J	K	Q^{n+1}	$\overline{Q^{n+1}}$	功 能
0	0	Q	$\overline{Q}$	保持
1	0	1	0	置位
0	1	0	1	复位
1	1	$\overline{Q}$	Q	翻转

功能表中,第一行表明,J 和 K 同为 0,所以 $\overline{S}$ 和 $\overline{R}$ 同为 1,触发器保持原来的状态。

功能表中的第二行 $J=1$，$K=0$。假设原来触发器为 0 状态,即 $Q=0$，$\overline{Q}=1$,则 J 和 $\overline{Q}$ 经第一个新的与非门输出为 $\overline{S}=0$；$K=0$ 经第二个新的与非门输出为 $\overline{R}=1$,所以触发器输出 $Q=1$(置位功能)。假设原来触发器为 1 状态,即 $Q=1$，$\overline{Q}=0$,则 $\overline{Q}=0$ 经第一个新的与非门输出为 $\overline{S}=1$；$K=0$ 同样经第二个新的与非门输出为 $\overline{R}=1$,所以触发器输出 $Q=1$(保持功能)。将上述两种情况综合考虑,可以简化为功能表中的第二行 $J=1$，$K=0$,使得触发器输出 $Q=1$(置位功能)。

与第二行同样的分析过程,功能表中的第三行 $J=0$，$K=1$,使得触发器输出 $Q=0$(复位功能)。

JK 触发器不同于 SR 触发器,SR 触发器中无效的情况在 JK 触发器中用于实现了一个有用的功能,使触发器的状态取反(见功能表中的最后一行),称为"翻转"。当 J 和 K 同时为 1 时,如果 $Q=0$,则 $\overline{S}$ 有效,如果 $Q=1$,则 $\overline{R}$ 有效,这样就使输出取反。

翻转是 JK 触发器增加的功能,在时序逻辑电路中,常常用翻转功能来完成计数。

由表 7.10 的功能表,可以得到直接控制的 JK 触发器的次态真值表如表 7.11 所示。

表 7.11 直接控制的 JK 触发器的次态真值表

J	K	Q	Q^{n+1}
0	0	0	0
0	0	1	1
1	0	0	1
1	0	1	1
0	1	0	0
0	1	1	0
1	1	0	1
1	1	1	0

由表 7.11 作出输出次态 Q^{n+1} 的卡诺图,如图 7.20 所示。

由卡诺图得到直接控制的 JK 触发器的特性方程为

$$Q^{n+1} = J\overline{Q} + \overline{K}Q$$

如图 7.21 所示为直接控制的 JK 触发器的时序图。

JK 触发器的翻转功能仅在边沿触发的触发器中使用。如图 7.21 所示的时序图中的最后一段所示,如果 J 和 K 在一段足够长的时间内保持为 1,由于电路中存在传输时延,输出 Q 和 $\overline{Q}$ 将连续翻转。Q 和 $\overline{Q}$ 的每一次变化,反馈回路都使得 $\overline{S}$ 和 $\overline{R}$ 的值取反,反过来再继续产生另一个翻转,从而进入循环反复,形成"空翻"。

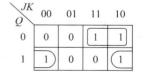

图 7.20 直接控制的 JK 触发器
次态 Q^{n+1} 的卡诺图

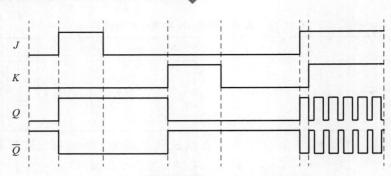

图 7.21　直接控制的 JK 触发器的时序图

7.4.2　电平控制的 JK 触发器

电平控制的 JK 触发器的逻辑电路如图 7.22 所示。

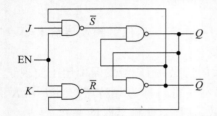

图 7.22　电平控制的 JK 触发器的逻辑电路

与直接控制的 JK 触发器一样，输入信号 J 受输出信号 $\overline{Q}$ 反馈控制，输入信号 K 受输出信号 Q 反馈控制，使得电路的无效输出状态被消除。输入 EN 作为输入 J 和 K 工作的条件控制。当 EN 有效时，电路的功能与直接控制的 JK 触发器相同。当 EN 无效时，电路保持先前记忆的值。电平控制的 JK 触发器的功能表如表 7.12 所示。

表 7.12　电平控制的 JK 触发器的功能表

J	K	EN	Q^{n+1}	$\overline{Q^{n+1}}$	功　能
x	x	0	Q	$\overline{Q}$	保持
0	0	1	Q	$\overline{Q}$	保持
1	0	1	1	0	置位
0	1	1	0	1	复位
1	1	1	$\overline{Q}$	Q	翻转

电平控制的 JK 触发器在实际电路中并不采用，因为翻转的工作状态（输入信号 $JK=11$）仅当 EN 的持续时间短于电路传输延迟时间时才会用到。而这样的工作特点适用于边沿控制的 JK 触发器。

7.4.3　边沿控制的 JK 触发器

边沿控制的 JK 触发器也称为钟控 JK 触发器，如图 7.23(a)、(b)所示分别为上升边沿触发和下降边沿触发的 JK 触发器的逻辑符号。

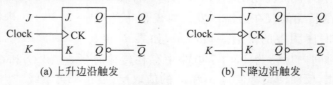

(a) 上升边沿触发　　　　　　　　　(b) 下降边沿触发

图 7.23　边沿控制的 JK 触发器的逻辑符号

如表 7.13 所示为上升边沿触发的 JK 触发器的功能表。

表 7.13 上升边沿触发的 JK 触发器的功能表

J	K	Clock	Q^{n+1}	$\overline{Q^{n+1}}$	功　能
0	0	↑	Q	$\overline{Q}$	保持
1	0	↑	1	0	置位
0	1	↑	0	1	复位
1	1	↑	$\overline{Q}$	Q	翻转

边沿控制的 JK 触发器的特性方程为

$$Q^{n+1} = J\overline{Q} + \overline{K}Q \quad \text{（Clock 有效）}$$

如图 7.24 所示的时序图表明,触发器的输出 Q 在时钟上升边沿时受输入 J 和 K 的控制,并在一个时钟周期内保持稳定。

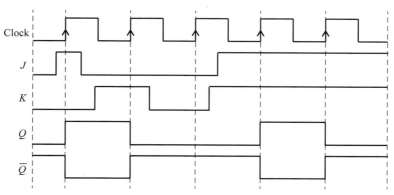

图 7.24　上升边沿触发的 JK 触发器的时序图

7.5　触发器状态的初始化

在前文时序图的讨论中,触发器的输出序列总是假定以 $Q=0$ 和 $\overline{Q}=1$ 开始,如图 7.25 所示。

图 7.25 中,总是选择电路正常工作中的一个特定时刻作为起始点来观察电路的输出。在前面的介绍中,为了简化问题,没有提及时序电路的一个重要问题,那就是必须在已知电路初始状态的基础上,启动电路工作。这一问题涉及所有的时序电路,这也是时序电路设计时必须进一步处理的问题。

在启动时序电路工作时,必须对电路进行初始化,以确保时序电路在正常运行中能够连贯工

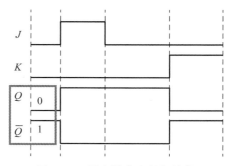

图 7.25　触发器状态的初始化

作。在实际的电路中,会有许多触发器,当启动电路工作时,如果不采取相应的措施,每个触发器都可能处于随机值的状态。对于复杂的电路而言,这是不允许的。因此需要在启动电路工作之前为每个触发器赋予一个确定的值。

对于简单的电路,是否初始化可能影响不大。例如,对于一个控制 LED 在面板上闪烁的电路,LED 是在打开时立即点亮,还是在半个周期后点亮,没有太大的区别。然而,在绝大多数的实际情况下,是不能接受电路从随机值开始工作的。例如,控制打开水电站堤坝舱门的数字电路,就不能使触发器的随机值处于打开舱门的起始状态,否则会存在潜在的危险。这就需要采取预防措施,使舱门紧闭,只有在接收到明确的命令之后,舱门才能打开。

对于 JK 触发器而言,当给电路供电时,存储元件的输出 Q 需要强制为一个初始值。带有清零预置输入端的 JK 触发器逻辑电路如图 7.26 所示。

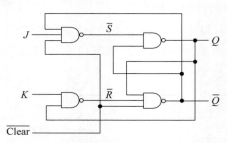

图 7.26　带有清零预置输入端的 JK 触发器逻辑电路

清零预置信号 $\overline{\text{Clear}}$ 连接在电路的两个与非门输入端,低电平有效。当 $\overline{\text{Clear}}=1$ 时,电路工作状态与没有 Clear 时是同样的。而当 $\overline{\text{Clear}}=0$ 时,电路输出 $Q=0,\overline{Q}=1$。

信号 $\overline{\text{Clear}}$ 作用的优先级高于输入信号 J 和 K。任何时刻,只要信号 $\overline{\text{Clear}}$ 有效,就会使触发器输出 0 状态,而使信号 J 和 K 对电路的控制不起作用。

如图 7.27 所示为带有清零预置输入端的直接控制的 JK 触发器的时序图。

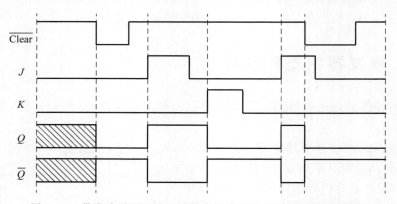

图 7.27　带有清零预置输入端的直接控制的 JK 触发器的时序图

从时序图可见,JK 触发器在信号 $\overline{\text{Clear}}$ 有效时置为 0 状态;在信号 $\overline{\text{Clear}}$ 无效时,其输出受输入信号 J 和 K 的控制。

一般情况下,触发器有两个预置输入端 $\overline{\text{Clear}}$ 和 $\overline{\text{Preset}}$。有两个预置输入端 $\overline{\text{Clear}}$ 和 $\overline{\text{Preset}}$ 的 JK 触发器的逻辑电路及逻辑符号分别如图 7.28(a)、(b)所示。

信号 $\overline{\text{Preset}}$ 的预置功能与 $\overline{\text{Clear}}$ 相反,即置位。当信号 $\overline{\text{Preset}}$ 为有效低电平时,使触发器输出为 1 状态。

信号 $\overline{\text{Preset}}$ 和 $\overline{\text{Clear}}$ 的功能与低电平有效的 SR 触发器中的信号 $\overline{S}$ 和 $\overline{R}$ 的功能相同,因此,$\overline{\text{Preset}}$ 和 $\overline{\text{Clear}}$ 是互斥的,即初始化触发器状态时,只能使两个信号中的一个有效,而

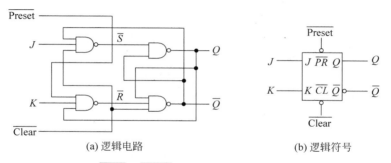

图 7.28　带有 $\overline{\text{Clear}}$ 和 $\overline{\text{Preset}}$ 的 JK 触发器的逻辑电路及逻辑符号

使另一个信号连接到持续的高电平信号上,以使其保持无效状态。

预置输入端 $\overline{\text{Clear}}$ 和 $\overline{\text{Preset}}$ 适用于所有的触发器,如图 7.29 所示。

所有的触发器都有输入信号 $\overline{\text{Clear}}$ 和 $\overline{\text{Preset}}$ 以及输出信号 Q 和 $\overline{Q}$,图 7.29 中的其他输入信号则取决于触发器的不同类型。

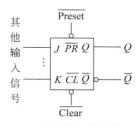

图 7.29　带有 $\overline{\text{Clear}}$ 和 $\overline{\text{Preset}}$ 的触发器

7.6　常用的集成触发器

为了方便使用,部分触发器类型已形成集成电路产品。集成触发器主要有集成 D 触发器和集成 JK 触发器。

7.6.1　集成 D 触发器

D 触发器是数字逻辑电路中使用最广泛的触发器之一。目前市场上出售的集成 D 触发器产品有很多,这里以集成 D 触发器 74LS74 为例进行简单介绍。

74LS74 是上升沿触发的 TTL 型双 D 触发器,其引脚图及逻辑符号如图 7.30(a)、(b)所示。该芯片内含 2 个 D 触发器,每个触发器均带有异步置 0 端 $\overline{R}_D$ 和置 1 端 $\overline{S}_D$,其有效电平均为低电平。

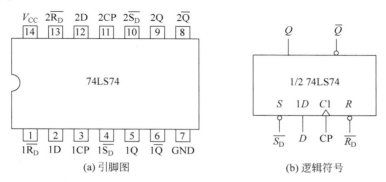

图 7.30　集成 D 触发器 74LS74 的引脚图及逻辑符号

74LS74 的逻辑功能表如表 7.14 所示。

表 7.14　集成 D 触发器 74LS74 的功能表

$\overline{R_D}$	$\overline{S_D}$	D	CP	Q^{n+1}	$\overline{Q^{n+1}}$	功能
0	0	x	x	1*	1*	不定状态
0	1	x	x	0	1	异步置0
1	0	x	x	1	0	异步置1
1	1	0	↑	0	1	置0
1	1	1	↑	1	0	置1

功能表表明,当 $\overline{R_D}=0$,$\overline{S_D}=0$ 时,触发器将出现不定状态,通常这种情况是不允许出现的。当 $\overline{R_D}=0$,$\overline{S_D}=1$ 时,无论输入端 D 和 CP(即时钟脉冲)的状态如何,触发器都将被置 0,故称 $\overline{R_D}$ 端为异步置 0 端,又称直接置 0 端。当 $\overline{R_D}=1$,$\overline{S_D}=0$ 时,无论 D 和 CP 的状态如何,触发器都将被置 1,故称 $\overline{S_D}$ 端为异步置 1 端,又称直接置 1 端。当 $\overline{R_D}=1$,$\overline{S_D}=1$,触发器的上升沿到来时,$Q^{n+1}=D$,实现 D 触发器的逻辑功能。

74LS74 的时序图如图 7.31 所示。

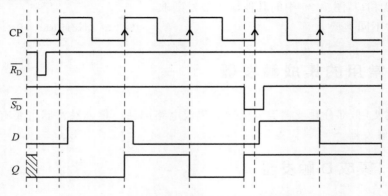

图 7.31　集成 D 触发器 74LS74 的时序图

7.6.2　集成 JK 触发器

JK 触发器和 D 触发器一样,是数字逻辑电路使用最广泛的两种触发器之一。目前市场上出售的集成 JK 触发器产品很多,这里仅对集成 JK 触发器 74LS112 进行简要介绍。

74LS112 是下降沿触发的 TTL 型双 JK 触发器,其引脚图及逻辑符号如图 7.32(a)、(b)所示。该芯片内含 2 个 JK 触发器,每个触发器均带有异步置 0 端 $\overline{R_D}$ 和置 1 端 $\overline{S_D}$,其有效电平均为低电平。

74LS112 的功能表如表 7.15 所示。

表 7.15　74LS112 的功能表

$\overline{R_D}$	$\overline{S_D}$	J	K	Q	CP	Q^{n+1}	$\overline{Q^{n+1}}$	功能
0	0					1*	1*	不定状态
0	1	x	x	x	x	0	1	异步置0
1	0					1	0	异步置1

续表

$\overline{R_D}$	$\overline{S_D}$	J	K	Q	CP	Q^{n+1}	$\overline{Q^{n+1}}$	功能
1	1	0	0	0	↓	0	1	保持
				1	↓	1	0	
		0	1	0	↓	0	1	置0
				1	↓	0	1	
		1	0	0	↓	1	0	置1
				1	↓	1	0	
		1	1	0	↓	1	0	翻转
				1	↓	0	1	

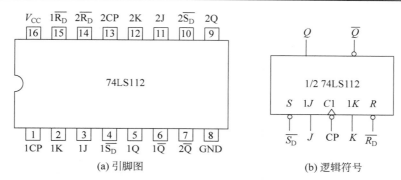

(a) 引脚图   (b) 逻辑符号

图 7.32 集成 JK 触发器 74LS112 的引脚图及逻辑符号

功能表表明,当 $\overline{R_D}=0,\overline{S_D}=0$ 时,触发器将出现不定状态,通常这种情况是不允许出现的。当 $\overline{R_D}=0,\overline{S_D}=1$ 时,无论 J、K、Q 和 CP 的状态如何,触发器都将被置 0,故称 $\overline{R_D}$ 为异步置 0 端,又称直接置 0 端。当 $\overline{R_D}=1,\overline{S_D}=0$ 时,无论 J、K、Q 和 CP 的状态如何,触发器都将被置 1,故称 $\overline{S_D}$ 为异步置 1 端,又称直接置 1 端。当 $\overline{R_D}=1,\overline{S_D}=1$,触发器的下降沿到来时,$Q^{n+1}=J\overline{Q}+\overline{K}Q$,实现 JK 触发器的 4 种逻辑功能。

74LS112 的时序图如图 7.33 所示。

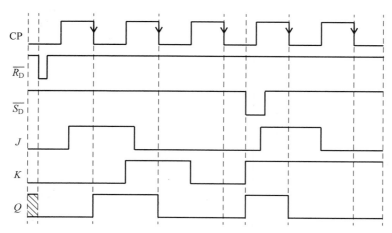

图 7.33 集成 JK 触发器 74LS112 的时序图

习题

7.1　用与非门构成的基本 SR 触发器和用或非门构成的基本 SR 触发器在逻辑功能上有什么区别？

7.2　基本 SR 触发器的约束条件是什么？它们之间为什么有这样的约束？

7.3　在图 7.34(a)所示的 D 触发器电路中，若输入端 D 的波形如图 7.34(b)所示，试画出输出端 Q 的波形(设触发器初态为 0)。

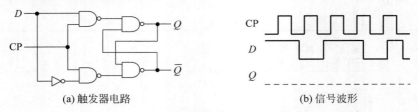

(a) 触发器电路　　　　(b) 信号波形

图 7.34　D 触发器电路及信号波形

7.4　在图 7.35(a)所示的电路中，已知输入信号 A 和 B 的波形如图 7.35(b)所示，试画出触发器输出端 Q 的输出波形(设触发器初态为 0)。

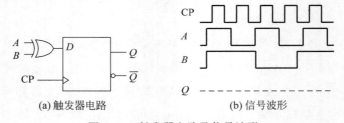

(a) 触发器电路　　　　(b) 信号波形

图 7.35　触发器电路及信号波形

7.5　如图 7.36(a)所示触发器的次态方程是什么？试画出图 7.36(b)中触发器输出端 Q 的输出波形(设触发器初态为 0)。

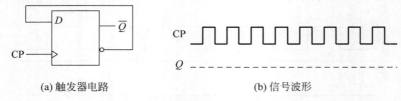

(a) 触发器电路　　　　(b) 信号波形

图 7.36　D 触发器电路及信号波形

7.6　如图 7.37(a)所示触发器的次态方程是什么？试画出图 7.37(b)中触发器输出端 Q 的输出波形(设触发器初态为 0)。

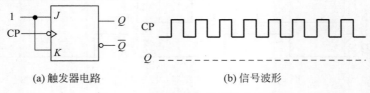

(a) 触发器电路　　　　(b) 信号波形

图 7.37　D 触发器电路及信号波形

7.7 根据如图 7.38 所示的已知条件,画出触发器输出端 Q 的输出波形(设触发器初态为 1)。

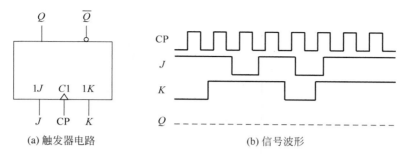

(a) 触发器电路   (b) 信号波形

图 7.38 触发器电路及信号波形

7.8 设下降沿 JK 触发器的有关信号的波形如图 7.39 所示,画出触发器输出端 Q 的输出波形(设触发器初态为 0)。

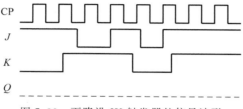

图 7.39 下降沿 JK 触发器的信号波形

第8章

时序逻辑电路

知识导学

习题答案

在数字系统中,根据逻辑功能的不同特点,数字逻辑电路分为两大类,一类是组合逻辑电路,另一类是时序逻辑电路。组合逻辑电路在任何时刻产生的稳定输出信号都仅与该时刻电路的输入信号相关;而时序逻辑电路在任何时刻产生的稳定输出信号不仅与电路该时刻的输入信号有关,而且与电路原来的状态有关,或者说,还与电路过去的输入信号有关。时序逻辑电路的分类有多种方式,主要的分类方式是根据其存储电路中各触发器是否有统一的时钟控制,可划分为同步时序逻辑电路和异步时序逻辑电路。

本章首先介绍时序逻辑电路的结构和特点,然后以计数器和寄存器为例,详细介绍时序逻辑电路的分析方法,最后介绍时序逻辑电路的设计方法。

8.1 时序逻辑电路的结构和特点

1. 时序逻辑电路的一般结构

由于时序逻辑电路的输出不仅取决于当时的输入,而且还与电路过去的输入有关,因此,电路必须具有记忆功能,以便保存过去的输入信息。时序逻辑电路的一般结构如图 8.1 所示,它由组合逻辑电路和存储电路两部分组成,通过反馈回路将两部分连成一个整体。

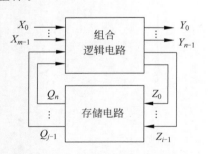

图 8.1　时序逻辑电路的一般结构

图 8.1 中,组合逻辑电路部分由门电路构成,其输入信号包括外部输入信号和内部输入信号,外部输入信号($X_0 \sim X_{m-1}$)是整个时序逻辑电路的输入信号,内部输入信号($Q_0 \sim Q_{j-1}$)是存储电路部分的输出,它反映了时序逻辑电路过去时刻的状态;组合逻辑电路部分的输出信号也包括外部输出信号和内部输出信号,外部输出信号($Y_0 \sim Y_{n-1}$)是整个时序逻辑电路的输出信号,内部输出信号($Z_0 \sim Z_{i-1}$)是存储电路部分的输入信号。存储电路由触发器构成,是时序逻辑电路不可缺少的部分,用来将某一时刻之前电路的状态保存下来。

在时序逻辑电路中,存储电路的输出信号称为时序逻辑电路的状态,即 $Q_0 \sim Q_{j-1}$ 表示的 0、1 序列。$Z_0 \sim Z_{i-1}$ 是存储电路的输入信号,也称为存储电路的驱动信号(或激励信号)。

2. 时序逻辑电路功能的描述方法

与组合逻辑电路类似,时序逻辑电路的功能也可以用各种不同的方法来描述。逻辑关系表达式是描述时序逻辑电路的重要方法之一。时序逻辑电路中输出信号与输入信号之间的逻辑关系包括如下方程式构成的方程组:

输出方程: $Y = F_1(X, Q^n)$

驱动方程(或激励方程): $Z = F_2(X, Q^n)$

状态方程: $Q^{n+1} = F_3(Z, Q^n)$

其中,输出方程是电路输出端的逻辑表达式;驱动方程是构成存储电路的触发器输入端的逻辑表达式;状态方程表示触发器的状态变化特征。状态方程是把驱动方程代入触发器的特性方程后得到的。

除了方程式以外,状态转换表、状态转换图和时序图也是描述时序逻辑电路功能的方法。若将输入变量和各级触发器初态的全部组合取值,分别代入各级触发器的次态方程和电路的输出方程,可以计算出各级触发器的次态值和电路的输出值,把计算结果列成真值表的形式,可得到状态转换表。

根据状态转换表中的状态变化,可以画出电路的状态转换图和时序图。时序逻辑电路功能的描述方法为分析和设计时序逻辑电路提供了简明的思路。

3. 时序逻辑电路的特点

从电路结构可知,时序逻辑电路具有如下特点:

(1)时序逻辑电路包含组合逻辑电路和存储电路两部分,在某些时序逻辑电路中可以没有组合逻辑电路,但存储电路必不可少。

(2)组合逻辑电路至少有一个输出反馈到存储电路的输入端,存储电路的输出至少有一个作为组合逻辑电路的输入,与其他输入信号共同决定时序逻辑电路的输出。

从以上特点可以得出,时序逻辑电路具有记忆功能。

4. 时序逻辑电路的分类

按照存储电路中各触发器是否有统一的时钟控制,时序逻辑电路可进行如下划分:

(1)同步时序逻辑电路,指组成时序逻辑电路的各级触发器共用一个外部时钟。

(2)异步时序逻辑电路,指组成时序逻辑电路的各级触发器没有统一的外部时钟,各级触发器的状态变化是在不同时刻分别进行的。

8.2 时序逻辑电路的分析

视频讲解

时序逻辑电路的分析,就是要找出给定电路的逻辑功能,即找出在输入信号和时钟信号作用下,存储电路状态及电路输出的变化规律。

8.2.1 时序逻辑电路的分析方法

时序逻辑电路的分析一般按如下步骤进行:

(1)分析电路。确定电路的输入和输出。

(2)写方程式。根据给定的逻辑电路图,写出电路的时钟方程、驱动方程和输出方程。时钟方程,即各触发器的时钟信号表达式;驱动方程,即各触发器输入端变量与时序逻辑电路的输入信号和电路状态之间的逻辑关系表达式；输出方程，即时序逻辑电路的输出端变量与输入信号和电路状态之间的逻辑关系表达式。

（3）求出状态方程。将各个触发器的驱动方程分别代入相应触发器的特性方程，即可求出电路的状态方程。状态方程是反映时序逻辑电路的次态与输入信号和现态之间逻辑关系的表达式，又称为次态方程。

（4）列出电路的状态转换表。把电路输入变量和触发器现态的各种可能取值组合，分别代入相应的状态方程和输出方程中进行计算，求出次态和输出，列表得到状态转换表。

（5）画出状态转换图及时序图。状态转换图是反映时序逻辑电路输入、输出取值情况以及由现态转换到次态规律的图形。时序图是反映时序逻辑电路的输入信号、输出信号及电路状态等的取值在时间上的对应关系，即时序波形图。

（6）逻辑功能描述。根据状态转换表及状态转换图所反映的电路状态转换关系，用文字描述电路的逻辑功能。

8.2.2 时序逻辑电路的分析举例

【例 8-1】 试分析图 8.2 所示时序逻辑电路的逻辑功能。

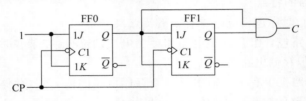

图 8.2 例 8-1 时序逻辑电路

解：（1）分析电路。该电路由两个 JK 触发器构成存储电路，组合逻辑电路是一个与门，无外加输入信号，输出信号为 C，该电路是一个同步时序逻辑电路。

（2）写方程式。

驱动方程：

$$\begin{cases} J_0 = 1, & K_0 = 1 \\ J_1 = Q_0^n, & K_1 = Q_0^n \end{cases}$$

输出方程：

$$C = Q_1^n Q_0^n$$

（3）求状态方程。将以上驱动方程代入 JK 触发器的特性方程 $Q^{n+1} = J\overline{Q^n} + \overline{K}Q^n$ 中，进行化简变换，可得状态方程为

$$\begin{cases} Q_0^{n+1} = J_0 \overline{Q_0^n} + \overline{K_0} Q_0^n = \overline{Q_0^n} \\ Q_1^{n+1} = J_1 \overline{Q_1^n} + \overline{K_1} Q_1^n = Q_0^n \overline{Q_1^n} + \overline{Q_0^n} Q_1^n = Q_0^n \oplus Q_1^n \end{cases}$$

（4）列状态转换表。将现态的各种取值组合代入状态方程中得到次态，代入输出方程中得到输出，列出状态转换表如表 8.1 所示。

表 8.1 例 8-1 电路的状态转换表

CP	Q_1^n	Q_0^n	Q_1^{n+1}	Q_0^{n+1}	C
1	0	0	0	1	0
2	0	1	1	0	0
3	1	0	1	1	0
4	1	1	0	0	1

（5）画状态转换图和时序图。根据表 8.1 可知，当两个触发器的初态 $Q_1^n Q_0^n = 00$ 时，在时钟脉冲 CP 的控制下，触发器的次态 $Q_1^{n+1} Q_0^{n+1} = 01$；若初态 $Q_1^n Q_0^n = 01$ 时，次态 $Q_1^{n+1} Q_0^{n+1} = 10$。以此类推，可以逐步画出电路的全部状态变化的图形，即状态转换图，如图 8.3（a）所示。在图中，箭头旁边标注的是数据状态变化的输入条件（斜线上方）和输出结果（斜线下方），没有时不进行表示。本例电路没有输入，只有进位输出 C，因此以"$/C$"表示输出结果。

电路的时序图可以从状态转换表或者从状态转换图推导画出，一般由状态转换图推导比较直观。由状态转换图可知，当电路的初态为 00 时，先转换到 01，再转换到 10，一直转换到 11 后又回到 00 状态，构成一个计数循环，时序图就是按照这种状态变化规律画出来的。但在画时序图时，要注意触发器的时钟特性，本例电路使用下降沿触发的 JK 触发器，因此时序图中各触发器的状态变化一定要对准 CP 的下降沿，如图 8.3（b）所示。

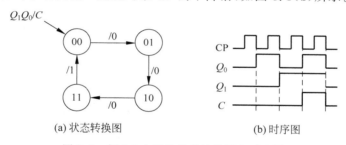

(a) 状态转换图　　　　　　(b) 时序图

图 8.3 例 8-1 电路的状态转换图和时序图

（6）逻辑功能描述。由表 8.1 可知，该电路在输入第 4 个 CP 后，返回初始状态，同时输出端 C 输出一个进位脉冲。因此，该电路为同步四进制加法计数器。

电路的功能特点根据下述理由归纳得到：

① 根据电路触发器的连接方式，可以知道该电路是同步时序逻辑电路。

② 根据状态转换图是由若干状态构成一个循环（即计数循环）的特点，可以说明该电路是一个计数器。

③ 根据构成计数循环的状态个数是 4，可以说明该电路是一个四进制计数器，或者说计数器的模值是 4。

④ 根据计数循环状态变化的递增规律，可以说明该电路是加法计数器。

【例 8-2】 试分析图 8.4 所示时序逻辑电路的逻辑功能。

解：（1）分析电路。该电路由 3 个 JK 触发器组成，无组合逻辑电路部分，无输入与输出信号，是异步时序逻辑电路。

（2）写方程式。

时钟方程：

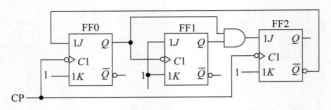

图 8.4　例 8-2 时序逻辑电路

$$\mathrm{CP}_0 = \mathrm{CP}_2 = \mathrm{CP}, \quad \mathrm{CP}_1 = Q_0$$

驱动方程：

$$
\begin{cases}
J_0 = \overline{Q_2^n}, & K_0 = 1 \\
J_1 = 1, & K_1 = 1 \\
J_2 = Q_1^n Q_0^n, & K_2 = 1
\end{cases}
$$

（3）求状态方程。将以上驱动方程代入 JK 触发器的特性方程 $Q^{n+1} = J\overline{Q^n} + \overline{K}Q^n$ 中，进行化简变换，可得状态方程为

$$
\begin{cases}
Q_0^{n+1} = J_0 \overline{Q_0^n} + \overline{K_0} Q_0^n = \overline{Q_2^n}\ \overline{Q_0^n}\ (\mathrm{CP}\!\downarrow\ \text{有效}) \\
Q_1^{n+1} = J_1 \overline{Q_1^n} + \overline{K_1} Q_1^n = \overline{Q_1^n}\ (Q_0\!\downarrow\ \text{有效}) \\
Q_2^{n+1} = J_2 \overline{Q_2^n} + \overline{K_2} Q_2^n = \overline{Q_2^n} Q_1^n Q_0^n\ (\mathrm{CP}\!\downarrow\ \text{有效})
\end{cases}
$$

（4）列状态转换表。将现态的各种取值组合代入状态方程中得到次态，列出状态转换表，如表 8.2 所示。

表 8.2　例 8-2 电路的状态转换表

CP	Q_2^n	Q_1^n	Q_0^n	Q_2^{n+1}	Q_1^{n+1}	Q_0^{n+1}
1	0	0	0	0	0	1
2	0	0	1	0	1	0
3	0	1	0	0	1	1
4	0	1	1	1	0	0
5	1	0	0	0	0	0
无效状态	1	0	1	0	0	0
	1	1	0	0	0	0
	1	1	1	0	0	0

（5）画状态转换图和时序图。根据表 8.2 可画出该电路的状态转换图和时序图，如图 8.5 所示。

（6）逻辑功能描述。由表 8.2 可知，电路输出 $Q_2 Q_1 Q_0$ 应有 8 个工作状态，但电路只用了 000～100 共 5 个状态（有效状态），还有 101、110、111 三个状态，由于它们在循环之外，所以称为无效状态。当电路由于某种原因进入无效状态时，在 CP 脉冲的作用下，电路能自动返回到有效状态，称这种情况为"电路能够自启动"。

综合以上分析，该电路是能够自启动的异步五进制加法计数器。有关计数器的知识，将在下节进行详细介绍。

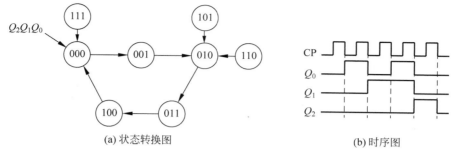

(a) 状态转换图　　　　　　　　　　　(b) 时序图

图 8.5　例 8-2 电路的状态转换图和时序图

8.3　计数器

计数器用来累计输入脉冲的个数。在数字系统中,计数器的用途非常广泛。计数器不仅可以用来计数,而且也常用于数字系统中的定时、分频、产生节拍脉冲和序列脉冲信号等。

计数器的种类非常繁多,按计数器中触发器动作的时序,计数器可分为同步计数器和异步计数器;按计数过程中计数的增减,计数器可分为加法、减法和加/减可逆计数器;按计数进制,计数器可分为二进制、十进制和任意进制计数器。

通常将计数器累计输入脉冲的最大个数称为计数器的"模",常用 M 表示。例如,n 位二进制计数器的模为 2^n,十进制计数器的模为 10。

8.3.1　同步计数器的分析

在同步计数器中,全部触发器的时钟端是并联在一起的,在时钟脉冲的控制下,各级触发器的状态变化是同时进行的。通过对计数器的分析,可以加深对计数器特性的理解。

【例 8-3】　分析图 8.6 所示的计数器电路,并说明电路的特点。

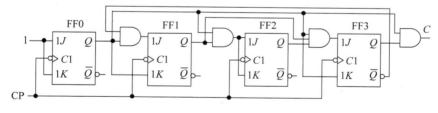

图 8.6　例 8-3 计数器电路

解:(1) 分析电路。该电路由 4 个 JK 触发器构成存储电路,组合逻辑电路由一个与非门和一个非门构成,无外加输入信号,输出信号为 C,该电路是一个同步时序逻辑电路。

(2) 写方程式。

驱动方程:

$$J_0 = K_0 = 1$$
$$J_1 = \overline{Q_3^n} Q_0^n, \quad K_1 = Q_0^n$$
$$J_2 = K_2 = Q_1^n Q_0^n$$
$$J_3 = Q_2^n Q_1^n Q_0^n, K_3 = Q_0^n$$

输出方程：

$$C = Q_3^n Q_0^n$$

（3）求状态方程。将以上驱动方程代入 JK 触发器的特性方程 $Q^{n+1} = J\overline{Q^n} + \overline{K}Q^n$ 中，进行化简变换，可得状态方程为

$$Q_0^{n+1} = J_0\overline{Q_0^n} + \overline{K_0}Q_0^n = \overline{Q_0^n}$$

$$Q_1^{n+1} = J_1\overline{Q_1^n} + \overline{K_1}Q_1^n = \overline{Q_3^n}Q_0^n\overline{Q_1^n} + \overline{Q_0^n}Q_1^n$$

$$Q_2^{n+1} = J_2\overline{Q_2^n} + \overline{K_2}Q_2^n = Q_1^nQ_0^n\overline{Q_2^n} + \overline{Q_1^nQ_0^n}Q_2^n$$

$$Q_3^{n+1} = J_3\overline{Q_3^n} + \overline{K_3}Q_3^n = Q_2^nQ_1^nQ_0^n\overline{Q_3^n} + \overline{Q_0^n}Q_3^n$$

（4）列状态转换表。将现态的各种取值组合代入状态方程中得到次态，列出状态转换表，如表 8.3 所示。

表 8.3　例 8-3 电路的状态转换表

CP	Q_3^n	Q_2^n	Q_1^n	Q_0^n	Q_3^{n+1}	Q_2^{n+1}	Q_1^{n+1}	Q_0^{n+1}	C
1	0	0	0	0	0	0	0	1	0
2	0	0	0	1	0	0	1	0	0
3	0	0	1	0	0	0	1	1	0
4	0	0	1	1	0	1	0	0	0
5	0	1	0	0	0	1	0	1	0
6	0	1	0	1	0	1	1	0	0
7	0	1	1	0	0	1	1	1	0
8	0	1	1	1	1	0	0	0	0
9	1	0	0	0	1	0	0	1	0
10	1	0	0	1	0	0	0	0	1
无效状态	1	0	1	0	1	0	1	1	0
	1	0	1	1	1	1	0	0	1
	1	1	0	0	1	1	0	1	0
	1	1	0	1	0	1	0	0	1
	1	1	1	0	1	1	1	1	0
	1	1	1	1	0	0	0	0	1

（5）画状态转换图和时序图。根据表 8.3 可画出该电路的状态转换图和时序图，分别如图 8.7 和图 8.8 所示。

（6）逻辑功能描述。根据状态转换图或时序图可知，该电路在输入第 10 个 CP 后，返回初始状态，同时输出端 C 输出一个进位脉冲。因此，该电路为同步十进制加法计数器，而且能够自启动。

一个实际的计数器电路是设计出来的。设计十进制计数器时，需要 4 个触发器来记录输入脉冲的个数。4 个触发器共有 16 个状态组合，而十进制计数器只需要其中的 10 种组合构成一个计数循环。选中进入计数循环的状态称为编码状态（或称为有效状态），未选中进入计数循环的状态称为非编码状态（或称为无效状态）。在例 8-3 中，0000～1001 等 10 个状态是编码状态，而 1010～1111 等 6 个状态是非编码状态。由编码状态构成的循环称为有效循环（即计数循环），由非编码状态构成的循环称为无效循环（或称为死循环）。设计计数

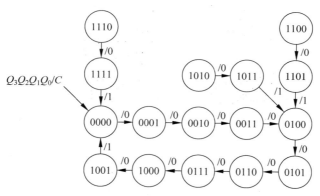

图 8.7 例 8-3 电路的状态转换图

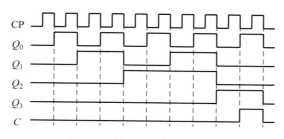

图 8.8 例 8-3 电路的时序图

器时,不允许存在死循环。如果一个计数器存在死循环,那么在计数器工作时,由于干扰等外界因素的影响,计数器可能会跳到死循环中,计数的模值就会改变,产生错误的计数结果,因此没有死循环(即能够自启动)的计数器才是设计完善的计数器。

【例 8-4】 分析图 8.9 所示的计数器电路,并说明电路的特点。

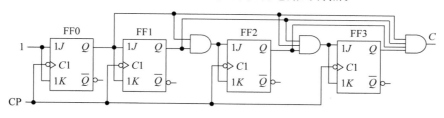

图 8.9 例 8-4 计数器电路

解:(1)分析电路。该电路由 4 个 JK 触发器构成存储电路,组合逻辑电路由一个与非门和一个非门构成,无外加输入信号,输出信号为 C,该电路是一个同步时序逻辑电路。

(2)写方程式。

驱动方程:

$$J_0 = K_0 = 1$$

$$J_1 = K_1 = Q_0^n$$

$$J_2 = K_2 = Q_1^n Q_0^n$$

$$J_3 = K_3 = Q_2^n Q_1^n Q_0^n$$

输出方程：

$$C = Q_3^n Q_2^n Q_1^n Q_0^n$$

（3）求状态方程。将以上驱动方程代入 JK 触发器的特性方程 $Q^{n+1} = J\overline{Q^n} + \overline{K}Q^n$ 中，进行化简变换，可得状态方程为

$$Q_0^{n+1} = J_0\overline{Q_0^n} + \overline{K_0}Q_0^n = \overline{Q_0^n}$$

$$Q_1^{n+1} = J_1\overline{Q_1^n} + \overline{K_1}Q_1^n = Q_0^n\overline{Q_1^n} + \overline{Q_0^n}Q_1^n$$

$$Q_2^{n+1} = J_2\overline{Q_2^n} + \overline{K_2}Q_2^n = Q_1^n Q_0^n\overline{Q_2^n} + \overline{Q_1^n Q_0^n}Q_2^n$$

$$Q_3^{n+1} = J_3\overline{Q_3^n} + \overline{K_3}Q_3^n = Q_2^n Q_1^n Q_0^n\overline{Q_3^n} + \overline{Q_2^n Q_1^n Q_0^n}Q_3^n$$

（4）列状态转换表。将现态的各种取值组合代入状态方程中得到次态，列出状态转换表，如表 8.4 所示。

表 8.4　例 8-4 电路的状态转换表

CP	Q_3^n	Q_2^n	Q_1^n	Q_0^n	Q_3^{n+1}	Q_2^{n+1}	Q_1^{n+1}	Q_0^{n+1}	C
1	0	0	0	0	0	0	0	1	0
2	0	0	0	1	0	0	1	0	0
3	0	0	1	0	0	0	1	1	0
4	0	0	1	1	0	1	0	0	0
5	0	1	0	0	0	1	0	1	0
6	0	1	0	1	0	1	1	0	0
7	0	1	1	0	0	1	1	1	0
8	0	1	1	1	1	0	0	0	0
9	1	0	0	0	1	0	0	1	0
10	1	0	0	1	1	0	1	0	0
11	1	0	1	0	1	0	1	1	0
12	1	0	1	1	1	1	0	0	0
13	1	1	0	0	1	1	0	1	0
14	1	1	0	1	1	1	1	0	0
15	1	1	1	0	1	1	1	1	0
16	1	1	1	1	0	0	0	0	1

（5）画状态转换图和时序图。根据表 8.4 可画出该电路的状态转换图和时序图，分别如图 8.10 和图 8.11 所示。

（6）逻辑功能描述。根据状态转换图或时序图可知，该电路是同步二进制（模 16）加法计数器。

二进制计数器的特点是，计数器中的触发器的状态按照二进制数的规律变化，而且其模值为 2^n，n 是触发器的个数。例 8-4 中的触发器个数为 4，其模值就是 16（即 2^4）。由于二进制计数器没有非编码状态，因此不存在自启动问题。由图 8.11 所示的时序图可以看出，二进制计数器的输出 Q_0 的波形是 CP 波形的 2 分频，Q_1 是 4 分频，Q_2 是 8 分频，Q_3 是 16 分频输出，因此计数器也称为分频器。

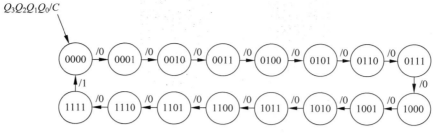

图 8.10 例 8-4 电路的状态转换图

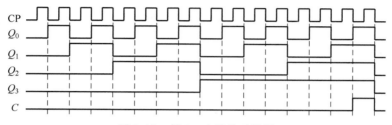

图 8.11 例 8-4 电路的时序图

8.3.2 异步计数器的分析

在异步计数器中,输入的系统时钟脉冲只作用于计数单元电路中的最低位触发器,高位触发器的时钟端受低位触发器输出端 Q 控制,所以前级(低位)触发器的状态变化是后级(高位)触发器状态变化的条件,只有低位触发器翻转之后,才能使高位触发器得到时钟脉冲而发生状态变化。由于每一级触发器都存在传输延迟时间,因此与同步计数器比较,异步计数器这种前级驱动后级的串行结构计数速度比较慢,但电路结构比较简单。

1. 异步二进制计数器

【例 8-5】 分析图 8.12 所示的计数器电路,并说明电路的特点。

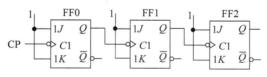

图 8.12 例 8-5 计数器电路

解:(1)分析电路。该计数器电路由 3 个 JK 触发器组成,各触发器的时钟均不相同。因此该计数器为异步计数器。

(2)写方程式。

时钟方程:

$$CP_0 = CP, \quad CP_1 = Q_0, \quad CP_2 = Q_1$$

驱动方程:

$$J_0 = K_0 = 1$$
$$J_1 = K_1 = 1$$
$$J_2 = K_2 = 1$$

(3)求状态方程。将以上驱动方程代入 JK 触发器的特性方程 $Q^{n+1} = J\overline{Q^n} + \overline{K}Q^n$ 中,

得到状态方程为

$$Q_0^{n+1} = \overline{Q_0^n}$$

$$Q_1^{n+1} = \overline{Q_1^n}$$

$$Q_2^{n+1} = \overline{Q_2^n}$$

（4）列状态转换表。根据状态方程得到状态转换表如表 8.5 所示。

需要注意的是，只有当时钟条件有效时，才能由状态方程求出次态；否则，各触发器的次态等于现态。

表 8.5   例 8-5 电路的状态转换表

CP	Q_2^n	Q_1^n	Q_0^n	Q_2^{n+1}	Q_1^{n+1}	Q_0^{n+1}
1	0	0	0	0	0	1
2	0	0	1	0	1	0
3	0	1	0	0	1	1
4	0	1	1	1	0	0
5	1	0	0	1	0	1
6	1	0	1	1	1	0
7	1	1	0	1	1	1
8	1	1	1	0	0	0

（5）画状态转换图和时序图。根据表 8.5 可画出该电路的状态转换图和时序图，如图 8.13 所示。

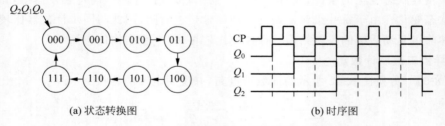

(a) 状态转换图　　　　　　　　　　　　(b) 时序图

图 8.13   例 8-5 电路的状态转换图和时序图

（6）逻辑功能描述。根据状态转换图或时序图可知，该电路是同步二进制（模 16）加法计数器。由表 8.5 可知，随着 CP 的输入，触发器的输出 $Q_2 Q_1 Q_0$ 按二进制数规律递增，经过 8 个 CP 后电路回到初始状态。因此，该电路实现的是异步 3 位二进制加法计数，即模为 8 的计数器。

图 8.14 所示为由 3 个 JK 触发器构成的异步二进制减法计数器电路。与图 8.12 比较可知，只要将加法计数器中 FF1、FF2 的时钟由低位触发器的 Q 端改接为 $\overline{Q}$ 端，则加法计数器便成为减法计数器。此时，触发器 FF1 状态的变化便发生在 $\overline{Q_0}$ ↓（即 Q_0 ↑）时刻，FF2 状态的变化发生在 $\overline{Q_1}$ ↓（即 Q_1 ↑）时刻。

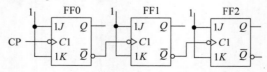

图 8.14   异步 3 位二进制减法计数器电路

按照与例 8-5 加法计数器相同的分析方法即可得到状态转换表如表 8.6 所示,时序图如图 8.15 所示。

表 8.6 异步 3 位二进制减法计数器的状态转换表

CP	Q_2^n	Q_1^n	Q_0^n	Q_2^{n+1}	Q_1^{n+1}	Q_0^{n+1}
1	0	0	0	1	1	1
2	1	1	1	1	1	0
3	1	1	0	1	0	1
4	1	0	1	1	0	0
5	1	0	0	0	1	1
6	0	1	1	0	1	0
7	0	1	0	0	0	1
8	0	0	1	0	0	0

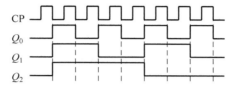

图 8.15 异步 3 位二进制减法计数器的时序图

2. 异步非二进制计数器

异步二进制计数器电路简单,但它的模值是 2^n,如果不能改变这个模值,它的使用范围就要受到限制。用反馈复位法可以改变计数器的模值,得到任意模值的计数器。

在非二进制计数器中,最常用的是十进制计数器。十进制计数器就是逢十进位的计数器。十进制计数器的编码方式(BCD 码)有多种,最常用的是使用自然二进制码的前 10 个状态 0000~1001 来表示十进制数 0~9 的 8421BCD 码。这里以 8421 码十进制异步计数器为例进行说明。

反馈复位法的基本原理是,当计数器记录到规定的模值时,把计数器的输出送到反馈电路中,产生置 0 信号 $\overline{R_D}$ 使计数器复位,完成一次计数循环。

反馈复位法可以按照下列基本步骤进行:

① 根据设计电路的模值求反馈复位代码 S_M。S_M 是计数器模值的二进制代码。

② 求反馈复位逻辑 $\overline{R_D}$。计数器记录到规定的模值时,把输出为 1 的触发器的 Q 端信号和输出为 0 的触发器的 $\overline{Q}$ 端信号进行逻辑与非运算,作为反馈复位信号。

③ 画逻辑图。在画逻辑图时,首先根据设计需要,画出 n 位异步二进制加法计数器,然后把反馈复位电路的输出连接到各触发器的复位端 $\overline{R_D}$ 即可。

图 8.16 所示是一个用反馈复位法实现的异步十进制加法计数器电路。

十进制计数器的模值 $M=10$,其反馈复位代码 $S_M=(10)_{10}=(1010)_2$。由反馈复位代码可知,该计数器用 4 个触发器 $Q_3Q_2Q_1Q_0$ 实现,当计数器记录到规定的模值时,$Q_3Q_2Q_1Q_0=1010$,由此推算出的反馈复位逻辑为

$$\overline{R_D}=\overline{Q_3\overline{Q_2}Q_1\overline{Q_0}}$$

根据反馈复位逻辑,即可画出如图 8.16 所示的十进制加法计数器电路。

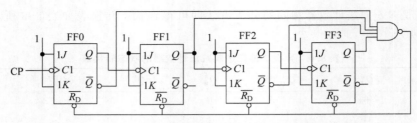

图 8.16　异步十进制加法计数器电路

电路的时序图如图 8.17 所示。计数器从 0000 状态开始,输入了 9 个 CP 后,到达 1001 状态,在此期间,反馈复位逻辑 $\overline{R_D}$ 决定的条件没有满足,$\overline{R_D}=1$ 不变。当第 10 个 CP 到来时,计数器进入 1010 状态,正好满足 $\overline{R_D}$ 的条件,使 $\overline{R_D}=0$。在 $\overline{R_D}=0$ 的作用下,全部触发器被复位,计数器回到 0000 状态,完成一次计数循环。由于每输入 10 个 CP 就完成 1 个计数循环,所以此电路是十进制计数器。

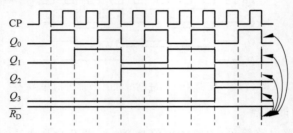

图 8.17　异步十进制加法计数器的时序图

时序图中计数器进入 1010 状态后的变化情况是,$Q_3Q_2Q_1Q_0=1010$ 使 $\overline{R_D}=0$,反过来 $\overline{R_D}=0$ 又使 $Q_3Q_2Q_1Q_0=0000$,当 $Q_3Q_2Q_1Q_0=0000$ 后又使 $\overline{R_D}=1$,因此 1010 状态和 $\overline{R_D}=0$ 只出现了瞬间。

电路的状态转换图如图 8.18 所示。由于 1010 状态是瞬间出现的(称为过渡状态),它与 0000 状态占用一个时钟周期,所以把它们合并在一起。

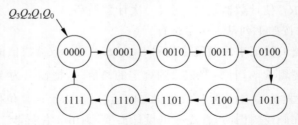

图 8.18　异步十进制加法计数器的状态转换图

8.4　寄存器

寄存器是时序逻辑电路的常用电路,它是一种用来暂时保存数码的逻辑部件。寄存器主要由触发器构成,1 个触发器可以存储 1 位二进制数码,n 个触发器可存储 2^n 位二进制数码。寄存器按功能可分为数码寄存器和移位寄存器两大类。

8.4.1 数码寄存器

数码寄存器(简称寄存器)能够接收、存放和传送数码。各种类型的触发器都具有接收(置0置1)、记忆(保持)和传送(读出)的功能,它们都可以构成寄存器,而用D触发器或D锁存器构成寄存器最为方便。

1. 由D触发器构成数码寄存器

用4个D触发器构成的4位数码寄存器电路如图8.19所示,4个D触发器的输入构成4位数码输入端 $D_3D_2D_1D_0$,4个输出构成4位数码输出端 $Q_3Q_2Q_1Q_0$。触发器的时钟端连接在一起作为数据锁存输入端CP,异步置0端 $\overline{R_D}$ 连接在一起作为整个电路的复位端 $\overline{R_D}$。

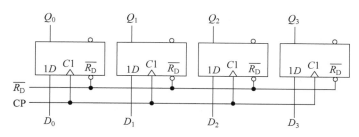

图8.19 4位数码寄存器电路

由电路的结构可以看出,当复位端 $\overline{R_D}=0$ 时,触发器被复位,$Q_3Q_2Q_1Q_0=0000$。当复位端 $\overline{R_D}=1$ 无效时,用CP的上升沿将输入端 $D_3D_2D_1D_0$ 的数码锁存,锁存后的数码从输出端 $Q_3Q_2Q_1Q_0$ 读出。4个触发器构成的寄存器可以存储4位数码,n 个触发器可以构成 n 位寄存器,存储 n 位数码。

2. 由锁存器构成数码寄存器

所谓锁存器,是由若干个电平控制的触发器构成的一次存储多位二进制数码的时序逻辑电路。由锁存器组成的数码寄存器与由触发器组成的数码寄存器的区别在于:锁存器的送数脉冲为电平使能信号,使能信号到来时,输出随输入数码的变化而变化,相当于输入信号直接加在输出端;使能信号结束后,输出状态将保持不变。

8.4.2 移位寄存器

移位寄存器除了具有存储数码的功能以外,还具有移位功能。所谓移位功能,是指寄存器里的数据能在移位脉冲的作用下,依次向左移或向右移。能使数据向左移的寄存器称为左移位寄存器,能使数据向右移的寄存器称为右移位寄存器,能使数据既可向左移也能向右移的寄存器称为双向移位寄存器。

移位寄存器有两种信息输入方式,即串行输入方式和并行输入方式。对于右移位寄存器,串行输入方式就是在同一个时钟脉冲的控制下,将信息输入到移位寄存器的最左端,同时已存入的信息右移一位。左移位寄存器是把串行输入的信息输入到最右端,已存入的信息向左移。并行输入方式就是把全部信息同时输入寄存器。

移位寄存器的输出方式也有两种,即串行输出方式和并行输出方式。对于右移位寄存器,串行输出方式就是将最右边的触发器输出端作为电路的输出端,在时钟脉冲的控制下,数据一位一位地从这个输出端输出。左移位寄存器是把最左边的触发器的输出端作为电路的输出端。并行输出方式是将构成移位寄存器的全部触发器的输出端作为电路的输出端,数据可以从这些触发器的输出端同时输出,即并行输出。

移位寄存器可以用各种类型的触发器构成,D 型触发器是构成移位寄存器最方便的基本器件。

1. 右移位寄存器

用 D 触发器构成的 4 位右移位寄存器电路如图 8.20 所示。

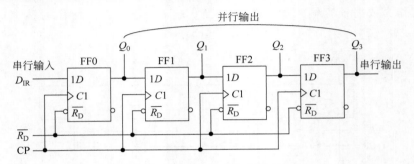

图 8.20　4 位右移位寄存器电路

图 8.20 中,各触发器前一级的输出端依次连接到下一级的数据输入端,数码从第一级触发器 FF0 输入;D_{IR} 为串行输入端,$Q_3Q_2Q_1Q_0$ 为并行输出端,Q_3 为串行输出端。各触发器的置 0 端 $\overline{R_D}$ 全部连在一起,在接收数码前,从置 0 端 $\overline{R_D}$ 输入一个负脉冲把各触发器置为 0 状态。

根据图 8.20 的电路连接,可以写出各触发器的状态方程为

$$Q_0^{n+1} = D_0 = D_{IR}$$

$$Q_1^{n+1} = D_1 = Q_0^n$$

$$Q_2^{n+1} = D_2 = Q_1^n$$

$$Q_3^{n+1} = D_3 = Q_2^n$$

由状态方程可以看出,当 CP 的上升沿同时作用于所有的触发器时,FF0 接收输入端 D_{IR} 的信号,而 FF1 接收 FF0 的现态、FF2 接收 FF1 的现态、FF3 接收 FF2 的现态,这样的效果相当于移位寄存器里原有的数码依次向右移了一位。

假如在 4 个时钟周期内,输入的数码依次为 1101,在执行数码输入之前,设寄存器的初始状态 $Q_3Q_2Q_1Q_0 = 0000$,即此时 $D_3D_2D_1D_0 = 0000$。输入数码时先送入最高位数码,当第 1 个 CP↑ 到达时,根据各触发器的次态方程可知,输出状态变为 $Q_3Q_2Q_1Q_0 = 0001$;当第 2 个 CP↑ 到达时,$Q_3Q_2Q_1Q_0 = 0011$;当第 3 个 CP↑ 到达时,$Q_3Q_2Q_1Q_0 = 0110$;以此类推,当第 4 个 CP↑ 后,$Q_3Q_2Q_1Q_0 = 1101$。这时并行输出端的数码与输入的数码相对应,完成了将 4 位数码由串行输入转换为并行输出的过程。这样,再经过 4 个 CP 后,电路也可以从输出端 Q_3 串行输出。

上述右移位寄存器的状态可用表 8.7 来表示。

表 8.7　4 位右移位寄存器状态表

CP	D_{IR}	Q_3	Q_2	Q_1	Q_0
0	x	0	0	0	0
1	1	0	0	0	1
2	1	0	0	1	1
3	0	0	1	1	0
4	1	1	1	0	1
5	0	1	0	1	0
6	0	0	1	0	0
7	0	1	0	0	0
8	0	0	0	0	0

4 位右移位寄存器的时序图如图 8.21 所示。

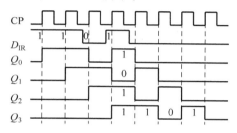

图 8.21　4 位右移位寄存器的时序图

从图 8.21 中可以得到,右移位寄存器的高位触发器的波形相当于在低位触发器波形的基础上向右移动了一个 CP。经过 4 个 CP 信号后,串行输入的 4 位数码全部移入移位寄存器中,同时在 4 级触发器的输出端得到并行输出的数码,即 $Q_3Q_2Q_1Q_0 = 1101$。根据这个原理,移位寄存器可以实现将串行数据转换为并行数据的串/并转换。

2. 左移位寄存器

图 8.22 所示为由 D 触发器组成的 4 位左移位寄存器电路。

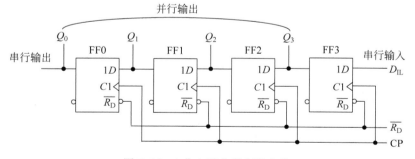

图 8.22　4 位左移位寄存器电路

图 8.22 中,各触发器前一级的数据输入端 D 依次连接到后一级的输出端 Q,数码从最后一级触发器 FF3 输入,D_{IL} 为串行输入端,$Q_3Q_2Q_1Q_0$ 为并行输出端,Q_0 为串行输出端。各触发器的置 0 端 $\overline{R_D}$ 全部连在一起,在接收数码前,从置 0 端 $\overline{R_D}$ 输入一个负脉冲把各触发器置为 0 状态。

要将数码 1101 依次存放到高位至低位触发器,输入端 D_{IL} 输入数码的情况和寄存器移位情况的分析过程与右移位寄存器相似，在此不再赘述。

在单向移位寄存器的基础上，增加门电路组成的控制电路，就可以构成既能实现左移又能实现右移的双向移位寄存器。

视频讲解

8.5　时序逻辑电路的设计

时序逻辑电路的设计就是根据给出的具体逻辑问题，求出实现其功能的电路，所得到的结果应力求简单。当选用小规模集成电路设计时，电路简单的标准是所用的触发器和门电路的数目最少，而且触发器和门电路的输入端数目也最少。而使用中、大规模集成电路设计时，电路简单的标准是使用的集成电路数目、种类最少，而且互相之间的连线也最少。

8.5.1　时序逻辑电路的设计方法

传统的时序逻辑电路的设计过程如图 8.23 所示。

图 8.23　时序逻辑电路的设计过程

时序逻辑电路设计的一般步骤如下：

（1）建立最简原始状态转换图。状态转换图是分析时序逻辑电路的重要工具，也是时序逻辑电路设计中的重要过程。在时序逻辑电路设计时，必须实现对逻辑问题进行抽象，并用原始状态转换图的形式表现出来。建立原始状态转换图有多种方法，但用某些方法建立的原始状态转换图可能存在一些多余或无效的状态，还要经过状态化简才能得到最简原始状态转换图。

（2）进行状态编码。触发器是时序逻辑电路中的主要存储元件，在建立了最简原始状态转换图的条件下，需要用一些触发器来记忆这些状态。用触发器的某种组合来表示某个原始状态的过程，称为状态编码。

（3）电路设计。在电路设计中，根据输入条件和状态编码，求出各触发器的驱动方程以及电路的输出方程。

（4）画出逻辑电路图。逻辑电路图是时序逻辑电路设计的最后图纸。根据电路设计得到的触发器的驱动方程和输出方程，就可以画出符合设计要求的逻辑电路图。

8.5.2　时序逻辑电路的设计举例

1. 同步计数器的设计

根据时序逻辑电路的设计过程，同步计数器的设计可以细化成下列步骤：

① 建立最简原始状态转换图。

② 确定触发器个数，进行状态编码。

③ 用卡诺图化简，求状态方程和输出方程。

④ 查自启动特性。

⑤ 确定触发器类型，求驱动方程。

⑥ 画出逻辑电路图。

【例 8-6】 设计同步十进制加法计数器。

解：（1）建立十进制计数器最简原始状态转换图。

计数器设计示意图如图 8.24 所示，CP 是计数脉冲输入端，C 是进位输出端。

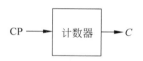

图 8.24　计数器设计示意图

计数器的特点比较明显，即由若干状态构成一个计数循环，因此十进制计数器的最简原始状态图就是由 10 个状态构成的循环，如图 8.25 所示。

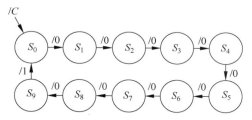

图 8.25　计数器最简原始状态转换图

（2）确定触发器个数，进行状态编码。

在计数器电路设计时，需要根据原始状态的个数，确定触发器的个数，来记忆计数器的状态。设 M 为计数器的模值，n 是触发器的个数，则要求 $n \geqslant \log_2 M$。在本例中，$M = 10$，则 $n \geqslant 4$。因此，至少要 4 个触发器才能表示十进制计数器的 10 个状态。触发器的个数多则电路复杂，本例确定触发器个数 $n = 4$。4 个触发器 $Q_3 Q_2 Q_1 Q_0$ 有 16 种状态组合，选出其中的 10 种组合来表示十进制计数器的 10 个状态，进行状态编码。十进制计数器的状态编码即 BCD 码（二-十进制编码）。BCD 码有很多种，本例采用 8421BCD 码，编码结果如图 8.26 所示。

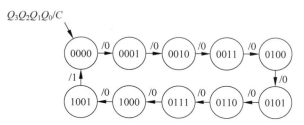

图 8.26　十进制计数器状态转换图

（3）用卡诺图化简，求状态方程和输出方程。

根据状态编码，把 4 个触发器的现态作为卡诺图的变量，把次态作为卡诺图的函数，画出卡诺图，如图 8.27 所示。

5 个卡诺图中，编码时没有使用的状态在设计时当作无关项处理，并用"x"表示。化简后得出状态方程和输出方程为

$$Q_0^{n+1} = \overline{Q_0^n}$$

$$Q_1^{n+1} = \overline{Q_3^n} \, \overline{Q_0^n} \, \overline{Q_1^n} + \overline{Q_0^n} Q_1^n$$

$$Q_2^{n+1} = Q_1^n Q_0^n \overline{Q_2^n} + \overline{Q_1^n Q_0^n} Q_2^n$$

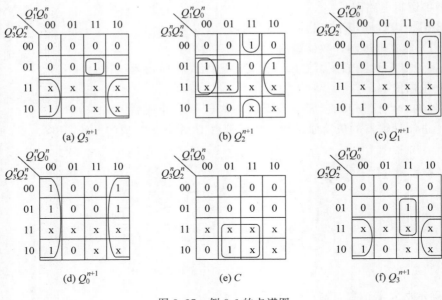

图 8.27 例 8-6 的卡诺图

$$Q_3^{n+1} = Q_2^n Q_1^n Q_0^n \overline{Q_3^n} + \overline{Q_0^n} Q_3^n$$

$$C = Q_3^n Q_0^n$$

在写状态方程时，需要考虑到设计触发器时使用的触发器类型。例如，在本例中，使用 JK 触发器，因此，写出的状态方程需要符合 JK 触发器的特性方程 $Q^{n+1} = J\overline{Q^n} + \overline{K}Q^n$ 的形式，以方便后续获得触发器的驱动方程。具体而言，在写 Q_3^{n+1} 的状态方程时，需要满足 $Q_3^{n+1} = J_3 \overline{Q_3^n} + \overline{K_3} Q_3^n$ 的形式。因此，在卡诺图作圈的时候，不要跨越 Q_3^n 取值不同的小方格（即使用图 8.27(a) 所示的 Q_3^{n+1} 的卡诺图，而不使用图 8.27(f) 所示的 Q_3^{n+1} 的卡诺图）。

（4）查自启动特性。

存在死循环的计数器在使用时可能造成计数系统的错误，因此在设计计数器时需要计数器有自启动特性。查自启动特性的方法是将没有使用的编码状态（化简时当作无关项处理）代入上述状态方程，求出它们的次态结果，检查是否构成死循环。若存在死循环，必须打破死循环，重新化简卡诺图，修改状态方程。

本例检查自启动特性的结果如表 8.8 所示，从表中可以看出，所有无效状态均能回到有效状态，说明由上述状态方程设计的计数器具有自启动特性。

表 8.8 例 8-6 检查自启动特性的结果

Q_3^n	Q_2^n	Q_1^n	Q_0^n	Q_3^{n+1}	Q_2^{n+1}	Q_1^{n+1}	Q_0^{n+1}	C
1	0	1	0	1	0	1	1	0
1	0	1	1	0	1	0	0	1
1	1	0	0	1	1	0	1	0
1	1	0	1	0	1	0	0	1
1	1	1	0	1	1	1	1	0
1	1	1	1	0	0	0	0	1

（5）选择触发器的类型，求驱动方程。

计数器设计时可以选择 D 或 JK 触发器作为存储元件，但选择 JK 触发器可以使电路设计结果比较简单，因此一般都选择 JK 触发器。

JK 触发器的特性方程为 $Q^{n+1}=J\overline{Q^n}+\overline{K}Q^n$，将 JK 触发器的特性方程与上述状态方程比较，得到 4 个触发器的驱动方程为

$$J_0=K_0=1$$
$$J_1=\overline{Q_3^n}Q_0^n, \quad K_1=Q_0^n$$
$$J_2=K_2=Q_1^nQ_0^n$$
$$J_3=Q_2^nQ_1^nQ_0^n, \quad K_3=Q_0^n$$

（6）画逻辑电路图。

根据驱动方程和输出方程，画出的十进制同步加法计数器的逻辑图，如图 8.28 所示。

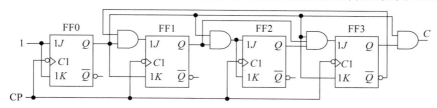

图 8.28　例 8-6 设计的计数器电路的逻辑图

2. 异步计数器的设计

异步计数器的设计与同步计数器的设计基本相同，区别在于同步计数器设计时，不需要考虑每一级触发器时钟端的连接方式，而在异步计数器中，触发器的时钟端连接方式是不同的，因此设计时需要考虑触发器时钟端的连接方式，这就需要求出时钟方程。根据时序逻辑电路设计过程，异步计数器的设计可以细化成下列步骤：

① 建立最简原始状态转换图，进行状态编码。

② 画时序图，求触发器的时钟方程。

③ 用卡诺图化简，求状态方程和输出方程。

④ 查自启动特性。

⑤ 确定触发器类型，求驱动方程。

⑥ 画出逻辑电路图。

【例 8-7】　设计异步十进制计数器。

解：（1）建立最简原始状态转换图，进行状态编码。

计数器设计示意图如图 8.29 所示。

依题意画出的原始状态转换图如图 8.30 所示，并按 8421BCD 编码，得到编码的结果，如图 8.31 所示。

（2）画时序图，求触发器的时钟方程。

求触发器的时钟方程是异步计数器设计时增加的步骤，用时序图来确定各级触发器的时钟方程比较直观。假设设计使用的是下降沿触发的触发器，则可以根据状态编码画出时序图，如图 8.32 所示。

图 8.29　计数器设计示意图

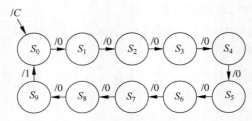

图 8.30 例 8-7 原始状态转换图

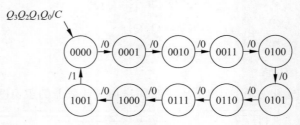

图 8.31 例 8-7 编码状态转换图

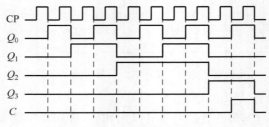

图 8.32 例 8-7 设计电路的时序图

确定时钟方程时应遵循以下规则:

① 最前面的一级触发器(即 Q_0)只能选择系统 CP,后面各级触发器可以选择前级触发器的 Q 或 $\overline{Q}$ 作为触发脉冲,也可以选择系统 CP。

② 所选的时钟必须保证本级触发器翻转时有相同的边沿。例如,第 3 级触发器(即 Q_3)在 0111 和 1001 两组初态下发生翻转,而系统 CP 和 Q_0 在这两次翻转时都提供了下降沿,所以 CP_3 能选择 CP 和 Q_0。

③ 所选择的时钟变化的次数越少越好。时钟变化的次数越少,可以使设计的电路越简单。例如,Q_0 的变化次数比 CP 少,所以 CP_3 应该选择 Q_0 作为时钟。

根据以上规则,各级触发器的时钟方程确定如下

$$CP_0 = CP \downarrow$$
$$CP_1 = Q_0 \downarrow$$
$$CP_2 = Q_1 \downarrow$$
$$CP_3 = Q_0 \downarrow$$

(3) 用卡诺图化简,求状态方程和输出方程。

根据状态编码,画出卡诺图,如图 8.33 所示。在卡诺图中,"x"表示编码时没有使用的状态,"φ"表示没有时钟的状态。触发器没有时钟就不能变化,因此把这些状态也作为无关项处理。

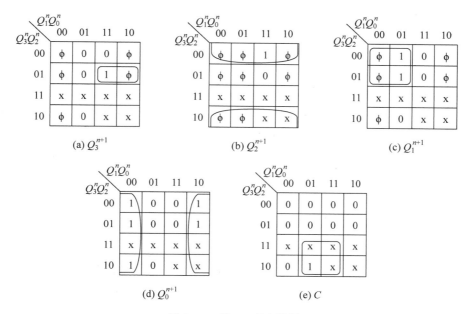

图 8.33　例 8-7 的卡诺图

根据图 8.33 化简得出的状态方程和输出方程为

$$Q_0^{n+1} = \overline{Q_0^n}$$

$$Q_1^{n+1} = \overline{Q_3^n}\ \overline{Q_1^n}$$

$$Q_2^{n+1} = \overline{Q_2^n}$$

$$Q_3^{n+1} = Q_2^n Q_1^n \overline{Q_3^n}$$

$$C = Q_3^n Q_0^n$$

（4）查自启动特性。

异步计数器设计时的查自启动特性与其分析方法相同，即需要首先确定是否有时钟，若有时钟，则将它们的初态代入状态方程计算出次态，若无时钟则次态与初态相同。按照此规则得到 6 个无效状态的状态转换，如表 8.9 所示，从表中看出该电路具有自启动特性。

表 8.9　例 8-7 检查自启动特性的结果

Q_3^n	Q_2^n	Q_1^n	Q_0^n	Q_3^{n+1}	Q_2^{n+1}	Q_1^{n+1}	Q_0^{n+1}	CP_3	CP_2	CP_1	CP_0	C
1	0	1	0	1	0	1	1	×	×	×	√	0
1	0	1	1	0	1	0	0	√	√	√	√	1
1	1	0	0	1	1	0	1	×	×	×	√	0
1	1	0	1	0	1	0	0	√	×	√	√	1
1	1	1	0	1	1	1	1	×	×	×	√	0
1	1	1	1	0	0	0	0	√	√	√	√	1

（5）选择触发器的类型，求驱动方程。

本例设计选择 JK 触发器作为存储元件，将其特性方程 $Q^{n+1} = J\overline{Q^n} + \overline{K}Q^n$ 与上述状态方程比较，得到驱动方程为

$$J_0 = K_0 = 1$$
$$J_1 = \overline{Q_3^n}, \quad K_1 = 1$$
$$J_2 = K_2 = 1$$
$$J_3 = Q_2^n Q_1^n, K_3 = 1$$

说明：由于选择下降沿触发的 JK 触发器，与设计时确定的时钟方程的边沿相同，因此时钟方程不变。假如选择上升沿触发的触发器，则把时钟方程改为

$$CP_0 = CP \uparrow$$
$$CP_1 = \overline{Q_0} \uparrow$$
$$CP_2 = \overline{Q_1} \uparrow$$
$$CP_3 = \overline{Q_0} \uparrow$$

（6）画逻辑电路图。

根据时钟方程、驱动方程和输出方程，画出异步十进制加法计数器的逻辑图，如图 8.34 所示。

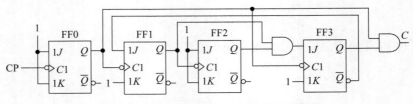

图 8.34　例 8-7 设计的计数器电路的逻辑图

8.6　常用的集成时序逻辑电路

8.6.1　集成计数器

广义地说，计数器是一种能在输入信号作用下依次通过预定状态的时序逻辑电路。计数器中的"数"是用触发器的状态组合来表示的，在计数脉冲作用下使一组触发器的状态依次转换成不同的状态组合来表示数的变化，即可达到计数的目的。计数器在运行时，所经历的状态是周期性的，总是在有限个状态中循环，通常将一次循环所包含的状态总数称为计数器的"模"。

由于集成计数器功耗低、功能灵活、体积小，所以在一些小型数字系统中得到了广泛应用。为了满足实际应用的需要，集成计数器一般具有计数、保存、清除、预置等功能。使用集成计数器时应重点掌握器件外部性能、参数、引脚排列及功能，了解功能表就能够初步掌握集成计数器的使用方法。

1. 集成同步计数器

常用的集成同步计数器有 4 位二进制同步加法计数器 74LS161、单时钟 4 位二进制同步可逆计数器 74LS191、单时钟十进制同步可逆计数器 74LS190、双时钟 4 位二进制同步可逆计数器 74LS193 等。下面以 74LS193 为例对其外部特性进行介绍。

4 位二进制同步可逆计数器 74LS193 的逻辑符号及引脚排列图分别如图 8.35(a)、(b)所示。

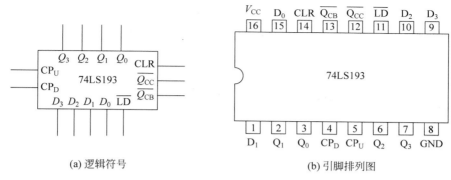

(a) 逻辑符号　　　　　　　　　　(b) 引脚排列图

图 8.35　74LS193 的逻辑符号和引脚排列图

表 8.10 给出了 74LS193 输入/输出信号的说明。

表 8.10　74LS193 输入/输出信号的说明

引 线 名 称		说　　明
输入端	CLR	清除
	$\overline{LD}$	预置控制
	$D_3 D_2 D_1 D_0$	预置输入
	CP_U ↑	累加计数脉冲
	CP_D ↑	累减计数脉冲
输出端	$Q_3 Q_2 Q_1 Q_0$	计数值
	$\overline{Q_{CC}}$	进位输出负脉冲
	$\overline{Q_{CB}}$	借位输出负脉冲

74LS193 的逻辑功能表如表 8.11 所示。

表 8.11　74LS193 的逻辑功能表

输　　入								输　　出			
CLR	$\overline{LD}$	D_3	D_2	D_1	D_0	CP_U	CP_D	Q_3	Q_2	Q_1	Q_0
1	x	x	x	x	x	x	x	0	0	0	0
0	0	D_3	D_2	D_1	D_0	x	x	D_3	D_2	D_1	D_0
0	1	x	x	x	x	↑	1	累加计数			
0	1	x	x	x	x	1	↑	累减计数			

由表 8.11 可知,当 CLR 为高电平时,计数器被清除为 0;当 $\overline{LD}$ 为低电平时,计数器被预置为输入端 $D_3 D_2 D_1 D_0$ 输入的值;当计数脉冲由输入端 CP_U 输入时,计数器进行累加计数;当计数脉冲由输入端 CP_D 输入时,计数器进行累减计数。

4 位二进制计数器是模为 16 的计数器。在实际应用中,可根据需要用 4 位二进制计数器构成模为任意 R(R 小于 16 或大于 16)的计数器。下面举例介绍用 4 位二进制同步可逆计数器 74LS193 构成模为任意 R 计数器的方法。

(1) 构成模小于 16 的计数器

利用计数器的清除、预置等功能,可以很方便地实现模小于 16 的计数器。

【例 8-8】 用 4 位二进制同步可逆计数器 74LS193 构成模 10 加法计数器。

解: 假设计数器的初始状态为 $Q_3 Q_2 Q_1 Q_0 = 0000$,其状态转换序列如图 8.36 所示。

根据 74LS193 的功能表,可用图 8.37 所示逻辑电路实现模 10 加法器的功能。

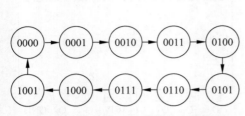

图 8.36　模 10 加法计数器状态转换图

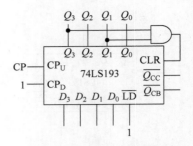

图 8.37　模 10 加法计数器逻辑电路

图 8.37 中，$\overline{LD}$ 和 CP_D 接逻辑 1，CP_U 接 CP，74LS193 工作在累加计数状态。当计数器输出由 1001 变为 1010 时，其中与门输出为 1，该信号接至清除端 CLR，使计数器状态立即变为 0000，当下一个 CP 到达时，再由 0000→0001，继续进行加 1 计数。

【例 8-9】　用 4 位二进制同步可逆计数器 74LS193 构成模 12 减法计数器。

解： 假设计数器的初始状态为 $Q_3Q_2Q_1Q_0=1111$，其状态转换序列如图 8.38 所示。

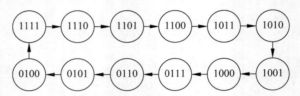

图 8.38　模 12 减法计数器状态转换图

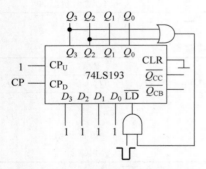

图 8.39　模 12 减法计数器逻辑电路

模 12 减法计数器的逻辑电路如图 8.39 所示。

图 8.39 中，74LS193 的清除端 CLR 接地，CP_U 接逻辑 1，CP_D 接 CP，输入端 $\overline{LD}$ 受初态设置端和计数器状态的控制，当 $\overline{LD}$ 为 1 时 74LS193 工作在减法计数状态。初态设置端平时为 1，在电路开始工作时通过一个负脉冲信号置入初态 1111，然后电路在 CP 作用下开始减 1 计数。当计数器输出由 0100 变为 0011 时，其中或门输出由 1 变为 0，并经与门送至 $\overline{LD}$，使计数器立即置入 1111，当下一 CP 到来时继续进行减 1 计数。

（2）构成模大于 16 的计数器

利用计数器的进位输出或借位输出脉冲作为 CP，将多个 4 位计数器进行级联，即可构成模大于 16 的计数器。

【例 8-10】　用两片 4 位二进制同步可逆计数器 74LS193 构成模 256 减法计数器。

解： 将两片 74LS193 构成模为 256 的减法计数器，电路连接如图 8.40 所示。

图 8.40 中，将低位片（Ⅰ）的 $\overline{Q_{CB}}$ 经过非门作为高位片（Ⅱ）的累减计数脉冲 CP_D。用类似的方法，也可以构成模为 256 的加法计数器。

用 4 位二进制计数器级联后，再恰当地使用预置、清除等功能，便可构成模大于 16 的任意进制计数器。

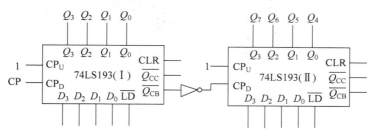

图 8.40 模 256 减法计数器逻辑电路

【例 8-11】 用两片 4 位二进制同步可逆计数器 74LS193 构成模 $(147)_{10}$ 的加法计数器。

解: 假设计数器状态变化序列为 $(0)_{10} \sim (146)_{10}$,当计数器状态由 $(146)_{10}$ 变为 $(147)_{10}$ 时,应该令其进入 $(0)_{10}$。因为 $(147)_{10} = (10010011)_2$,所以根据 74LS193 的功能可画出模 $(147)_{10}$ 加法计数器的逻辑电路,如图 8.41 所示。

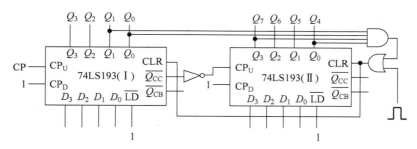

图 8.41 模 147 加法计数器逻辑电路

图 8.41 中,低位片(Ⅰ)和高位片(Ⅱ)的 CP_D、$\overline{LD}$ 均接 1,CLR 为清除控制端。计数脉冲由片(Ⅰ)的 CP_U 输入,片(Ⅰ)的进位输出脉冲 $\overline{Q_{CC}}$ 经非门后作为片(Ⅱ)的计数脉冲。工作时先通过一个正脉冲信号将计数器清零,在计数脉冲到来后,计数器开始加 1 计数,当计数器的状态 $Q_7 Q_6 Q_5 Q_4 Q_3 Q_2 Q_1 Q_0 = 10010011$ 时,产生一个高电平送入 CLR,计数器清零,实现了模 147 加法计数。

2. 集成异步计数器

最常用的中规模异步计数器有二-五-十进制加法计数器 74LS290、4 位二进制加法计数器 74LS293 等集成器件。下面以 74LS290 为例对其外部特性及应用进行介绍。

74LS290 的结构框图如图 8.42 所示,由图可知,74LS290 可看成是由独立的一个模二进制计数器和一个模五进制计数器构成。74LS290 的内部包括 4 个 JK 触发器。其中,触发器 0 组成模 2 计数器,计数脉冲由 CP_0 提供;触发器 1~触发器 3 组成异步模 5 计数器,计数脉冲由 CP_1 提供。

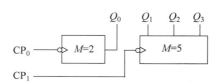

图 8.42 74LS290 的结构框图

74LS290 的逻辑符号和引脚排列图分别如图 8.43(a)、(b)所示。

表 8.12 给出了 74LS290 输入/输出信号的说明。

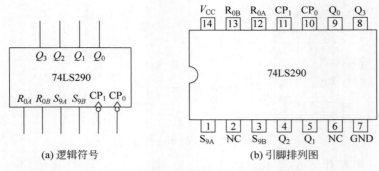

(a) 逻辑符号　　　　　　　　　(b) 引脚排列图

图 8.43　74LS290 的逻辑符号和引脚排列图

表 8.12　74LS290 输入/输出信号的说明

引 线 名 称		说　　　明
输入端	R_{0A}、R_{0B}	清 0 控制
	S_{9A}、S_{9B}	置 9 控制
	CP_0、CP_1	累加计数脉冲
输出端	$Q_3Q_2Q_1Q_0$	数据输出

74LS290 的逻辑功能表如表 8.13 所示。

表 8.13　74LS290 的逻辑功能表

输 入					输 出			
R_{0A}	R_{0B}	S_{9A}	S_{9B}	CP	Q_3	Q_2	Q_1	Q_0
1	1	0	x	x	0	0	0	0
1	1	x	0	x	0	0	0	0
x	x	1	1	x	1	0	0	1
x	0	x	0	↓		计数		
0	x	0	x	↓		计数		
x	0	0	x	↓		计数		
0	x	x	0	↓		计数		

由表 8.12 可以归纳出 74LS290 具有如下功能：

（1）异步清零功能

当 R_{0A} 和 R_{0B} 均为高电平，且 S_{9A} 和 S_{9B} 中有低电平时，不需要输入脉冲配合，计数器可以实现异步清零操作，即使 $Q_3Q_2Q_1Q_0 = 0000$。

（2）异步置 9 功能

当 S_{9A} 和 S_{9B} 均为高电平时，不论 R_{0A}、R_{0B} 及输入脉冲为何值，计数器均可实现异步置 9 操作，即使 $Q_3Q_2Q_1Q_0 = 1001$。

（3）计数功能

当 R_{0A} 和 R_{0B} 中有低电平，且 S_{9A} 和 S_{9B} 中有低电平时，计数器实现如图 8.44 所示几种计数功能。

① 模 2 计数器：若将计数脉冲加到 CP_0，并从输出端 Q_0 输出，则可实现 1 位二进制加法计数（二分频），如图 8.44(a)所示。

② 模 5 计数器：若将计数脉冲加到 CP_1，并从输出端 Q_3、Q_2、Q_1 输出，则可实现五进

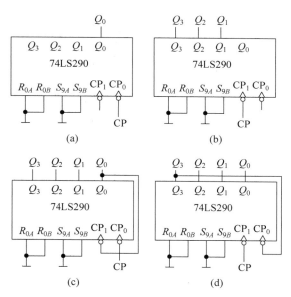

图 8.44 74LS290 的计数工作方式

制加法计数,如图 8.44(b)所示,其状态转换表如表 8.14 所示。

表 8.14 74LS290 模 5 计数器状态转换表

序号	Q_3	Q_2	Q_1
0	0	0	0
1	0	0	1
2	0	1	0
3	0	1	1
4	1	0	0

③ 8421 码模 10 计数器:若将输出端 Q_0 与 CP_1 连接,计数脉冲由 CP_0 输入,则先进行二进制计数,再进行五进制计数,即构成 8421 码异步十进制计数器,如图 8.44(c)所示。在这种方式下,每来 2 个计数脉冲,模 2 计数器输出端 Q_0 产生一个负跳变,使模 5 计数器增 1,经过 10 个计数脉冲作用后,模 5 计数器循环一周,实现 8421 码十进制加法计数。状态转换表如表 8.15 所示。

表 8.15 8421 码模 10 计数器状态转换表

序号	Q_3	Q_2	Q_1	Q_0
0	0	0	0	0
1	0	0	0	1
2	0	0	1	0
3	0	0	1	1
4	0	1	0	0
5	0	1	0	1
6	0	1	1	0
7	0	1	1	1
8	1	0	0	0
9	1	0	0	1

④ 5421 码模 10 计数器:若将输出端 Q_3 与 CP_0 连接,计数脉冲由 CP_1 输入,则先进行

五进制计数，再进行二进制计数，即构成 5421 码异步十进制加法计数器，如图 8.44(d)所示。在这种方式下，每来 5 个计数脉冲，模 5 计数器输出端 Q_3 产生一个负跳变，使模 2 计数器增 1，经过 10 个计数脉冲作用后，模 2 计数器循环一周，实现 5421 码十进制加法计数。状态转换表如表 8.16 所示。

表 8.16 5421 码模 10 计数器状态转换表

序号	Q_3	Q_2	Q_1	Q_0
0	0	0	0	0
1	0	0	0	1
2	0	0	1	0
3	0	0	1	1
4	0	1	0	0
5	1	0	0	0
6	1	0	0	1
7	1	0	1	0
8	1	0	1	1
9	1	1	0	0

集成异步计数器 74LS290 除了完成上述基本功能外，外加适当的门电路可以构成任意进制计数器，其构成方法有两种：一种是反馈清 0 法（复位法），另一种是反馈置数法。74LS290 具有异步清 0 和异步置 9 两种控制端，故可采用这两种方法。

反馈清 0 法是通过异步清零端来实现任意模值计数的。以 0 为起始状态，若构成模 M 的计数器，则计数到 M 状态时，使之产生清 0 脉冲并立即清 0，有效状态为 0～$(M-1)$。M 状态出现的时间很短，只是用来产生清 0 信号，因此为过渡状态。

反馈置 9 法是通过异步置 9 端来实现任意模值计数的。以 9 为起始状态，按 9，0，1，…，$(M-2)$ 计数，若构成模 M 计数器，则计数到 $(M-1)$ 状态时，使之产生置 9 脉冲并立即置 9，有效状态为 9，0，1，…，$(M-2)$，而 $(M-1)$ 为过渡状态。

（1）构成模小于 10 的计数器

通过利用计数器的清 0、置 9 等功能，可以很方便地实现十进制以内（除二、五进制）的任一进制计数器。

【例 8-12】 用集成异步计数器 74LS290 设计一个模 7 加法计数器。

解： 根据设计要求，首先将集成异步计数器 74LS290 按 8421 码十进制加法计数器连接，并将计数器初始状态设为 0000。74LS290 构成七进制计数器的逻辑电路如图 8.45 所示。

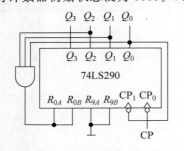

图 8.45 74LS290 构成七进制计数器

图 8.45 中，计数脉冲从 74LS290 的 CP_0 加入，Q_0 接 CP_1，并将 Q_2、Q_1、Q_0 通过一个与门反馈到置零输入端 R_{0A}、R_{0B}。在计数脉冲作用下，当计数到 0111 状态时，Q_2、Q_1、Q_0 通过与门反馈使 R_{0A}、R_{0B} 均为高电平，计数器迅速复位到 0000 状态，实现了七进制加法计数。

改变与门的输入信号，可以构成十以内不同进制的计数器。

（2）构成模大于 10 的计数器

单片 74LS290 只能构成 $M \leqslant 10$ 的计数器，要构成 $M > 10$ 的计数器，则需要多片

74LS290。用多片 74LS290 级联后,再恰当地使用置 9、清 0 等功能,便可构成模大于 10 的任意进制计数器。

【例 8-13】 用两片 74LS290 构成二十四进制加法计数器。

解:根据设计要求,首先将两片 74LS290 按 8421 码十进制加法计数器进行级联连接,并将计数器初始状态设为 0000 0000。计数器状态变化序列为 $(0)_{10} \sim (23)_{10}$,当计数器状态由 $(23)_{10}$ 变为 $(24)_{10}$ 时,应该令其进入 $(0)_{10}$。因为 $(24)_{10} = (0010\ 0100)_{8421}$,所以根据 74LS290 的功能可设计出二十四进制加法计数器的逻辑电路,如图 8.46 所示。

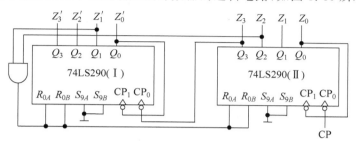

图 8.46　74LS290 构成二十四进制加法计数器

图 8.46 中,计数脉冲从个位片(Ⅱ)的 CP_0 加入,片(Ⅱ)的输出 Q_3 作为十位片(Ⅰ)的计数脉冲 CP_0。片(Ⅰ)和片(Ⅱ)的 Q_0 接 CP_1。并将片(Ⅱ)的 Q_2 和片(Ⅰ)的 Q_1 通过一个与门反馈到置零输入端 R_{0A}、R_{0B}。在计数脉冲作用下,当计数到 0010 0100 状态时,片(Ⅱ)的 Q_2 和片(Ⅰ)的 Q_1 通过与门反馈使 R_{0A}、R_{0B} 均为高电平,计数器迅速复位到 0000 状态,实现了二十四进制加法计数。

8.6.2　集成寄存器

寄存器是数字系统中用来存放数据或运算结果的一种常用逻辑部件。寄存器的主要组成部分是触发器,一个触发器能存储 1 位二进制代码,所以要存放 n 位二进制代码的寄存器应包含 n 个触发器。

1. 集成数码寄存器

中规模集成数码寄存器的种类很多,常用的 TTL 类型的有 4D 型寄存器 74LS173、74LS175 等,8D 型寄存器 74LS273、74LS373 等。下面以 74LS373 为例介绍其外部特性。

74LS373 是由 8 个 D 锁存器组成的寄存器,其逻辑符号和引脚排列图分别如图 8.47(a)、(b)所示。

74LS373 的逻辑功能如表 8.17 所示。

表 8.17　74LS373 的逻辑功能表

输　　入			输　　出
$\overline{OC}$	C	D	Q
0	1	1	1
0	1	0	0
0	0	x	保持
1	x	x	高阻

由表 8.17 可知,$\overline{OC}$ 为三态控制端(低电平有效):

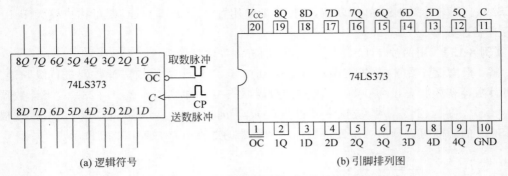

图 8.47　74LS373 的逻辑符号和引脚排列图

当 $\overline{OC}=1$ 时，8 个输出端均为高阻状态。

当 $\overline{OC}=0$ 时，输入数据 D 能传到输出端。C 为锁存控制输入端，送数脉冲 CP 从 C 端加入，CP↓锁存数据，且在 $C=0$ 期间保持数据；$C=1$ 时不锁存，输入数据直接到达输出端。$1D\sim 8D$ 为数据输入端，$1Q\sim 8Q$ 为数据输出端。

2. 集成移位寄存器

中规模集成移位寄存器除了具有接收数据、保存数据和传送数据等基本功能外，通常还具有左、右移位，串、并输入，串、并输出以及预置、清零等多种功能。常用的集成移位寄存器有 4 位移位寄存器 74LS194、74LS195，5 位移位寄存器 74LS96，8 位移位寄存器 74LS164、74LS165 等。下面以 74LS194 为例对其外部特性及应用进行讨论。

74LS194 是一种常用的 4 位双向移位寄存器，其逻辑符号和引脚排列图分别如图 8.48 (a)、(b)所示。

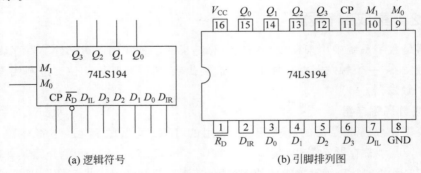

图 8.48　74LS194 的逻辑符号和引脚排列图

表 8.18 给出了 74LS194 输入/输出信号的说明。

表 8.18　74LS194 输入/输出信号的说明

引 线 名 称		说　明
输入端	$\overline{R}_D$	清零
	M_1、M_0	工作方式控制
	D_{IL}	左移数据输入
	D_{IR}	右移数据输入
	$D_3 D_2 D_1 D_0$	并行数据输入
	CP	工作脉冲
输出端	$Q_3 Q_2 Q_1 Q_0$	数据输出

74LS194 的逻辑功能表如表 8.19 所示。

表 8.19　74LS194 的逻辑功能表

$\overline{R}_D$	M_1	M_0	CP	功能
0	x	x	x	清零
1	x	x	0	保持
1	0	0	x	保持
1	0	1	↑	右移
1	1	0	↑	左移
1	1	1	↑	并行送数

由表 8.19 可知,74LS194 有如下功能:

(1) 清零。当 $\overline{R}_D=0$ 时,寄存器输出 $Q_3Q_2Q_1Q_0=0000$。

(2) 保持。当 $\overline{R}_D=1$,CP$=0$ 或 $M_1M_0=00$ 时,移位寄存器均具有保持功能。

(3) 右移。当 $\overline{R}_D=1$、$M_1M_0=01$ 时,在 CP↑ 作用下,执行右移功能,输入端 D_{IR} 输入的数码依次送入寄存器。

(4) 左移。当 $\overline{R}_D=1$、$M_1M_0=10$ 时,在 CP↑ 作用下,执行左移功能,输入端 D_{IL} 输入的数码依次送入寄存器。

(5) 并行送数。当 $\overline{R}_D=1$、$M_1M_0=11$ 时,在 CP↑ 作用下,使并行输入端($D_3\sim D_0$)的数码送入寄存器,并从输出端($Q_3\sim Q_0$)直接并行输出。

一片集成电路在实际应用中往往达不到设计要求,经常需要将若干片集成电路连接起来,实现一个较大的电路系统。

【例 8-14】　用两片 74LS194 构成 8 位双向移位寄存器。

解:用两片 74LS194 构成 8 位双向移位寄存器的电路连接如图 8.49 所示。

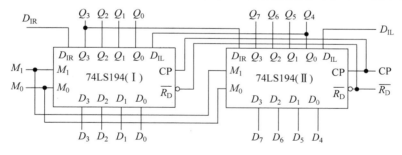

图 8.49　两片 74LS194 构成 8 位双向移位寄存器电路

图 8.49 中,将片(Ⅰ)的 Q_3 接至片(Ⅱ)的 D_{IR},而将片(Ⅱ)的 Q_0 接至片(Ⅰ)的 D_{IL},同时把两片的 M_1、M_0、CP 和 $\overline{R}_D$ 分别并联。

采用相同的方法,可以用 4 片 74LS194 构成 16 位双向移位寄存器。

习题

8.1　时序逻辑电路的特点是什么? 与组合逻辑电路有什么区别?

8.2　什么叫计数器? 同步计数器与异步计数器有什么区别?

8.3 什么叫有效状态？什么叫无效状态？有效循环和无效循环的含义是什么？什么叫有自启动特性？

8.4 在某计数器的输出端观察到如图8.50所示的波形,试确定该计数器的模。

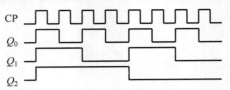

图 8.50 习题 8.4 计数器的波形图

8.5 分析如图8.51所示电路的逻辑功能,写出电路的驱动方程、状态方程和输出方程,画出电路状态转换图,说明电路是否具有自启动特性。

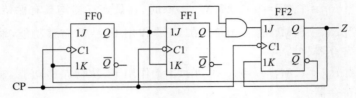

图 8.51 习题 8.5 逻辑电路图

8.6 分析如图8.52所示的电路,要求写出分析过程,画出状态转换图和时序图,并说明电路特点。

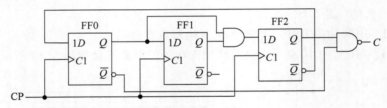

图 8.52 习题 8.6 逻辑电路图

8.7 分析如图8.53所示电路的逻辑功能,并画出在CP的作用下Q_1的输出波形(设触发器的初态全为0),说明输出Q_1与CP之间的关系。

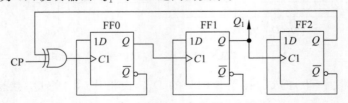

图 8.53 习题 8.7 逻辑电路图

8.8 分析如图8.54所示的电路,要求写出分析过程,画出状态转换图和时序图,并说明电路特点。

8.9 试用下降沿JK触发器设计一个按自然态序变化的七进制同步加法计数器,计数规则为逢7进1,产生一个进位输出。

8.10 试用下降沿JK触发器组成4位二进制异步减法计数器,画出逻辑电路图。

8.11 试利用74LS193构成模14加法计数器。

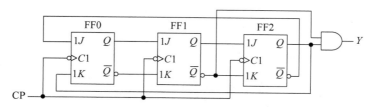

图 8.54 习题 8.8 逻辑电路图

8.12 试分析图 8.55 所示的电路,说明它是多少进制的计数器。

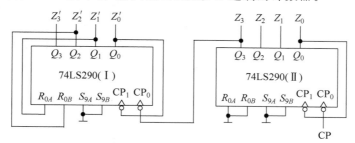

图 8.55 习题 8.12 逻辑电路图

8.13 试画出用 4 片 74LS194 组成 16 位双向移位寄存器的逻辑图。

第9章

存储逻辑电路

知识导学

习题答案

存储逻辑电路是时序逻辑电路和组合逻辑电路相结合的产物,也是构成可编程逻辑器件的技术基础。能够存储 $m \times n$ 位二进制数的逻辑电路,称为存储器。其中, m 表示字的个数, n 表示位数,也就是一个字的长度。

半导体存储器是现代数字系统,特别是计算机中的重要组成部分,用来存放系统的运行程序和数据。

本章首先介绍存储器基础知识,然后重点讲述通用半导体存储器,如静态随机存取存储器(Static Random Access Memory,SRAM),动态随机存取存储器(Dynamic Random Access Memory,DRAM),只读存储器(Read Only Memory,ROM)等的存储原理和结构,同时,对存储器容量的扩展进行简单介绍。

9.1 存储器概述

寄存器和存储器都是计算机中的重要存储部件。寄存器用于存储一个当需要时就可立即读出的数据。而存储器与之不同,存储器用于存储程序执行过程中的代码和数据。那些用于实现不同存储类型的存储技术所需要的硬件资源要比锁存器或触发器少得多。不过,存储器需要花费更多的时间来实现数据的存储(写)和检索(读)。

存储器可以被比喻为一个由许多房间组成的大旅馆。每个房间有一个号码(地址码),每个房间内有一定内容(一组二进制数码,又称为一个"字")。

位(bit)是构成存储器的最小单位;字节(Byte)是数据存储的基本单位;1 字节=8 位。单元地址是内存单元的唯一标志。存储器具有两种基本的访问操作:读和写。

9.1.1 存储器分类

由于存储元件的存储介质、性能及使用方法不同,存储器有三种分类方法。

1. 按存储介质分类

目前使用的存储介质主要有半导体器件、磁性材料和光介质存储器件。

(1) 半导体存储器

采用半导体器件构成的存储器称为半导体存储器,常用作高速缓存、主存储器等。

采用半导体器件制造的存储器,主要有 MOS 型存储器和双极型[TTL 电路或发射极耦合逻辑(Emitter Coupled Logic,ECL)电路]存储器两类。MOS 型存储器具有集成度高、功耗低、价格便宜、存取速度较慢等特点;双极型存储器具有存取速度快、集成度较低、功耗较大、成本较高等特点。半导体随机存取存储器(Random Access Memory,RAM)存储的信息会因为断电而丢失。

（2）磁表面存储器

采用磁性材料做成的存储器称为磁表面存储器,即在金属或塑料基体上涂覆一层磁性材料,用磁层存储信息,常见的有磁盘、磁带等。由于它的容量大、价格低、存取速度慢,故多用作辅助存储器。

（3）光存储器

采用激光技术控制访问的存储器,一般分为只读式、一次写入式、可改写式等,它们的存储容量都很大,便于携带,廉价,易于保存,如光盘存储器,是目前使用非常广泛的辅助存储器。

2. 按存取方式分类

（1）RAM

所谓随机存取是指对任何一个存储单元的写入和读出时间是一样的,即存取时间相同,与其所处的物理位置无关。RAM 的特点是既能读出又能写入,读/写方便,使用灵活,主要用作主存,也可用作高速缓冲存储器。

（2）ROM

ROM 可以看作 RAM 的一种特殊形式,其特点是:存储器的内容只能随机读出而不能写入。这类存储器常用来存放那些不能改变的信息。由于信息一旦写入存储器就固化了,即使断电,写入的内容也不会丢失。ROM 除了存放某些系统程序[如基本输入输出系统(Basic Input Output System,BIOS)程序]外,还用来存放专用的子程序,或用作函数发生器、字符发生器及微程序控制器中的控制存储器。ROM 有时也被称作非易失性随机读写存储器(Non Volatile RAM,NVRAM)。

（3）顺序存取存储器(Sequential Access Memory,SAM)

SAM 的存取方式与前两种存储器完全不同。SAM 的内容只能按某种顺序存取,存取时间的长短与信息在存储体上的物理位置有关,所以 SAM 只能用平均存取时间作为衡量存取速度的指标。磁带机就是这样一类存储器。

还有一种是相联存储器,是按内容进行存储器访问。

3. 按信息的可保存性分类

断电后信息立即消失的存储器称为非永久记忆的存储器,又称易失性存储器(Volatile Memories),如半导体 RAM。

断电后仍能保存信息的存储器称为永久性记忆的存储器,又称非易失性存储器(Non-Volatile Memories),如半导体 ROM、磁盘存储器、光盘存储器和闪存。

9.1.2　存储器性能指标

1. 存储容量

存储容量指存储器可容纳的二进制信息量,描述存储容量的单位是字(Word)、字节(Byte,简写为 B)或位(bit)。

位是二进制数的最基本单位,也是存储器存储信息的最小单位。一个二进制数由若干位组成,当这个二进制数作为一个整体存入或取出时,这个数称为存储字。

存放存储字或存储字节的存储空间称为存储单元,大量存储单元的集合构成一个存储体,为了区别存储体中的各个存储单元,必须将它们逐一编号。存储单元的编号称为地址,地址和存储单元之间有一对一的对应关系,就像一座大楼的每个房间都有房间号一样。

一个存储单元可能存放一个字,也可能存放 1 字节,这是由计算机的结构确定的。对于字节编址的计算机,最小寻址单位是 1 字节,相邻的存储单元地址指向相邻的存储字节。表 9.1 展示了一系列存储单元。对于字编址的计算机,最小寻址单位是一个字,相邻的存储单元地址指向相邻的存储字。所以,存储单元是 CPU 对主存可访问操作的最小存储单位。

表 9.1　存储容量的单位示例

单位	读　　法	实　际　大　小	近　似　大　小
1KB	One kilobyte,1 千字节	$2^{10} = 1024B$	$10^3 B$
1MB	One kilobyte,1 兆字节	$2^{20} = 1\,048\,576B$	$10^6 B$
1GB	One kilobyte,1 吉字节	$2^{30} = 1\,073\,741\,824B$	$10^9 B$
1TM	One kilobyte,1 太字节	$2^{40} = 1\,099\,511\,627\,776B$	$10^{12} B$

存储器芯片的存储容量=存储单元个数×每存储单元的位数(常省略"位"字)。

对于字节编址的计算机,以字节数来表示存储容量;对于字编址的计算机,以字数与其字长的乘积来表示存储容量。例如,某计算机的主存容量为 64K×16,表示它有 64K 个存储单元,每个存储单元的字长为 16 位,若改用字节数表示,则可记为 128K 字节(即 128KB)。

存储器的存储容量以字节为单位时,图 9.1 阐明了 1KB(1024B)存储器的 2 种不同逻辑结构。在图 9.1(a)中,1KB 存储器中有 1024 个存储单元,每个存储单元中可存储 1B(8 位)数据,一个 1024×8 的存储器需要 10 位地址($2^{10} = 1024$)来区分每一个 1B 存储单元。在图 9.1(b) 中,1KB 的存储单元含有 512 个存储单元,每个存储单元可存储 2B(16 位)数据,一个 512×16 的存储器需要 9 位地址($2^9 = 512$)来区分每一个大小为 2B 的存储单元。

地址		数据
十进制	二进制(10位)	8位内容
0	00 0000 0000	0001 0001
1	00 0000 0001	1000 0011
2	00 0000 0010	1100 1100
…	…	…
1023	11 1111 1111	1001 1001

地址		数据
十进制	二进制(9位)	16位内容
0	0 0000 0000	0001 0001 0001 0001
1	0 0000 0001	1000 0011 1100 1100
2	0 0000 0010	1100 1100 1000 0011
…	…	…
511	1 1111 1111	1000 0011 1001 1001

(a) 1K×8存储器　　　　　　　　(b) 512×16存储器

图 9.1　两种包含任意内容的 1KB 存储器逻辑结构示意图

2. 存取速度

存储器的存取速度通常由存取时间(Memory Access Time,简写为 t_A)、存储周期(Memory Cycle Time,简写为 T_C)和存储器带宽(Memory Bandwidth,简写为 B_m)等参数来描述。

(1) t_A

t_A 又称为访问时间或读写时间,它是指从启动一次存储器操作到完成该操作所经历的时间。例如,读出时间是指从 CPU 向主存发出有效地址和读命令开始,直到将被选单元的内容读出为止所用的时间;写入时间是指从 CPU 向主存发出有效地址和写命令开始,直到信息写入被选中单元为止所用的时间。显然,t_A 越小,存取速度越快,其性能愈好。通常 t_A 用纳秒(ns＝10^{-9}s)为单位。

(2) T_C

T_C 又称读写周期、访存周期,是指存储器进行一次完整的读写操作所需的全部时间,即连续两次访问存储器操作之间所需要的最小时间间隔。

通常 T_C 大于 t_A,即 $T_C \geqslant t_A$。

(3) B_m

与 T_C 密切相关的指标是 B_m,又称为数据传输率,表示单位时间里存储器所能存取的最大信息量,计量单位为字节每秒(Bps)或位每秒(bps)。它是衡量数据传输速率的重要技术指标。$B_m = \dfrac{n}{T_C}$,其中,n 指每次读出/写入的字节数,T_C 为存取周期。

3. 可靠性

可靠性是指在规定的时间内,存储器无故障读写的概率。通常,用平均故障间隔时间(Mean Time Between Failures,MTBF)来衡量可靠性。MTBF 越大,说明存储器的可靠性越高。

4. 功耗

功耗是一个不可忽视的问题,它反映了存储器耗电的多少,同时也反映了存储器发热的程度。通常希望功耗小,这对存储器的工作稳定性有好处。大多数半导体存储器的工作功耗与维持功耗是不同的,后者大大地小于前者。

9.2　半导体 RAM

半导体存储器是现代数字系统特别是计算机中的重要组成部分,用来存放系统的运行程序和数据。它可分为 ROM 和 RAM,大多采用 MOS 工艺制成大规模集成电路。

RAM 是一种时序逻辑电路。它包含有 SRAM 和 DRAM 两种类型,前者用锁存器记忆数据,后者靠 MOS 管栅极电容存储数据。因此,在不停电的情况下 SRAM 的数据可以长久保持,而 DRAM 的数据则必须定期刷新。

无论是 SRAM 还是 DRAM,目前都有在时钟脉冲作用下工作的同步 SRAM(Synchronous SRAM,SSRAM)和同步 DRAM(Synchronous DRAM,SRAM),而且同步 SSRAM 已成为主流存储器。在此基础上发展起来的双倍数据速率(Double Data Rate,DDR)、DDRII 和四倍数据速率(Quad Data Rate,QDR)等 SDRAM 也已越来越多地应用于计算机内存、显存和通信设备中。

存储基元即存储元件,简称存储元,是存储单元的分支,能寄存一位二进制代码"1"或"0",当一个逻辑 1 状态的 RAM 存储元存储了一个静态电荷时,就称该存储器是静态的,只要存储器不断电,这个电荷将一直保留。当一个逻辑 1 状态的 RAM 存储单元存储了一个动态电荷时,称该存储器为动态的,这个电荷在存储器不被刷新的情况下只会保留非常短的时间,典型的刷新频率是几毫秒一次。

9.2.1 SRAM

图 9.2 和图 9.4 显示了 SRAM 和 DRAM 的存储元电路图。SRAM 的存储元电路显示它需要两个晶体三极管和两个交叉耦合的非门,而 DRAM 只需要一个晶体三极管和一个小电容,电容用于存储电荷,有电荷代表 1,否则代表 0。

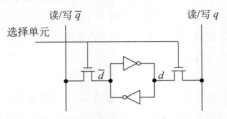

图 9.2　SRAM 存储元电路

由此可见 DRAM 需要的硬件资源比 SRAM 要少得多。图 9.3 为 MOS 晶体管,其三个管脚被标记为 a、b、e。输入管脚 e 为使能信号。当 e 输入为 1 时,只要 a,b 连接线路,无论从 a 到 b 还是从 b 到 a,晶体管中的电子通路都是导通的,而当 e 输入为 0 时,a,b 间的电路是隔离的(高阻抗)、a,b 之间的电流小到相当于两者电路未连接。

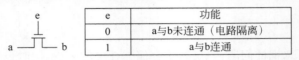

e	功能
0	a与b未连通(电路隔离)
1	a与b连通

图 9.3　MOS 晶体管

如图 9.2 所示,对于 SRAM,当存储元被选中时,两个晶体管将导通 d 到 q 和 $\bar{d}$ 到 $\bar{q}$,存储元根据 q 和 $\bar{q}$ 的信号将其内容读出或写入。但是当存储元未被选中时,两个晶体管将保持交叉耦合的两个非门与 q 信号线和 $\bar{q}$ 信号线为隔离状态,在这段时间中,只要存储元不断电,存储元将一直保持其中存储的数据 d。

虽然一个真实的存储元并不是通过逻辑门来构成,但可以通过逻辑门来模拟 SRAM 存储元的方式进而阐述存储器的设计和存储元的操作。

实际的 SRAM 是利用半导体触发器的两个稳定状态表示"1"和"0"。最简单的 TTL 电路组成的 SRAM 是由两个双发射极晶体管和两个电阻构成的触发器电路,而 MOS 管组成的单极型 SRAM 是由 6 个 MOS 管组成的双稳态触发电路。SRAM 的特点是只要保持供电电源,写入 SRAM 的信息将不会消失,同时在读出时不破坏原存储信息,一经写入可多次读出。SRAM 的 MOS 管过多,存储密度低,单位体积的容量较小,成本较高,功耗较大,但 SRAM 存取速度较快。但 MOS 管过多时,存储密度低,功耗太大,单位容量成本高。

9.2.2 DRAM

DRAM 的存储元的读写操作与 SRAM 不同,在图 9.4 中,当存储元被选中并进行写操作时,电容器将被充电达到代表逻辑 1 的电压值,否则晶体管保持电容器的孤立并使之不与 q 信号线直接相接。然而,当电容器充电至逻辑 1 的电压时,电容器中的电荷只能维持非常短的时间,一般为几毫秒。因此,电容器中的电荷必须周期性地在一个刷新周期内被刷新。否则,由于漏电阻的存在,电容器中的电荷将泄漏从而导致存储元中的内容丢失。

DRAM 必须要在其存储元丢失其信息内容之前进行刷新。存储元必须在刷新周期内被刷新从而留出足够时间供 DRAM 在两个刷新操作之间进行读写操作。

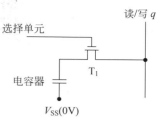

图 9.4　DRAM 存储元电路

DRAM 是利用 MOS 管的栅极对其衬底间的分布电容来保存信息,以储存电荷的多少(即电容端电压的高低)来表示"1"和"0"。DRAM 的每个存储元只需一个电容和一个 MOS 管组成,因此 DRAM 的集成度较高、功耗也低。但是采用 DRAM 的计算机需要配置存储器刷新电路。另外,DRAM 的访问速度比 SRAM 慢。一般微机系统中的内存条都采用 DRAM。

DRAM 通常有集中式刷新和分布式刷新两种刷新方式。

集中式刷新是指在一个刷新周期内,利用一段固定的时间依次对存储器的所有行逐一再生。该方式的缺点是在刷新期间 CPU 不能访问存储器,因此会影响计算机系统的正常工作。

分布式刷新是指在规定的时间内分散地将 DRAM 所有的行都刷新一遍。具体做法是将刷新周期除以行数,得到两次刷新操作之间的时间间隔 t。再利用逻辑电路每隔时间 t 产生一次刷新请求,这些逻辑电路一般制作在 DRAM 芯片中。例如,在微机中每隔 $15.6\mu s$ 刷新定时器发出一次刷新请求,其 DRAM 的基本存储元阵列内部由 128 行组成,则全部刷新一遍的时间为 2ms(128 个刷新周期)。

目前经常使用的 DRAM 的类型有 SDRAM 和 DDR SDRAM。其中,SDRAM 与处理器之间的数据传送是同步的,它的读写周期(几纳秒),采用 64 位数据读写方式。DDR SDRAM 允许在时钟脉冲的上升沿和下降沿都传送数据,数据传输率更高,达数千兆位/秒(Gbps)不等。

9.3　半导体 RAM 的结构

DRAM 芯片与 SRAM 芯片的结构大致相同。但由于 DRAM 芯片集成度高,而且要进行刷新操作,因此它的外围电路相对要复杂一些。在此以 SRAM 为重点,介绍 RAM 的结构。

9.3.1　逻辑结构

RAM 的逻辑结构图和逻辑符号见图 9.5(a)、(b)。从图中可看出,其主体是存储矩阵,另有地址译码器和读写控制电路两大部分。读写控制电路中还有片选控制和输入输出缓冲器等,以便组成双向输入/输出(Input/Output,I/O)数据线(Data,简写 D)。

存储矩阵是由许多排成阵列形式的存储元电路组成,每个存储元能存储一位二进制数据,所以,存储元的总数目决定了存储器的容量。通常将存储矩阵排列成若干行和若干列。例如,一个存储矩阵有 64 行、64 列,那么存储矩阵的存储容量为 $64 \times 64 = 4096$ 位。有时存储容量也用字节单位,也可用字数来表示。

地址译码器的作用是对外部输入的地址码进行译码,以便唯一地选择存储矩阵中的一个存储单元(由一组有序排列的存储元组成),它对应一个字。读写控制电路只能对被选中的存储元进行读出或写入操作，不能对一个存储元进行读写操作。注意，存储单元是由存储元组成的，两者在概念上是不同的。

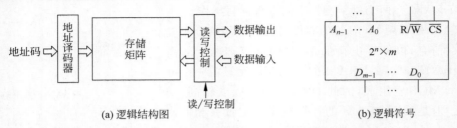

(a) 逻辑结构图　　　　　　　　　　　　　　(b) 逻辑符号

图 9.5　RAM 的逻辑结构图和逻辑符号

片选控制的作用是保证只有该存储芯片被选中时，才可对被选中的存储单元进行读出或写入操作。输入输出缓冲器采用三态输出电路，一方面便于组成双向数据通路，另一方面可以将几片存储器的输出并联，以扩充存储器容量。

总之，一个 RAM 有三组信号线：

① 地址线（$A_i \sim A_0$）它们是单向的，用于传送地址码（二进制数），以便按地址码访问存储单元。

② 数据线（$D_i \sim D_0$）它们是双向的，用于将数据码（二进制数）送入存储矩阵或从存储矩阵读出。

③ 控制线包括读/写命令线（$R/\overline{W}$）以及片选控制线（$\overline{CS}$），它们都是单向的，$R/\overline{W}$ 用于分时发送这两个命令，要保证读时不写，写时不读。片选信号 $\overline{CS}$ 是控制芯片选中与否的信号。

9.3.2　地址译码方法

存储器按存储矩阵组织方式不同，可分为单译码结构和双译码结构。

1. 单译码结构

单译码形式的存储矩阵结构如图 9.6 所示。假设地址位宽为 n 位，对于一维行扩展，只需要一个 n 路输入译码器即可，这种结构称为单译码结构。地址译码器的输入端是由地址线送来的 n 位地址码 $A_{n-1} \sim A_0$，其译码输出信号为 2^n 根，对应 2^n 个存储单元（字），一个确定的地址码便可对应选择一个存储单元。

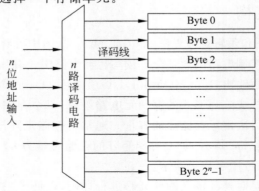

图 9.6　单译码结构（n 位地址，输出 2^n 根译码线，寻址 2^n 个存储元）

假设 $n=16$，则译码输出信号有 $2^{16}=65536$，随着 n 变大，译码器电路的开销不容忽视，另外译码输出信号过多也会占用较多的空间，其生产制造也会存在困难。

单译码结构的缺点造成其存储容量不可能做得很大，故适用于容量很小的芯片，如容量在几百个存储单元以内的芯片。因此，只有在小容量存储器中才使用这种译码方式。

2. 双译码结构

双译码形式的存储矩阵结构如图 9.7 所示。

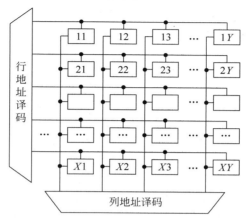

图 9.7 双译码结构

图 9.7 中所示为一个具有 2^n 个存储元的位结构形式的存储器，它有行和列两个地址译码器。每个存储元有两条选择线：x 方向的行选线和 y 方向的列选线。要组成一个完整的数据字，需要 z 方向扩展位数，变成三维存储矩阵结构。同上，仍假设 $n=16$，对于二维行列扩展，需在行列两个方向各设置一个 $\dfrac{n}{2}=8$ 位地址译码器（行、列地址数目也可以不一样）。同一行中各存储元的行选线连在一起，并接到行地址译码器的一个输出端；同一列中各存储元的列选线连在一起，并接到列地址译码器的一个输出端。因此被选中的存储元一定是行选线和列选线有效时交叉点的那个存储元，并对此存储元进行读出或写入数据。

其存储元数为 $2^{\frac{n}{2}} \times 2^{\frac{n}{2}} = 2^n$，和单译码结构一样，其译码输出信号为 $2 \times 2^{\frac{n}{2}} = 512$ 根，但输出信号少很多，译码电路成本也会大大降低，因此在大容量存储器中普遍采用双译码结构。

通过二维存储扩展，很容易构建大容量的存储器，但这样的存储器给出地址后，同一时刻只有一个存储元被选中，即一次只能访问一位数据。而实际存储器均是以字节为基本单位的，要组成一个完整的数据字，需要 z 方向扩展位数，变成三维存储矩阵结构。此时，只需要将多个存储体的地址线并联在一起工作，即可同时得到多位的数据。例如，要组成 $2^n \times 8$ 位的存储器，只需要将 8 个存储元的地址线并联在一起工作即可。

9.3.3 存储芯片举例

1. SRAM2114 外特性

Intel 2114 是 Intel 公司推出的一款存储容量为 $1K \times 4$ 位的 SRAM 芯片。图 9.8(a) 展示了该芯片的封装引脚示意图，该芯片包括 1024 个字，字长 4 位；除电源和接地引脚外，该芯片还包括地址输入引脚 $A_9 \sim A_0$，共计 10 个，数据双向输入输出引脚 $I/O_1 \sim I/O_4$，共计 4 个，另外还包括片选信号 $\overline{CS}$(Chip Select)和读写控制信号 $\overline{WE}$(Write Enable)两个引脚。

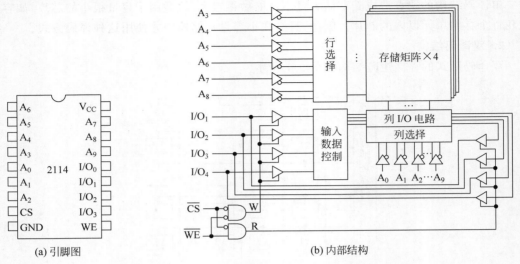

图 9.8　Intel 2114 SRAM 引脚图及内部结构

图 9.8(b)为芯片内部结构图，从图中可知 $A_3 \sim A_8$ 用于行译码，这里通过缓冲器送入行选择电路，译码驱动产生 64 条行选通信号；$A_0 \sim A_2$ 及 A_9 用于列译码，同样通过缓冲器送入列选择电路产生 16 条列选通信号，当给出一个地址后会选中每个存储矩阵中的一位，共 4 位信息。$I/O_1 \sim I/O_4$(也有写作 $D_1 \sim D_4$)用于连接双向数据总线。这里利用三态门进行数据总线传输方向的控制。由片选信号 $\overline{CS}$ 和读写控制信号 $\overline{WE}$ 控制左右两组三态门的写入或读出。写入时，$\overline{CS}$ 和 $\overline{WE}$ 均有效（低电平），输出信号 W 为高电平，打开左侧的一组三态门，数据总线上的数据经输入数据控制逻辑写入存储器。读出时，$\overline{WE}$ 无效（高电平），输出信号 R 为高电平，右边的一组三态门被打开，数据从存储器读出并由列 I/O 电路送入数据总线。由于读和写是分时的，信号 W 和 R 互斥，因此数据总线上的数据不会出现混乱。

2. SRAM2114 读写时序

存储器具有自己的读写周期特性，只有按照存储器的读写周期去访问存储器才能保证读写操作的正确性。图 9.9 和图 9.10 所示分别为 SRAM2114 芯片的读、写周期时序示意图。图中右侧文字对存储器读写周期中的每一个时间参数进行了简要说明。

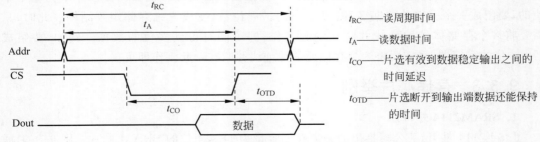

图 9.9　SRAM2114 的读周期的时序及时间参数

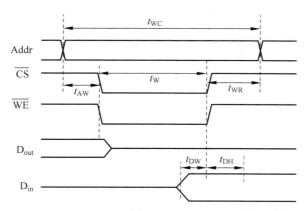

图 9.10 SRAM2114 的写周期的时序及时间参数

对于写周期需要特别强调,地址有效后必须还要再等 t_{AW} 的时间后,写信号 $\overline{WE}$ 才能有效,否则可能导致写出错。另外,写信号无效后,还要经过 t_{WR} 的时间才能改变地址,否则也容易导致写出错。写数据必须在片选信号 $\overline{CS}$ 和写信号 $\overline{WE}$ 无效前 t_{DH} 的时间就送入数据总线上。

9.4 存储器容量的扩展

视频讲解

在实际应用中,如果单片存储器不能满足容量要求时,可以通过字扩展或/和位扩展,来构成所需要的存储器系统。例如,计算机主存系统一般是由多个半导体存储芯片经扩展后组成。

9.4.1 位扩展

RAM 芯片的字长,通常有 1 位、4 位、8 位、16 位和 32 位等不同位数。

位扩展又称为字长扩展,存储器的字数不变,当存储芯片的数据总线位宽小于目标存储器的数据总线位宽时,每个字的位数需要增加。将所有存储芯片的地址线、读写控制线并联。即将 RAM 的地址线、读/写控制线和片选信号对应地并接在一起,而将各芯片的数据线作为字的各个位线。

【**例 9-1**】 将 1K×4RAM 扩展为 1K×8RAM。

解:确定需用的 1K×4RAM 芯片数:

$$N = \frac{总存储容量}{-片存储容量} = \frac{1K \times 8}{1K \times 4} = 2 \text{ 片}$$

连线如图 9.11 所示。

例 9-1 中,RAM 芯片的地址线数目为 10,则该 RAM 芯片就有 2^{10}=1K 个字,位扩展时地址线不用再增加。把两片 RAM 芯片 $A_0 \sim A_9$ 位号相同的地址线连在一起共用,$\overline{CS}$ 连在一起,R/$\overline{W}$ 连在一起共用,每个 RAM 芯片的 $D_0 \sim D_3$ 并行输出,合并为 8 位,即实现了位扩展。

9.4.2 字扩展

字扩展也称为容量扩展或地址总线扩展,当存储芯片的存储容量不能满足存储器对存

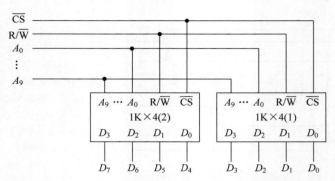

图 9.11　1K×4RAM 扩展到 1K×8RAM 的连线图

储容量的要求时，即 RAM 的数据位数满足要求而字数达不到要求时，可采用字扩展方式来扩展存储器，此时字数增加，地址线就要相应增加。

进行字扩展时，将所有芯片的地址线各自对应并接在一起，作为低位地址码的输入端，目标存储器剩余的高位地址码，通常经外加的译码器译码后，分别控制各个芯片的片选控制端，所有芯片的读写控制线和数据线也都分别并接在一起。

【例 9-2】　把 1K×4RAM 扩展成 4K×4RAM。

解：（1）确定需用的 1K×4RAM 芯片数：

$$N = \frac{总存储容量}{一片存储容量} = \frac{4K \times 4}{1K \times 4} = 4 \text{ 片}$$

（2）地址信号线分析：

4 片 1K×4RAM 芯片本身需要 10 条地址线，扩展两位高位地址线 A_{10}、A_{11}，控制 4 片的片选端，各芯片的读写控制端接在一起。

（3）连线如图 9.12 所示。

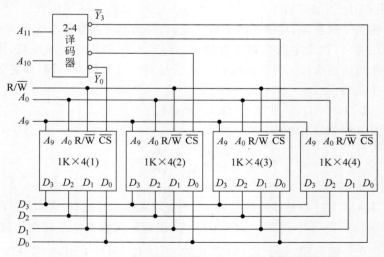

图 9.12　1K×4RAM 扩展为 4K×4RAM 的连线图

把 4 片 RAM 芯片低位地址线（$A_9 \sim A_0$）位号相同的连在一起共用，实现芯片内地址单元的寻址；两位高位地址线 A_{10}、A_{11} 送入 2-4 译码器的输入端，将 2-4 译码器的 4 个输出端分别连接到 4 个 RAM 芯片的片选端 $\overline{\text{CS}}$。每片的 $\text{R}/\overline{\text{W}}$ 连在一起共用，每片的 $D_0 \sim D_3$ 并联输出到数据总线,即实现了字扩展。

当该存储器与 CPU 连接时,CPU 给出一个存储地址,经过译码器译码后输出,同一时刻只有一个片选信号有效,也就是只有一个 RAM 芯片工作,提供 4 位数据送入 CPU 数据总线。和位扩展中各存储芯片并发工作不同,这里各存储芯片是串行工作的,具体哪一个存储芯片工作取决于访问地址的高 2 位地址,所以 4 个存储芯片对应的地址范围是不一样的。如(1)号芯片的片选信号连接 2-4 译码器的 Y_0,其地址范围是 0000 0000 0000~0011 1111 1111,转换为十六进制为 000H~3FFH;而(4)号芯片的地址范围则为 1100 0000 0000~1111 1111 1111,转换为十六进制为 C00H~FFFH。

9.4.3　字位同时扩展

当存储芯片的数据位宽和存储容量均不能满足目标存储器的数据位宽和存储总容量要求时,可以采用字位同时扩展方式来组织存储器。首先通过位扩展满足数据位宽的要求,再通过字扩展满足存储总容量的要求。即先进行位扩展再进行字扩展。

【例 9-3】　将 64×2 RAM 扩展为 128×4 RAM。

解:(1)确定需用的 64×2 RAM 芯片数:

$$N = \frac{总存储容量}{一片存储容量} = \frac{128 \times 4}{64 \times 2} = 4 \ 片$$

(2)位扩展:

64×4RAM 需用 2 片 64×2RAM 构成,即每组由两片构成。

(3)字扩展:

将完成位扩展的两组芯片,进行字扩展。字数扩展了 2 倍,目标存储器增加了一位地址线,连接到一个非门可以产生 2 个相应的低电平,分别去连接 2 组 64×4RAM 的片选端 $\overline{CS}$。

(4)连线如图 9.13 所示。

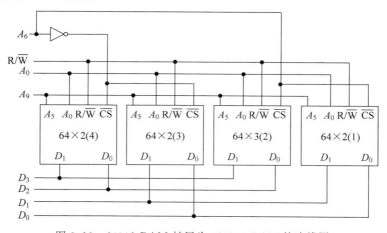

图 9.13　64×2 RAM 扩展为 128×4 RAM 的连线图

9.5　半导体 ROM

ROM 中的信息只能读出,不能随意写入,它的最大优点是具有非易失性,即使电源断电,ROM 中存储的信息也不会丢失。当通过一定方式将信息写入之后,信息就固定在其中。ROM 主要用来存放一些不需要修改的程序,如微程序、子程序、某些系统软件和用户软件等。

9.5.1 ROM 的分类

按照制造工艺的不同,可将 ROM 分为掩膜式只读存储器(Mask ROM,MROM)、可编程只读存储器(Programmable ROM,PROM)、可擦除可编程只读存储器(Erasable Programmable ROM,EPROM)、电可擦除可编程只读存储器(Electrically Erasable Programmable ROM,EEPROM),以及闪存,共 5 种。ROM 属于组合逻辑电路。EEPROM 和闪存可以进行电擦写,已兼有了 RAM 的特性。

1. MROM

MROM 由芯片制造商在制造时写入内容,之后只能读而不能再写入。其基本存储原理是以元件的"有/无"来表示该存储元的信息("1"或"0"),可以用二极管或晶体管作为元件,显而易见,其存储内容是不会改变的。

MROM 的优点是可靠性高,集成度高,形成批量制造之后价格便宜;缺点是用户对制造商的依赖性过大,灵活性差。

2. PROM

PROM 允许用户利用专门的设备(编程器)写入自己的程序,一旦写入,其内容将无法改变。PROM 可由用户根据自己的需要来确定芯片中的内容,常见的熔丝式 PROM 是以熔丝的接通和断开来表示所存的信息为"1"或"0"。刚出厂的产品,其熔丝是全部接通的,使用前,用户根据需要断开某些存储元的熔丝(写入)。显而易见,断开后的熔丝是不能再接通了,因此,它是一次性写入的存储器。掉电后不会影响其所存储的内容。

3. EPROM

EPROM 不仅可以由用户利用编程器写入信息,而且可以对其内容进行多次改写。EPROM 出厂时,存储内容为全"1",用户可以根据需要将其中某些存储元的内容改为"0"。当需要更新存储内容时,可以将原存储内容擦除(恢复为全"1"),以便再写入新的内容。

EPROM 采用紫外线擦除,需用紫外灯制作的擦抹器照射芯片上的透明窗口,使芯片中原存储内容被擦除。由于是用紫外灯进行擦除,所以只能对整个芯片擦除,而不能对芯片中个别需要改写的存储单元单独擦除。另外,为了防止存储的信息受日光中紫外线的作用而缓慢丢失,在 EPROM 芯片的写入完成后,必须用不透明的黑纸将芯片上的透明窗口封住。

EPROM 比 PROM 和 MROM 使用方便、灵活、经济。

4. EEPROM

EEPROM 又称 E^2PROM,它在写入方式上与 EPROM 相同;但擦除时不需要用紫外线照射,而是采用电气方法来进行擦除的,在联机条件下既可以精准地擦除某一存储元(字擦除方式),也可以用数据块擦除方式擦除,可擦除数据块内所有单元的内容。相对而言,E^2PROM 将不易丢失数据和修改灵活的优点有机地结合在一起。

5. 闪存

闪存是一种快速擦写、非易失性存储器,可以在线进行擦除和重写。其逻辑结构与 E^2PROM 相似,二者最主要的区别在于存储单元的结构和工艺。闪存的工作方式有读工作方式、编程工作方式、擦除工作方式和功耗下降工作方式。它采用写命令到命令寄存器的方法来管理编程和擦除。

闪存芯片主要应用于微机主板上的 BIOS 和移动存储器中。早期主板 BIOS 芯片多采用 PROM 或 EPROM,目前,大多数微型计算机的主板采用闪存来存储 BIOS 程序。闪存除了具有 ROM 的一般特性外,还有低电压改写的特点,便于用户自动升级 BIOS。常见的U 盘、固态硬盘(Solid State Disk,SSD)均采用这种闪存芯片。

9.5.2　ROM 的结构及容量扩展举例

ROM 主要由地址译码器、存储矩阵和输出电路三部分组成,如图 9.14 所示。

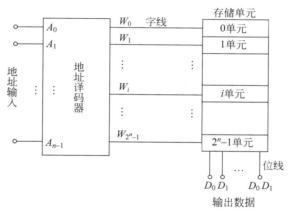

图 9.14　ROM 的结构

现有型号的 EPROM,输出多为 8 位。图 9.15 是将两片 EPROM 2764(8K×8ROM)位扩展为 8K×16EPROM 的连线图。

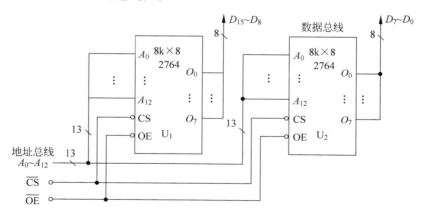

图 9.15　EPROM 位扩展举例

图 9.16 是将 8K×8EPROM(EPROM2764)字扩展为 64K×8EPROM 的连线图。

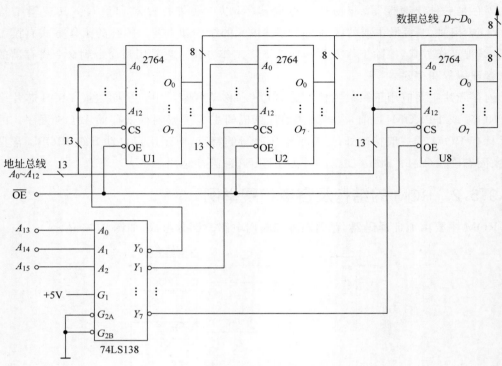

图 9.16   EPROM 字扩展举例

习题

9.1   说出 SRAM 和 DRAM 在本质上的不同。

9.2   某存储器数据总线宽度为 64 位，存储周期为 200ns 。试问该存储器的带宽是多少？

9.3   利用 1M×4 位 SRAM 芯片设计 1M×16 位 SRAM 存储器。

9.4   利用 256K×8 位 ROM 芯片设计 256K×32 位的 ROM 存储器。

9.5   设有一个具有 20 位地址和 64 位字长的存储器，问：(1)该存储器能存储多少个字节的信息？(2)如果存储器采用 256K×8 位 SRAM 芯片构成，需要多少芯片？(3)需要多少位地址做芯片选择？说明其理由。

9.6   利用 1M×8 位 ROM 芯片设计 4M×8 位 ROM 存储器。

9.7   利用 1M×8 位 SRAM 芯片设计 4M×16 位 SRAM 存储器。

9.8   结合教材通过查阅资料，了解 MROM、EPROM、E^2PROM 存储元的存储机理。

9.9   探究闪存在理论和技术上的创新和特点及未来发展趋势。

附录A

数字逻辑电路的仿真工具Logisim

A.1 入门指南

Logisim 是一款用于设计和仿真数字逻辑电路的教学仿真工具,其界面简单、电路仿真直观,通过简单的鼠标拖曳连线即可完成数字电路设计,其子电路封装功能可以方便用户构建更大规模的数字电路。

Logisim 提供了设计和仿真数字电路的功能,作为一个教学工具,可以帮助学习者了解数字电路的工作原理。Logisim 简单易学,功能强大,目前已广泛应用于数字逻辑、计算机组成原理、计算机体系结构等课程的实践教学中。

本章内容基于 Logisim 2.7.0 版本。

为了练习使用 Logisim,本节先构建一个"异或"电路。该电路拥有两个输入(x 和 y),若两个输入相同,则输出 0;若两个输入不同,则输出 1,其真值表如表 A.1 所示。

表 A.1 "异或"的真值表

x	y	x **XOR** y	x	y	x **XOR** y
0	0	0	1	0	1
0	1	1	1	1	0

通常可以在纸上设计如图 A.1 所示的电路。

但是,纸上的电路并不一定就是正确的电路。为了验证该设计,在 Logisim 中绘制该电路并进行仿真测试。

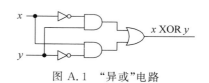

图 A.1 "异或"电路

A.1.1 步骤 1:启动 Logisim

当用户开始运行 Logisim 时,会看到 Logisim 数字电路设计界面如图 A.2 所示,部分细节因运行的操作系统不同可能会略有差异。

Logisim 主界面分为 3 部分,分别是管理窗(Explorer Pane)、属性表(Attribute Table)和画布区域(Canvas),另外还包括菜单栏(Menu Bar)和工具栏(Toolbar),如图 A.3 所示。

画布区域是用户绘制电路的窗口。管理窗提供所有 Logisim 基本组件,用户可以将其中的组件拖曳到画布区域。属性表为当前组件的基本属性,用户可以根据需要定制组件属性。工具栏中包含完成电路所需要的一些常用工具,如图 A.4 所示,其中"戳工具"是 Logisim 非常重要的工具,一般用于用户动态修改仿真过程中组件的值,"选择编辑"用于选

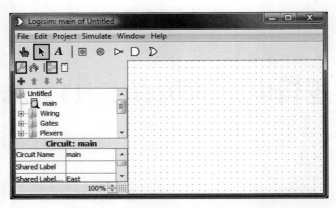

图 A.2　Logisim 数字电路设计界面

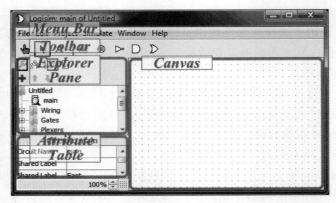

图 A.3　Logisim 主界面

中组件进行编辑，"文本标签"可以为电路增加注释文字，"文本标签"右侧用分隔线分隔的引脚是一些数字电路的基本组件，包括"输入引脚""输出引脚""非门""与门""或门"等，用户可以根据需要定制这部分工具栏，也可以定制工具栏中组件的默认属性。如果用户选中工具栏中的输入引脚并在属性框中修改位宽和朝向，图标会发生变化。

图 A.4　Logisim 工具栏

A.1.2　步骤 2：加入逻辑门

现在开始在 Logisim 中构建如图 A.1 所示的电路。首先加入两个与门，单击工具栏中的"与门"图标（）；然后在画布区域内合适位置单击放置与门，注意在左边为其他组件留下足够的空间。再次单击"与门"图标，将第二个与门放在第一个与门的下面，完成后如图 A.5 所示。

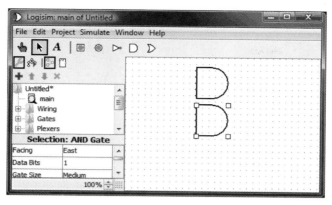

图 A.5　与门放置后的示意图

注意在与门的左侧有 5 个蓝色点,这些点就是可以连接线路的位置,代表与门的 5 个输入。本次设计中的异或电路只需要两个输入,未使用的输入暂时悬空,不会影响与门的输出(注意:真实电路中是不允许悬空的,Logisim 对于悬空引脚会给一个默认值)。接着加入其他逻辑门,首先单击工具栏中的“或门”图标($\rangle$),然后通过单击将其放置到画布中合适的位置。接着选择工具栏中的“非门”图标($\rhd$),在画布上加入两个非门,完成后如图 A.6 所示。

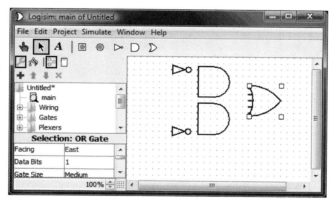

图 A.6　逻辑门放置后的示意图

在非门和与门之间应预留一定的空隙,当然也可以让它们直接相连,以省去后面连线的麻烦。现在需要在电路中加入输入 x 和 y,单击工具栏中的“输入引脚”图标($\blacksquare$)并将其放置在非门左侧。单击“输出引脚”图标($\bullet$)将其放置在或门右侧,如图 A.7 所示。

如果用户不喜欢某个组件的位置,可以使用“选择编辑”工具($\blacktriangleright$)来选中它,并将它移动到理想的位置,也可以使用编辑菜单中的删除功能或键盘上的 Delete 键直接将它删除。在放置每个电路组件的时候,用户会发现一旦组件放置好,Logisim 就会恢复成选择编辑状态,这样可以方便移动刚放置好的组件或者将各组件用线路连接。利用 Ctrl+D 快捷键可以直接创建当前选中组件的副本(Mac 系统中是 Command+D 快捷键)。

A.1.3　步骤 3:添加线路

当用户在画布上画出各组件的大致位置草图后,就可以开始连线了。单击工具栏中的

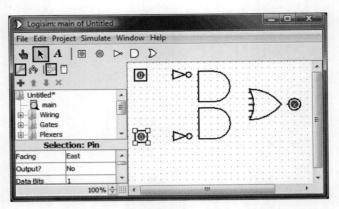

图 A.7　引脚放置后的效果示意

"选择编辑"图标(🖰),当鼠标光标移动到一个线路连接点上方时,周围就会出现一个小绿圈,此时单击该绿圈并拖曳到目的地即可完成线路添加。

　　添加线路时 Logisim 十分智能,当一条线路在另一条线路处终结时,Logisim 会自动连接它们。也可以使用"选择编辑"图标通过拖曳线路的终点来"延伸"和"缩短"线路。注意,Logisim 中的线路一定是水平或垂直的。为了将输入引脚、非门、与门相连,这里增加了两条不同的线路,如图 A.8 所示。Logisim 会自动连接线路与逻辑门、线路与线路。图 A.8 中输入引脚右侧的 T 形连接处会自动加上实心小圆圈,表示两根连线相互连接。

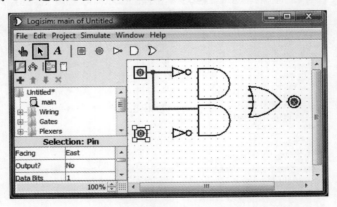

图 A.8　与门和非门连接图

　　用户连线时,可能会注意到有些线路是蓝色或灰色的。蓝色表明该点的值为不确定值,灰色表示这条线没有连接任何组件。在绘制电路过程中出现这些情况并没有太大的关系,但当用户完成电路时,任何一条有用的线路都不应该是蓝色或灰色。此处或门未连接的输入引脚依然是蓝色,仿真时会自动忽略未连接引脚。

　　一旦所有线路全部连接,用户所绘制的线路都应该是浅绿色或深绿色,如果仍然存在蓝色或者灰色的线,那么电路一定存在错误,请仔细检查直至故障清除,注意,一旦线路连接组件成功,拖动组件时线路会跟随移动,否则就是未正确连接。Logisim 所有组件上均绘制了小圆点来提示线路应该连接的位置,连接过程中会看到小圆点从蓝色变成浅绿色或深绿色,如图 A.9 所示。

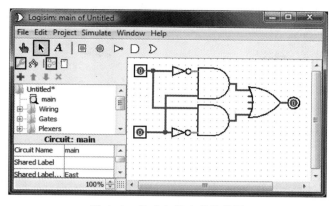

图 A.9　异或电路完整连接图

A.1.4　步骤4：添加注释文字

为电路添加注释文字对于电路的正常工作而言并不必要,但对于提升电路的可读性非常有帮助,请尽量养成良好的电路注释习惯。可以通过直接修改输入引脚属性表中的标签属性,为引脚增加一个标签注释,也可以在工具栏中选择"文本标签"工具($\mathbf{A}$),然后单击引脚并输入字符,给引脚一个标签(注意,最好是直接在输入引脚上进行单击,而不要单击其他位置,这样标签就会随着引脚一起移动)。对输出引脚也可进行相同的操作。可以在电路任何位置添加"文本标签",图 A.10 所示就是利用文本标签给电路进行了注释。

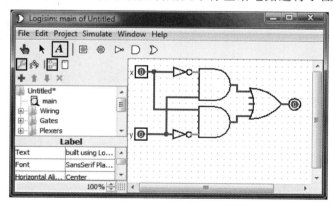

图 A.10　带注释的异或电路图

A.1.5　步骤5：电路仿真测试

最后可以进行电路仿真以测试功能是否正确。仔细观察会发现,Logisim 实际已经在进行电路仿真了,图 A.10 中所有的输入引脚值均为 0,输出引脚值也为 0,也就是异或电路已经开始工作了。现在尝试另一种输入组合,选择"戳工具"(👆)然后单击电路中的输入引脚 x、y 就可以改变输入数值。每单击一次,数值就会在 0 和 1 之间切换,首先单击输入引脚 y,如图 A.11 所示。

当输入引脚 y 修改为 1 时,Logisim 会通过线路颜色的改变表示值的变化,其中,浅绿色表示值为 1,深绿色表示值为 0。分别单击两个输入引脚 x、y 改变输入数据,还可以验证

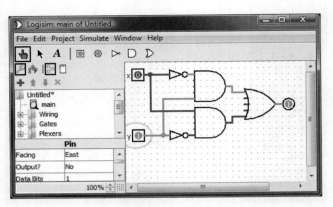

图 A.11 异或电路测试图

其他输入组合，如果都符合预期，表明电路可以正常工作。

要保存设计的电路，单击"文件（File）"菜单中的"保存（Save）"。

以上 5 个步骤就是 Logisim 构建数字电路的基本流程。如果用户想要搭建更复杂的电路，可以继续阅读本章的其他内容，还有很多强大的功能等待用户去探索，帮助用户构建和测试数字电路。

A.2 Logisim 主要功能和使用

A.2.1 库和属性

本节主要介绍 Logisim 主界面中的另外两个重要的部分：管理窗和属性表。

1. 管理窗

Logisim 以库的形式来管理组件工具，它们在管理窗中以文件夹的形式展现。为了获取这些库的组件，用户只需要双击对应的文件夹即可。在图 A.12 所示界面中打开逻辑门（Gates）库，从中选择一个与非门，用户可以看到 Logisim 已做好了在电路中加入与非门的准备（图中灰色虚影部分是准备加入的与非门）。

仔细浏览逻辑门库中的组件，会发现前面设计的异或电路实际已经内置在逻辑门库中了，当新建一个项目时，会自动包含以下库：

- 线路（Wiring）库：与线路直接相关的组件。
- 逻辑门（Gates）库：拥有简单逻辑功能的组件。
- 复用器（Plexers）库：更复杂的组合逻辑组件，如多路选择器和译码器。
- 运算器（Arithmetic）库：具有算术运算功能的组件。
- 存储（Memory）库：具有数据存储功能的组件，如触发器、寄存器、RAM。
- 输入输出（I/O）库：用于人机交互的组件。
- 基本（Base）库：系统的一些其他常用库。

Logisim 也允许用户加入更多的库，使用"项目（Project）"菜单中的"加载库（Load Library）"子菜单，会看到 Logisim 支持的 3 种类型的库：

- 内置库（Built-in Libraries）：内置在 Logisim 中随 Logisim 发布的库，详见 A.3 小节的介绍。

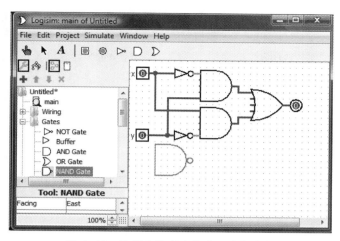

图 A.12 从门电路库中拖出一个与非门

- Logisim 库（Logisim Libraries）：用 Logisim 构建并且保存在磁盘上的 Logisim 项目。用户可以在一个简单的项目中构建一系列电路（称为"子电路"），这些封装好的子电路可以被其他电路作为库文件调用（类似 C 语言的函数调用）。
- JAR 库（JAR Libraries）：用 Java 开发的却没有配置在 Logisim 中的库，由第三方开发。

Logisim 库设计容易，但不支持复杂的用户交互，且由于仿真算法复杂，所以实际仿真效率较低。相对 Logisim 库，内置库和 JAR 库的仿真效率更高，运行速度更快。

如果需要删除一个库，可以选择"项目（Project）"菜单中的"卸载库（Unload Library）"。Logisim 会阻止用户卸载一个正在使用的组件所在的库，或是工具栏中的库以及映射到鼠标功能键上的库（如 Shift＋鼠标左键可以对应到一个组件）。

2. 属性表

很多组件都有属性，用来配置组件功能和外观。属性表就是用来查看和显示组件属性值的部件。使用"选择编辑"图标（🖈）来选择对应组件，当前组件的属性表就会在界面左下角显示。用户也可以右击组件，从弹出菜单中选择"显示属性（Show Attributes）"，同时使用"戳"工具（👆）或"文本标签"工具（**A**）单击组件也可以显示组件的属性。图 A.13 展示了异或电路中，选择输入引脚 x 后出现的属性表的情况。

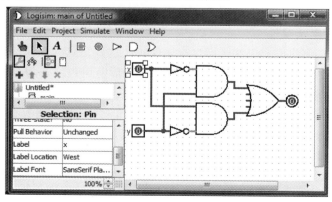

图 A.13 异或电路引脚 x 的相关属性

为了修改某个属性值,单击该值即可。修改属性值的界面将取决于用户所要修改的属性。如果单击"标签字体",会弹出一个对话框选择字体。某些属性,如"标签(Label)",将会让用户以文本字段的方式进行直接编辑,还有一些属性,如"标签位置(Label Location)",则会提供一个下拉菜单供用户选择。

每一个组件都有各自不同的属性集,但很多组件也存在共有的属性集,如朝向、数据位宽、尺寸、标签、标签位置、标签字体等,想要了解它们各自具体的含义,请查阅库参考手册中的相关文档。如果使用"选择编辑"工具选取了多个组件,那么属性表所展示的就是这些组件的共有属性。如果选中的多个组件的相同属性拥有不同的值,那么该属性值在属性表内显示为空白,用户可以使用属性表一次为多个组件的属性设定相同的属性值。

3. 组件默认属性

每个组件都有默认属性,且可以修改。例如,每一次选择工具栏中的与门工具,都会创建一个尺寸较大的与门。如果需要默认创建尺寸更小的与门,必须在选择这个组件之后立即编辑"门尺寸(Gate Size)"属性为小尺寸(在将与门放在电路中之前),这样之后加入的与门就是小尺寸的。

现在可以删除已经存在的两个与门,然后在相应的位置上加入两个新的小尺寸与门。同样,用户也可以修改与门的默认引脚个数为2~3个,那么与门左侧引脚就不会有垂直的延伸,但必须对电路重新布线,让线路可以与新的与门输入引脚相连,与门输出和或门输入也需要重新连接,如图A.14所示。

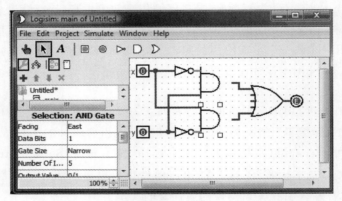

图 A.14　小尺寸的与门

4. 工具栏组件默认属性

Logisim 工具栏中的每个组件图标也有属性集。这些工具的默认属性与管理窗组件不同,用户可以直接设置工具栏组件图标的默认属性,帮助用户快速得到自己需要的默认组件,例如特定的引脚数目、特定的数据位宽等。

某些工具的图标就直接反映该工具的属性,例如,引脚工具图标的朝向和属性"朝向(Facing)"相同。另外,引脚数据位宽会直接标记在工具栏图标上。每个工具栏中的工具都有着与管理窗中的组件完全分离的默认属性集。因此,即使改变工具栏中与门工具的属性来创建小尺寸的与门,但在逻辑门库中的与门组件仍然会创建一个大尺寸的与门,除非把这个组件的默认属性也进行相同的修改。

事实上,默认工具栏上的输入引脚工具和输出引脚工具都是线路库中"引脚"工具的实例,但是它们的默认属性集完全不同。引脚工具的图标形状(方形或圆形)取决于"是否为输出引脚?(Output?)"这一属性。

5. Logisim 快捷键

Logisim 提供了快捷键来快速修改组件"朝向"属性,用户按方向键,组件的方向就会随之自动改变,另外,利用数字键可以直接修改引脚数据,利用 Alt＋数字键可以直接修改数据位宽。

A.2.2　子电路

随着构建的电路越来越复杂,用户就会想要构建一些可以重复使用的电路模块,能在大型数字电路设计中作为公共模块使用。在 Logisim 中,这些作为大型电路中的一部分的小电路称为子电路。子电路的思想类似软件编程中子程序、过程、函数的概念,它们的目的相同:将大型任务划分成小而简单的任务,省去将相同的内容多次重复定义的工作,并且有利于电路调试。

1. 创建子电路

每一个 Logisim 项目本质上都是一个电路的库。每个项目都含有一个电路(默认名称为"main"),用户可以很方便地加入更多电路,单击"项目(Project)"菜单中的"添加电路(Add Circuit)",为创建的电路输入一个名称。

假设创建一个名为"2∶1 MUX"的二路选择器,在添加电路之后,在管理窗中可以看到整个项目包含两个电路:"main"和"2∶1 MUX"。对于 Logisim 正在展示的电路,其图标上有一个放大镜,当前电路名也会出现在 Logisim 窗口的标题栏。编辑完成二路选择器的电路后,得到如图 A.15 所示的电路。

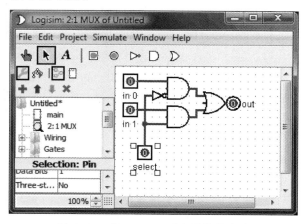

图 A.15　"2∶1 MUX"电路编辑完成

2. 使用子电路

若用户想使用图 A.15 创建的二路选择器的实例来构建一个四路选择器。首先要创建一个新电路,称之为"4∶1 MUX"。为了在电路中加入二路选择器,在管理窗中单击"2∶1 MUX"子电路一次,将其作为一个组件选中。接着在画布上单击,此时画布上就加入了对应子电路的实例,子电路都由矩形表示,如图 A.16 所示。这些矩形模块就是对应子电路的默认封装形式(用户也可以自己修改封装形式)。

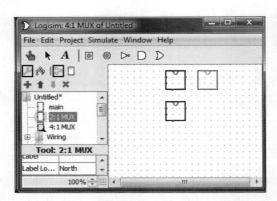

图 A.16　在"4∶1 MUX"电路中添加两个"2∶1 MUX"电路

　　如果在管理窗内双击"2∶1 MUX"电路,窗口就会重新切换到"2∶1 MUX"电路。当利用"2∶1 MUX"子电路级联构成"4∶1 MUX"电路后,得到如图 A.17 所示的电路图。

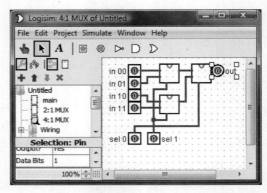

图 A.17　"4∶1 MUX"电路图

　　这个四路选择器使用了 3 个二路选择器的副本,每个都画成了一个边缘带有引脚的矩形模块。这些引脚对应子电路的输入引脚和输出引脚。矩形左侧的两个引脚对应实际电路中朝向右侧的引脚;矩形右侧引脚对应实际电路中朝向左侧的引脚(恰好是输出引脚);而矩形底部的引脚对应实际电路朝向顶部的引脚。矩形左侧的两个引脚的顺序对应实际电路中相同的上下顺序。

　　如果引脚在电路中有关联的标签,当鼠标悬停在子电路组件对应的输入输出引脚上时,Logisim 将会弹出一个文本提示框,这个功能对电路连接非常有帮助,如图 A.18 所示。其他的一些组件也会显示各自的提示,如对于内置的触发器引脚,鼠标悬停其上就会显示其功能。

　　一般而言,电路中的每个引脚要么是输入引脚,要么是输出引脚,但实际芯片中有些引脚既可以作为输入引脚,也可以作为输出引脚。但 Logisim 中还不能构建这样的芯片引脚。

　　定义了四路选择器之后,就可以在其他电路中使用它了。Logisim 没有限制电路的嵌套层数,不过它不能实现电路的自身嵌套。值得注意的是,在复杂的电路系统中,嵌套层数可能会对系统仿真速度造成较大的影响,建议不要使用嵌套调用。

　　在一个电路被用作子电路时,仍然可以对该子电路进行编辑,但需要注意的是,电路引脚的改变(增加、删除、移动)会引起电路封装的重新调整。因此,如果用户修改了电路中任

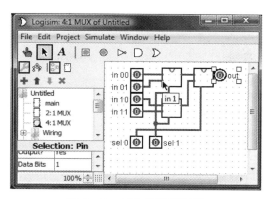

图 A.18　子电路引脚提示

意的引脚,也需要同时修改该电路的子电路外观(芯片封装形式)。

3. 编辑子电路外观

默认状态下,在电路中加入子电路时,子电路会自动绘制成一个带缺口的矩形封装,缺口表示子电路封装的顶端。引脚根据缺口的朝向,布局在矩形的边界上,朝右的引脚通常会放置在矩形封装的左侧,按照引脚在子电路中的布局,从上到下按顺序排列,朝下的引脚通常放置在矩形封装的顶端,按照引脚在子电路中的布局,从左到右按顺序排列。

为方便标识子电路,可以为子电路增加共享标签,具体可单击"选择编辑"工具(↖)并且单击对应子电路,此时属性表中会显示整个电路的属性,包括"共享标签(Shared Label)""共享标签朝向(Shared Label Facing)"和"共享标签字体(Shared Label Font)"等属性。"共享标签(Shared Label)"内容会按指定的朝向和字体显示在子电路矩形封装的中心。

用户也可以自定义子电路外观。通过选择"项目(Project)"菜单中的"编辑子电路外观(Edit Circuit Appearance)",Logisim 界面就会从编辑布局界面切换成绘制子电路外观的界面[也可以单击工具栏第二层中第四个图标"编辑子电路外观"图标(▱)],然后可以编辑二路选择器的外观,这里使用梯形而不是矩形来绘制该电路,如图 A.19 所示。

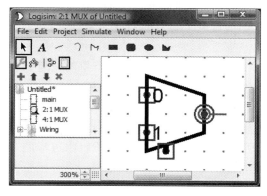

图 A.19　编辑二路选择器的外观

重新按梯形绘制二路选择器外观之后,修改后的四路选择器的布局如图 A.20 所示。

外观编辑器和 Windows 的画图程序类似,但有一些特殊标志用来表示子电路放置到主电路布局中时如何进行绘制,这些特殊标志无法删除。

(1)带短横线的绿色小圆圈,称之为"锚点"。每个子电路中仅有一个锚点,锚点用于定

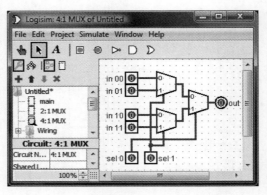

图 A.20　修改后的四路选择器布局

位;用户在画布上创建新组件时单击的位置就是这个锚点的位置。Logisim 会按照锚点和子电路外观整体图形的关系在画布上放置组件。由锚点小圆圈到短横线的方向决定电路外观的朝向。

(2)带小点的蓝色小方框和小圆圈分别代表子电路的输入引脚和输出引脚,输入引脚是正方形的,输出引脚是圆形的。

(3)当选中一个引脚时,Logisim 会在窗口的右下角弹出此电路布局微缩图,在微缩图中对应引脚会变成蓝色,方便用户了解其功能。

工具栏包含电路外观编辑的常用工具,如图 A.21 所示,各图标功能如下:

(1)选择编辑(▶):用于选择、移动、复制和粘贴形状。

(2)文本标签(A):用于添加或编辑文字。

(3)连线工具(⌒):用于增加连线,按住 Shift＋鼠标左键拖曳,连线角度将是 45°的倍数。

(4)曲线工具(⌒):用于创建曲线,第一次拖曳确定曲线的终点,第二次拖曳确定角度,按住 Shift＋鼠标左键拖曳生成的曲线是对称的。

(5)折线工具(M):用于创建一系列相连的直线,顶点由一系列的点击操作确定。按住 Shift 键进行单击操作,则前后两个顶点的角度为 45°的倍数。双击或按回车键完成折线绘制。

(6)矩形工具(■):用于创建一个矩形,从一个角的位置拖曳到其对角的位置。按住 Shift＋鼠标左键拖曳可以创建正方形,按住 Alt＋鼠标左键拖曳可以从中心位置创建矩形。

(7)圆角矩形(●):用于创建一个圆角矩形,按住 Shift＋鼠标左键拖曳可以创建圆角正方形,按住 Alt＋鼠标左键拖曳可以从中心位置创建圆角矩形。

(8)椭圆工具(●):用于创建一个椭圆,从其外切四边形的一个角拖曳到其对角的位置。按住 Shift＋鼠标左键拖曳可以创建正圆形,按住 Alt＋鼠标左键拖曳可以从中心位置创建椭圆形。

(9)多边形工具(◣):用于创建一个多边形,顶点由点击操作确定。按住 Shift 键进行点击,则前后两个顶点的角度为 45°的倍数,双击或按回车键可自动补齐多边形。

注意,按住 Ctrl 键进行绘制可使形状位置对齐到最近的网格点上。

4. 子电路调试

调试大型电路时很有可能出现错误。为了定位错误,检查电路中子电路的运行情况很

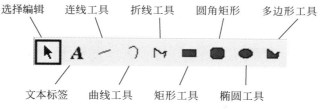

图 A.21 编辑子电路外观工具栏

有帮助。为了查看子电路的状态,用户可以使用 3 种不同的方法。最简单的方法就是单击管理窗工具栏中的"查看仿真树(View Simulation Tree)"图标( )来查看仿真电路的层次,如图 A.22 所示。或者选择"项目(Project)"菜单中的"查看仿真树(View Simulation Tree)",此时管理窗口将切换为如图 A.23 所示窗口。双击电路层次中的元素将会显示对应的子电路。

图 A.22 管理窗工具栏

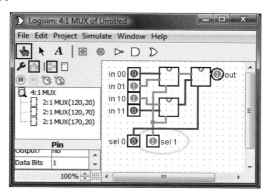

图 A.23 查看电路层次

第二种方法是通过鼠标右键或 Ctrl+鼠标左键弹出菜单,单击"View 2∶1 MUX"选项,如图 A.24 所示。

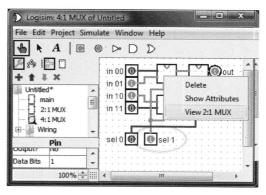

图 A.24 弹出菜单查看子电路状态

第三种方法是首先选择"戳工具",然后单击想查看的子电路,子电路中心上方会出现一个放大镜,双击放大镜就可以进入子电路查看状态。

一旦进入子电路，用户会看到子电路引脚的值与外围电路对其的输入值相匹配，如图 A.25 所示。

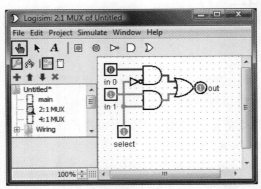

图 A.25　子电路界面

用户可以直接修改子电路，一旦修改影响了子电路的输出，改变就会传递到外围电路中。注意，子电路的输入取决于外围电路的输入。如果用户试图利用戳工具修改输入引脚的值，就会弹出一个对话框，询问这个已绑定到外围电路的引脚是否创建一个新的状态。单击"确认"按钮将会创建一个查看状态的副本，子电路从外围电路中分离，输入引脚的值会按用户要求进行修改。

一旦完成了对子电路的查看、编辑操作，就可以通过双击管理窗中的主电路或者通过选择"仿真（Simulate）"菜单中的"退出到（Go Out To State）"选项返回主电路。

5. Logisim 库

每个 Logisim 项目文件都可以作为库在其他项目中加载。项目中所有电路模块都可以作为子电路在其他项目中调用，这个特性允许用户共享复用不同项目间的公用组件并与他人共享组件。

每个项目都有一个主电路，首次打开项目时，首先展示的就是"主电路（main circuit）"。新创建的项目文件中的电路默认名"main"没有任何特定含义，用户可以随意删除或重命名这个电路，也可以通过"项目（Project）"菜单中的"设置为主电路（Set As Main Circuit）"选项将当前电路设置为主电路。

对于项目中加载的其他 Logisim 库，可以查看其中的电路并操纵其状态，但 Logisim 会禁止用户修改电路以及存储在文件中的数据。如果需要修改 Logisim 库中的电路，可以用 Logisim 单独打开该库文件后修改。一旦保存了修改，相关联的项目会立刻自动加载新版本。如果没有自动加载，可以在管理窗右击该库文件，然后选中"重载库（Reload Library）"重新加载。

A.2.3　线路

在前面的简单电路中，线路（Wire bundles）只有 1 位数据。Logisim 允许用户创建多位数据的线路，线路同时传输的位数目称为线路的数据位宽。

1. 线路位宽

组件的每一个输入输出引脚都有关联的数据位宽。通常默认位宽为 1，用户通常可以自定义组件的输入输出位宽。图A.26显示了两个3位输入按位"与"的电路。线路位宽可以通过组件属性中的"数据位宽(Data Bits)"自定义。

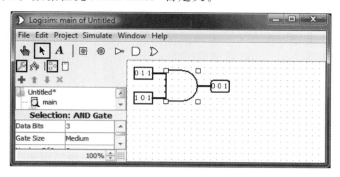

图A.26 数据位宽示意图

Logisim中所有组件引脚默认数据位宽为1,但与引脚相连的线路位宽是未定义的,线路的位宽取决于与其相连的组件的引脚位宽。但如果一个线路连接的两个组件引脚位宽不同,系统会提示"不兼容的位宽(Incompatible widths)",并且将错误的线路标记成橙色。在图A.27中,输出引脚的"数据位宽"属性设置为1,系统提示不能将3位数据和1位数据连接在一起。注意,不兼容位宽的线路不携带任何数据值。

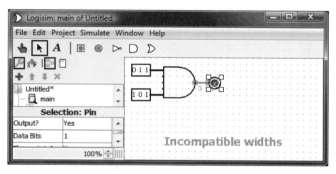

图A.27 不兼容的位宽

对于1位数据线路,通过颜色标记传输值(亮绿色为1,墨绿色为0)。多位线路一律为加粗的黑色,用户可以使用戳工具(🖑)在线路上单击来探测当前线路的值,这对电路调试十分有帮助,如图A.28所示。

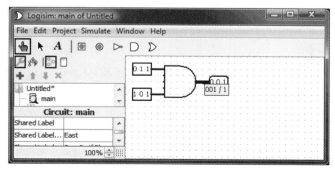

图A.28 多位宽线路数据探测

2. 分线器

当用户使用多位数据线路时,可能需要让不同的数据位流向不同的方向,线路库中的分线器工具 (⌐) 可提供这样的功能。

假设需要计算一个 8 位输入引脚中高 4 位和低 4 位按位"与"的结果,并希望将其分离成两个 4 位数据。在图 A.29 的电路中使用了一分二的分线器来实现这项功能。一个 8 位数据被分线器分为两个 4 位数据,作为逻辑与门的两个输入。

分线器是没有传输方向的,既可以将输入数据分离成多个输出数据,也可以将多个数据汇总成一个多位宽的数据。分线器可以在某个时候以一种方式传输数据,在其他时候用另一种方式传输数据。甚至两种方式可以同时工作,图 A.30 就展示了这样的例子。一个值在两个分线器之间先向右传递,然后再向左传递,最后向右传递到输出。

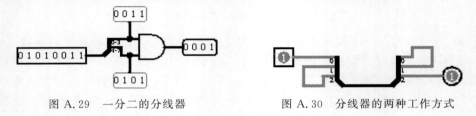

图 A.29　一分二的分线器　　　　图 A.30　分线器的两种工作方式

用户可以通过定义分线器的属性实现各种特殊的分线功能。分线端是指分线器分开的一侧,汇聚端是指另一侧的多位宽线路,分线器主要有如下属性:

(1) 朝向(Facing):定义汇聚端到分线端的方向。

(2) 扇出系数(Fan Out):分线端端口数目。

(3) 位宽(Bit Width In):汇聚端的位宽。

(4) 位 x(Bit x):确定汇聚端的第 x 位对应分线端的哪一个端口。如果汇聚端多位数据对应同一个分线端,对应分线端将变成一个多位线路,线路顺序和汇聚端相同,分线器不能将汇聚端的 1 位数据对应到多个分线端。

对"扇出系数"和"位宽"属性的改动都会重置"x"属性,它会将分线器汇聚端的值尽可能地平分到分线端上。

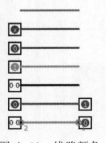

图 A.31　线路颜色

3. 线路颜色

Logisim 用如图 A.31 所示的线路颜色区分线路的状态,电路调试仿真非常直观。

(1) 灰色(Gray):线路位宽未知。表示该线路没有连接任何组件的输入或输出,Logisim 中可以利用灰色线绘制边框。

(2) 蓝色(Blue):线路位宽为 1,但是没有组件给线路加载确定的值。称为不确定值(悬浮值),也称为高阻态。

(3) 深绿色(Dark green):1 位线路,值为 0。

(4) 亮绿色(Bright green):1 位线路,值为 1。

(5) 黑色(Black):多位宽线路,利用戳工具单击可以查看值。

(6) 红色(Red):表示线路上的值存在错误。如果输入悬空,电路输出值可能无法计算,此时输出将是红色;另外,当两个组件试图向同一线路输出相反值时,会引起信号冲突,线路也会变为红色。多位线路中任何一位出现错误值时线路都会变红,出现红色线路时一定要立即纠正,部分电路在仿真运行过程中才会动态出现红色,调试比较困难。

(7)橙色(Orange):表示线路连接的多个组件位宽不匹配,橙色线路实际是"断开"的线路。

A.2.4 组合逻辑分析

数字电路分为组合逻辑电路和时序逻辑电路两种。组合逻辑电路中所有输出是当前电路输入的函数,通常组合逻辑电路使用如下3种方式描述电路的功能与行为:

(1)逻辑电路。

(2)逻辑表达式,用布尔代数方式描述电路是如何工作的。

(3)真值表,列出所有可能的输入组合以及对应的输出。

Logisim中的组合逻辑分析模块提供了3种形式的相互转换功能,对创建和理解1位数据输入输出的组合逻辑电路非常有用。

1. 组合逻辑分析窗口

组合逻辑模块通过重名的一个窗口实现,如图A.32所示,该窗口可以用来查看真值表和逻辑表达式,以下两种方法都可以弹出该窗口。

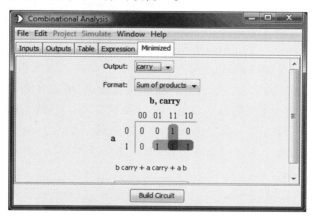

图A.32 组合逻辑分析窗口

(1)通过"窗口(Windows)"菜单

选择"Windows"→"Combinational Analysis",则当前"组合逻辑分析(Combinational Analysis)"窗口就会出现。Logisim中只有一个组合逻辑分析窗口,无论打开多少个项目,都不可能同时打开两个不同的组合逻辑分析窗口。

(2)通过"项目(Project)"菜单

从编辑电路的窗口中也可以选择"项目(Project)"菜单中的"分析电路(Analyze Circuit)"选项,要求Logisim分析当前电路,系统会自动计算当前电路所对应的逻辑表达式和真值表,并将结果显示在分析窗口中。注意,多位输入以及时序电路都是无法正常分析的,系统最多支持12个输入引脚,否则会提示错误。

组合逻辑分析要求每个输入输出都有符合Java标识符规则的名称(字符只能是数字或字母,首字符必须是字母,不允许出现空格),它会试图使用引脚存在的标签。如果没有标签,则使用默认标签列表。如果标签不符合 Java 标识符规则,在可能的情况下,系统会从标签中提取可用的部分。

2. 编辑真值表

组合逻辑分析界面中有如图 A.33 所示的 5 个选项卡。本节先介绍前 3 个选项卡"输入(Inputs)"、"输出(Outputs)"和"真值表(Table)",后两节将会介绍"表达式(Expression)"和"最小项(Minimized)"两个选项卡。

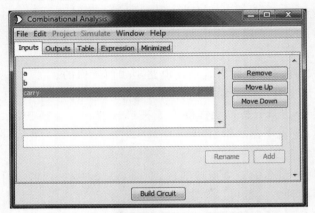

图 A.33　输入/输出选项卡

(1) 输入/输出(Inputs/Outputs)选项卡

输入选项卡可以查看和编辑输入列表。在窗口下方的文本框内输入名称,单击"添加(Add)"按钮,即可增加新的输入。如需对已有输入重命名,可以在列表中将其选中,然后在文本框内输入新名称,再单击"重命名(Rename)"按钮即可。另外,删除(Remove)"按钮可以删除选中输入,还可以使用"上移(Move Up)"或"下移(Move Down)"按钮修改输入列表的顺序。所有的操作都会立刻作用于真值表,输出选项卡与输入选项卡的工作方式完全相同,只是操作对象不同而已。

(2) 真值表(Table)选项卡

真值表选项卡下的唯一内容就是当前的真值表,输入在表的左侧,输出在表的右侧。可以通过单击输出列的值来编辑输出,被单击的值会在 0、1、x 之间循环,x 代表的任意值有利于表达式的最简化。还可以通过键盘编辑真值表,也可以使用剪切板来进行复制粘贴操作,剪切板的内容可以传送到应用程序,如 Excel。

如果真值表是基于已存在电路的值,用户有可能会看到输出列上有带着粉色方框的"!!",这表明计算真值表某行值时出现了错误,可能是电路发生了震荡,也可能是短路引起电路中的红色错误。将鼠标悬停在错误处时,会有错误类型的提示,一旦在错误处单击,就会进入"0→1→x"的循环中,且无法退出。

3. 表达式选项卡

对于任何一个输出变量,组合逻辑分析窗口都会维护与之相关的两个结构: 真值表中相关列和逻辑表达式。逻辑表达式确定了输出与输入的关系,用户既可以编辑真值表,也可以编辑表达式,无论修改哪一个,另一个都会自动更新以保持一致。

表达式(Expression)选项卡提供了查看和编辑各输出变量逻辑表达式的功能,可以使用界面顶部的"输出(Outputs)"下拉控件来选择要查看和编辑的表达式,如图A.34所示。下拉控件下方会显示符合规则的表达式,其中"或"逻辑用"+"表示,"与"逻辑用空格表示,"非"逻辑用符号上方的短横线表示。

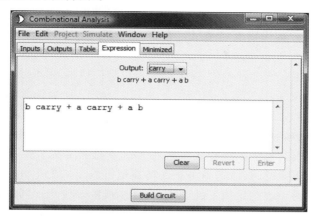

图A.34　表达式选项卡

图A.34所示界面的中间文本框可以直接对表达式进行编辑,注意"非"逻辑使用"~"来表示,编辑完毕后单击"确认(Enter)"按钮使之生效,同时真值表会自动更新,"清空(Clear)"按钮用于清空文本框,"恢复(Revert)"按钮用于将文本框的内容恢复成当前的表达式。

输入表达式时可以包含任何C语言或Java语言的逻辑操作符,如表A.2所示。

表A.2　Logisim支持的逻辑操作符

逻　辑　门	符　　　号			
与	AND	&	&&	
或	OR	+			||
非	NOT	~	!	,
异或	XOR	^		

下面的3个表达式本质上是等价的,用户可以混用这些操作符。

```
a'(b + c)
!a && (b || c)
NOT a AND (b OR c)
```

4. 最小项选项卡

"最小项(Minimized)"选项卡如图A.32所示。可以使用该选项卡界面中的"输出(Outputs)"下拉控件来选择查看不同输出的最小项表达式,可以使用积之和或者和之积的形式。

如果输入数目不大于4,就会出现对应变量的卡诺图。单击卡诺图可以改变对应真值表的值。卡诺图还会使用半透明的矩形框来显示当前选择的最小项部分。如果输入数目超过4,卡诺图就不会出现了,但是最小项表达式还是会计算出来。

表达式下方的"设为表达式(Set As Expression)"按钮提供了使用对应变量的最小项表达式来代替表达式的功能,通常情况下这是不必要的,因为编辑真值表所导致的列改动使用的就是最小项表达式,但是如果用户是通过表达式选项卡输入的表达式,单击该按钮是一个很方便的化简方法。

5. 生成电路

单击组合逻辑分析窗口最下方的"生成电路（Build Circuit）"按钮会根据表达式生成所有输出对应的逻辑电路。Logisim 首先会弹出对话框，供用户选择生成电路所在的项目和名称，如图 A.35 所示。如果输入名称已经存在，那么对应电路就会被替换，系统会提示是否进行替换。

生成电路对话框包含两个选项："仅用二输入逻辑门（Use Two-Input Gates Only）"，该选项保证生成电路中仅使用二输入引脚的逻辑门（"非"门是个例外）；"仅用与非门（Use NAND Gates Only）"选项，Logisim 不能只用"与非"逻辑门建立包含任何"异或"运算符的表达式的电路，因此该选项在针对含有"异或"运算的表达式时是禁用的。

电路的输入输出引脚也会根据输入输出列表框中的顺序从上到下排列。通常，系统自动生成的电路是比较美观的，组合逻辑分析的功能也可以用来美化电路，但是自动生成的电路不像手绘电路那样易于表达结构上的细节，自动生成的 1 位全加器电路如图 A.36 所示。

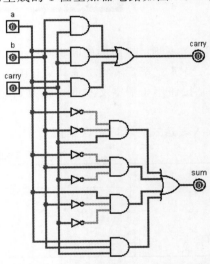

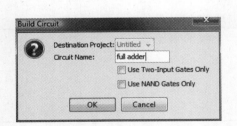

图 A.35　生成电路对话框　　　　图 A.36　自动生成的 1 位全加器电路

A.2.5　菜单功能说明

本节主要描述 Logisim 主窗口的 6 个菜单项的具体功能。很多菜单项和当前打开的项目有紧密的联系，但也有一些 Logisim 窗口与项目无关，尤其是"组合逻辑分析（Combinational Analysis）"窗口和"应用偏好设置（Application Preferences）"窗口。对于这些窗口，项目相关的菜单项都是禁用的。

1. 文件菜单

文件（File）菜单介绍如下：

新建（New）：在新窗口建立新项目。

打开（Open）：在新窗口打开一个已存在的项目文件。

打开最近的项目（Open Recent）：在新窗口打开一个最近的项目。

关闭（Close）：关闭当前项目相关联的所有窗口。

保存(Save)：保存当前项目,覆盖原文件。

另存为(Save As)：将当前项目另存到新文件中。

导出图片(Export Image)：将当前电路以图片形式导出。

打印(Print)：打印当前电路。

偏好(Preference)：系统偏好设置。在苹果设备上,该菜单项出现在 Logisim 菜单栏中。

退出(Exit)：退出 Logisim,在苹果设备上该菜单项出现在 Logisim 菜单栏中,称为 Quit。

导出图片(Export Image)：当用户选择该选项时,系统会显示一个带有 4 个选项的对话框。

- 电路(Circuit)：选择需要导出的电路,单选或多选均可,空白电路不能导出。
- 图片格式(Image Format)：可创建 png、gif、jpeg 格式文件,推荐 png 格式。
- 缩放系数(Scale Factor)：可使用滑块对导出图片进行缩放。
- 打印视图(Printer View)：是否在导出过程中使用打印视图。

在 Logisim 文件选择对话框中,如果用户选择了一个电路,选择该图像应该存放的文件;如果用户选择了多个电路,选择存放目录,系统会根据电路名称来命名这些图片文件,如 main.png。

2. 编辑菜单

编辑(Edit)菜单介绍如下：

撤销(Undo)：撤销最近会影响电路保存的操作。注意,这不包括电路状态的变化。

剪切(Cut)：将当前选中的组件从电路中剪切到剪切板上。注意,Logisim 的剪切板和系统的剪切板是分开维护的,所以不同程序之间不能进行复制、剪切和粘贴操作,甚至两个 Logisim 窗口之间也无法复制、剪切和粘贴,但如果使用同一个 Logisim 程序打开了多个项目,此时剪切、复制和粘贴是可以实现的。

复制(Copy)：复制当前选中的部分组件到剪切板。

粘贴(Paste)：将 Logisim 剪切板内的组件粘贴到选中的区域。粘贴的组件不会立刻生效而是显示为浅灰色,直到用户移动或修改了选区,组件才会生效。

删除(Delete)：移除选中区域内的所有组件,不改变剪切板的状态。

重复(Duplicate)：创建当前选中区域内所有组件的副本,注意该功能并不使用剪切板。

全选(Select All)：选中当前电路的所有组件。

上移一层(Raise Selection)：该菜单项仅在编辑子电路外观时有效,它将选中部分上移到选中区域的两个相互重叠部分的上层。如果选中部分与多个部分重叠,上移过程仅会将选中部分移到最底层部分之上。通过多次操作,将多个重叠部分调至合适的顺序,PowerPoint 中也有类似功能。

下移一层(Lower Selection)：该菜单项仅在编辑子电路外观时有效,将选中部分移动到下一层。

置于顶层(Raise To Top)：该菜单项仅在编辑子电路外观时有效,将选中部分移动到所有组件之上。注意,锚和引脚是例外,它们一直都在顶部。

置于底层（Lower To Bottom）：该菜单项仅在编辑子电路外观时有效，将选中部分移动到所有组件之下，即将选中部分下沉，使得所有组件都位于其上。

添加顶点（Add Vertex）：该菜单项仅在编辑子电路外观且选中直线、折线、多边形的直线上一个点时有效（非端点），其功能是在形状上加一个顶点。增加前选中的点是菱形，添加顶点后菱形外增加一个正方形，此时拖动顶点，直线会变成两根线。

移除顶点（Remove Vertex）：该菜单项仅在编辑子电路外观且选中折线、多边形之上的顶点时有效。其功能是移除选中的顶点。在删除之前，被选中的点为正方形中的菱形，删除后与该顶点相邻的顶点会直接以直线相连。Logisim 不允许删除仅有三个点的多边形上的顶点和仅有两个顶点的折线上的顶点。

3. 项目菜单

项目（Project）菜单介绍如下：

添加电路（Add Circuit）：在当前的项目中添加新电路，必须为新电路命名。

加载库（Load Library）：在项目中加载一个库，可以加载 3 种类型的库。

卸载库（Unload Libraries）：从项目中卸载当前库。Logisim 不允许用户卸载正在使用的库，包括当前电路中使用的组件所在的库，或是映射到工具栏与鼠标动作上的库。

向上移动电路（Move Circuit Up）：将当前电路在管理窗列表中的位置向上移动一步。

向下移动电路（Move Circuit Down）：将当前电路在管理窗列表中的位置向下移动一步。

设置为主电路（Set As Main Circuit）：将当前电路设置为项目的主电路。注意，如果当前电路本身就是主电路，该菜单项为灰色。主电路是项目打开时最先显示的电路。

恢复至默认外观（Revert To Default Appearance）：将编辑过的外观恢复到默认的带槽口的矩形外观。

查看工具箱（View Toolbox）：将管理窗改变成显示项目电路列表和加载的库列表模式。

查看仿真树（View Simulation Tree）：将管理窗改变成显示当前正在仿真运行的项目子电路的嵌套层次。

编辑电路布局（Edit Circuit Layout）：切换成可以用来编辑电路的布局界面，系统默认为编辑状态，所以该菜单项一般是禁用的，只有进入编辑子电路外观状态时，此项功能才会启用。

编辑子电路外观（Edit Circuit Appearance）：切换成编辑子电路外观模式，子电路默认外观是一个上方带灰色小槽口的矩形封装，用户可以在此模式下自行调整外观。

移除电路（Remove Circuit）：将当前电路从项目中删除。系统禁止删除用于子电路的电路，也禁止删除项目的最后一个电路。

分析电路（Analyze Circuit）：根据当前的电路计算真值表和逻辑表达式，在组合逻辑分析窗口中显示，分析程序仅对组合逻辑电路有效。

电路统计（Get Circuit Statistics）：显示当前电路中各种组件使用的统计结果。

选项（Options...）：打开项目选项窗口。

4. 仿真菜单

仿真（Simulate）菜单介绍如下：

开启实时仿真(Simulation Enabled)：如果选中该菜单项，当前电路就会自动开始仿真运行。随着每次输入或电路状态的改变，沿着电路传播的值就会被持续更新直至稳态，当电路检测到震荡时，该功能会自动停止。

仿真复位(Reset Simulation)：清空当前电路的所有状态，除 ROM 组件外，所有存储组件值都会清零，输入引脚也会清零。

单步仿真(Step Simulation)：关闭开启实时仿真时此项才能工作，仿真信号沿着线路逐级向前推进，所有值发生改变的点都会用蓝圈标出，如果子电路中包含值发生改变的点，也会用蓝色的边缘标出。当电路中存在毛刺或者动态出现红色错误，甚至发生震荡，可以考虑通过这种方法进行调试。

退出子电路(Go Out To State)：当用户通过弹出菜单进入查看子电路的状态时，利用该菜单项可以返回当前电路的上一级电路。

进入子电路(Go In To State)：功能与退出子电路相反，利用该菜单项可从上一级电路进入子电路。

时钟单步运行(Tick Once)：单步调试模式，时钟信号跳变一次，用于对时钟信号进行手动控制，当时钟信号不在当前电路中时更加方便，可以使用 Ctrl＋T 快捷键触发该功能。

时钟自动运行(Ticks Enabled)：自动运行模式，时钟信号按照预先设定的频率自动跳变，只有当电路中有时钟信号时才有效。可以使用 Ctrl＋K 快捷键触发该功能。

滴答频率(Tick Frequency)：选择时钟滴答频率。8Hz 表示每秒 8 次"滴答"，一次完整时钟包括上升沿和下降沿两次滴答。这样的时钟"滴答"频率为 8Hz 时，时钟实际频率为 4Hz。

日志(Logging...)：进入日志模块，在仿真过程中自动记录和保存电路中监控点的值。

5. 窗口菜单

窗口(Windows)菜单介绍如下：

最小化(Minimize)：当前窗口最小化。

最大化(Maximize)：重新调整窗口大小直到合适为止。在苹果设备中，该菜单项为 Zoom。

关闭(Close)：关闭当前窗口。

组合逻辑分析(Combinational Analysis)：显示当前电路的组合逻辑分析窗口。

偏好(Preferences)：显示应用程序偏好窗口。

独立窗口标题(Individual Window Titles)：选择对应的窗口到最前端。

A.2.6　存储组件

RAM 和 ROM 组件是系统内置库中两个很有用但最复杂的组件，本节只简单介绍查看和编辑存储器内容的方式，更详细的内容将在 A.3.5 节进行介绍。

1. 输入存储内容

用户可以使用戳工具直接修改存储器中的内容，既可以编辑显示地址，也可以直接编辑存储器中的数值。需要编辑显示的地址值时，利用戳工具单击显示矩形的外围地址栏，利用键盘直接输入新地址即可显示新地址区间的存储数据，然后就可以直接编辑对应的数据。但是，这种方法受空间限制，更好的编辑方法是使用十六进制编辑器。

修改地址值时,Logisim 会在对应地址上显示一个红色的矩形。可以修改如下地址值:

- 输入十六进制数,修改存储器顶部的地址。
- 按 Enter 键,向下滑动一行。
- 按 Backspace 键,向上滑动一行。
- 按空格键,向下滑动一页(4 行)。

编辑某个具体值时,单击存储器矩形内部的值,系统会在其位置上显示一个红色的矩形。可以编辑如下具体值。

- 输入十六进制数,修改该地址对应的值。
- 按 Enter 键,移动到刚编辑值的下一行。
- 按 Backspace 键,移动到上一个地址指示的数值。
- 按空格键,移动到下一个地址指示的数值。

2. 弹出菜单和文件

右击存储器,弹出菜单中除其他组件公用的选项之外,还包含下列 4 个选项:

- 编辑内容(Edit Contents):弹出一个十六进制编辑器用来编辑存储器内容。
- 清空内容(Clear Contents):重置存储器所有单元的值为 0。
- 加载镜像(Load Image...):将指定格式文件内容加载到存储器中。
- 保存镜像(Save Image...):将存储器中内容保存到特殊格式的镜像文件中。

镜像文件使用的文件格式非常简单,如果有 256 字节的存储文件,其中前 3 个字节内容为 2、3、0、20 和－1,之后的内容均为 0,那么镜像文件就是如下所示的文本文件:

```
v2.0 raw
02
03
00
14
ff
```

第一行的"v2.0 raw"表明了文件的编码格式,之后的值是预设值的十六进制格式,起始地址为 0,用户可以在一行中写多个数值,如果内存地址比文件中的值要多,系统会默认为 0。

镜像文件可以使用游程编码,如 16 * 00 表示 16 个 00,这样不用将 00 写 16 次。注意,重复次数用十进制来写,Logisim 生成的镜像文件会对至少出现 4 次的值使用游程编码。

加载镜像和保存镜像是非常有用的功能,可方便用户加载较长的数据内容。

可以在文本行后面添加注释,注释以"♯"开头,Logisim 会将其忽略。

3. 十六进制编辑器

Logisim 包含了一个方便查看和编辑存储器内容的十六进制编辑器。在存储组件的弹出菜单中选择"编辑内容(Edit Contents)"即可打开该编辑器。对于 ROM 组件,存储内容是组件属性的一部分,用户也可以单击对应属性中的内容(Contents)打开十六进制编辑器,界面如图 A.37 所示。

左侧斜体字是用十六进制显示的存储地址,其他数字显示了从该地址起始的对应数值;每一行根据窗口适应情况可以显示 4、8 或 16 个数。为了方便计数,每 4 个数之间有一个稍大的空格。用户可以使用滚动条或键盘(方向键、Home 键、End 键、PgUp 键、PgDn 键)来

图 A.37　十六进制编辑器界面

查看存储内容,输入十六进制字符会改变当前选中的值。用户可以通过拖曳鼠标、单击或长按 Shift 键等多种方式选中一段内存区域的值;也可以使用菜单中的复制、粘贴、剪切功能,剪切板的内容可以和其他应用程序交互。

A.2.7　日志

在调试大型电路时,电路仿真运行的每个时钟节拍状态的日志记录是非常有用的,这就是 Logisim 设计日志模块的目的。用户可以有选择性地将电路中的一些组件值以日志形式记录到指定文件中,然后对文件进行数据分析,快速定位故障,这与电子设计自动化(Electronic Design Automation, EDA)工具中的波形仿真功能类似。以图 A.38 所示的电路为例,详细阐述该功能。

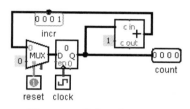

图 A.38　计数器模块电路

该电路是一个利用寄存器构成的计数器模块。每个引脚均包括一个标签,另外还包括一个探针(incr),增加标签是为了在日志中更清晰地展示。如果没有标签,日志中将会用电路中的位置坐标代替对应组件。

用户可以通过“仿真(Simulate)”菜单中的“日志(Logging...)”选项进入日志模块。它会显示一个带有 3 个选项卡的窗口,如图 A.39 所示。

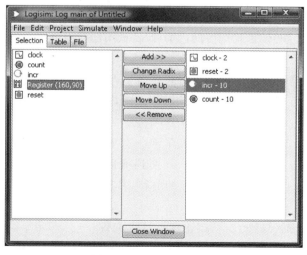

图 A.39　日志记录窗口

每个项目只有一个记录器窗口,在一个项目中切换查看另一个电路时,记录器窗口就会自动切换成当前正在查看电路的记录情况。注意,当日志模块切换并记录另一次仿真过程时，它会终止记录到文件中的过程。当切换回原来的电路重新记录时，它会保持原来的仿真记录配置，但用户需要手动开启文件记录。

1. 选择区选项卡

选择区（Selection）选项卡方便用户选择哪些信号的值进行日志记录，图 A.39 所示的窗口就是图 A.38 所示电路的日志记录选择区选项卡。

选项卡最左侧列表是电路中所有可记录的组件列表。在内置库中，记录器支持记录以下类型组件的值：

- 线路（Wiring）库：引脚、探针和时钟组件。
- 输入/输出（I/O）库：按钮和 LED 组件。
- 存储（Memory）库：除了 ROM 之外的所有组件。

对于有标签的组件，列表中会显示标签名；对于没有标签的组件，列表中会显示组件类型和电路中的位置，如图 A.39 所示窗口中的 Register（160,90）。为方便识别，应尽量为日志监控组件添加标签。所有子电路也会出现在列表中，虽然子电路本身不能被选中进行记录，但其内部组件是可以被选中记录的。RAM 组件中需要用户给出哪些地址的值有待记录，只允许记录前 256 个地址的值。

图 A.39 所示窗口中的右侧列表区域列出了所有选中的组件，同时给出了这些记录数值的基数（二进制还是十六进制）。基数对于 1 位数值无效。中间栏的按钮列提供了如下功能：

- 添加（Add）：将左侧的选中项目加入待记录的组件集合中。
- 改变基数（Change Radix）：修改选中的组件记录基数。
- 向上移（Move Up）：将当前选中的组件在列表中向上移动 1 位。
- 向下移（Move Down）：将当前选中的组件在列表中向下移动 1 位。
- 移除（Remove）：将当前选中的组件从记录列表中删除。

2. 记录表选项卡

记录表（Table）选项卡用于将当前的日志记录用图形化的方式显示出来，如图 A.40 所示。

记录表中第一行是所有选中的组件。表中每一行显示完成一次值的传递后电路仿真的状态。任何重复的记录都不会被添加到日志记录中，这里只能显示最近的 400 条记录。

3. 文件选项卡

文件（File）选项卡如图 A.41 所示，上半部分有一个文件记录是否启用的功能按钮，没有指定文件之前不能启用该功能。当用户切换到项目窗口查看另一个电路仿真过程时，文件记录的过程会停止；如果用户回到先前的电路，希望继续进行记录时，需要手动重新启用文件记录。

用户可以单击"选择（Select…）"按钮选择日志文件，一旦选定了，文件记录就会自动开始。如果用户选择的是一个已经存在的文件，Logisim 会询问是想覆盖文件还是在文件末尾添加新内容。在选项卡下半部分，用户可以勾选是否在文件中写入选中组件的标题行（Include Header Line），如果勾选此项，无论何时改动选中的组件，新的标题行都会重新写入文件。

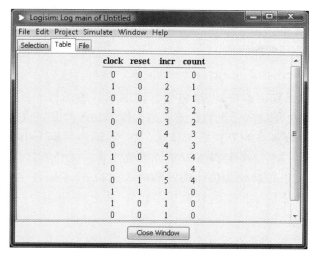

图 A.40　日志记录表选项卡

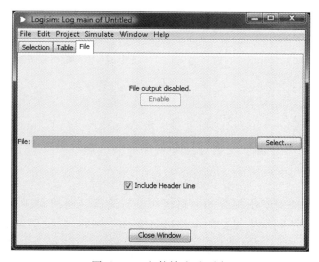

图 A.41　文件输出选项卡

4. 文件格式

日志文件采用 Tab 字符分隔的文本进行记录,文件格式非常简单,方便用户使用其他程序对其进行处理,如一个 Python 脚本或电子表格程序。Logisim 每 500ms 将记录向磁盘写入一次,以便 Logisim 运行期间另一个脚本可以同时处理生成的文件。即使没有数据更新,Logisim 在仿真运行期间也会间歇性地关闭和重新打开日志文件。

A.2.8　命令行测试

命令行测试功能可以帮助教师利用脚本对学生的设计方案进行自动测试。Logisim 可以通过命令行运行验证测试电路。下面介绍如何从命令行执行一个电路。假设已经建立了如图 A.42 所示的电路,并保存命名为

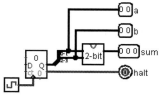

图 A.42　测试电路

adder-test.circ 的文件。它使用了一个 2 位加法器作为子电路,并且使用一个有 16 种输入可能的计数器来进行循环。

通过如下命令行进行电路验证:

```
java - jar logisim - filename.jar adder - test.circ - tty table
```

Logisim 不需要弹出任何窗口,电路将会自动加载开始运行。系统使用尽可能快的时钟频率,并且使得在每次"滴答"之间都能完成值的传递。每次完成值的传递后,如果输出值发生变化,就会以 Tab 分隔符的形式输出显示。注意,输出引脚 halt 是 Logisim 保留的引脚,它的输出不会显示,一旦这个引脚值为 1,系统会立即停止仿真运行。

本例中有两个输入引脚对应 2 位加法器的输入 a 和 b,还有另一个输出引脚对应加法器的输出 sum。它们在不同情况下的取值从左到右、从上到下的顺序分别如下:

00	00	000
01	00	001
10	00	010
11	00	011
00	01	001
01	01	010
10	01	011
11	01	100
00	10	010
01	10	011
10	10	100
11	10	101
00	11	011
01	11	100
10	11	101
11	11	110

1. 替代库

对于教师,经常需要对学生提交的电路模块进行测试。通常,教师有一个标准设计方案的项目文件,还有很多不同学生提交的电路项目文件。例如,假设学生的任务是完成一个 2 位加法器,教师标准答案文件是 adder-master.circ,学生提交的文件是 adder-query.circ。两个文件都包含一个名为 2 位加法器的电路(电路命名必须相同),如图 A.43(a)、(b)所示。

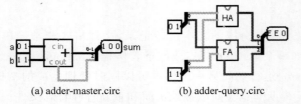

(a) adder-master.circ   (b) adder-query.circ

图 A.43 存放在不同文件中的同名同功能电路

从图 A.43 可看出,教师标准答案 master 电路使用了 Logisim 的内置加法器,而学生提交文件 query 电路使用了一个半加器和一个全加器子电路(均由简单逻辑门构建)。很明显,query 电路犯了一个错误:半加器的进位输出没有连到全加器上。

为了测试这些电路,构建一个测试电路文件 adder-test.circ,并在该电路中加载 adder-master.circ 作为一个 Logisim 库,测试电路中使用库文件中的 2 位加法器作为子电路,如

果设计正确,利用如下命令行可以得到预期的输出:

```
java – jar logisim – filename. jar adder – test. circ – tty table
```

为了测试学生的电路,需要使用 adder-query. circ 文件,而不是 adder-master. circ 文件作为加载库来运行电路。一种简单方法就是在 Logisim 中重新加载新的库。另外,Logisim 提供了一种更方便的方法:"-sub"选项,从而可以在测试中临时替换一个库文件,具体命令如下:

```
java – jar logisim – filename. jar adder – test. circ – tty table – sub adder – master. circ
adder – query.circ
```

输出结果如下:

```
00      00      0E0
01      00      0E1
10      00      EE0
11      00      EE1
00      01      0E1
01      01      0E0
10      01      EE1
11      01      EE0
00      10      EE0
01      10      EE1
10      10      1E0
11      10      1E1
00      11      EE1
01      11      EE0
10      11      1E1
11      11      1E0
```

输出结果显然和上一节输出不同,因为现在执行的是错误的 adder-query. circ 电路。

2. 其他命令行选项

(1) 参数"-load"选项

更复杂的电路可能包含 RAM 组件,往往需要加载一段程序让电路来执行。用户可以在命令行中指定一个存储镜像文件加载到 RAM 组件中(仅限命令行)。例如:

```
java – jar logisim – filename. jar cpu. circ – tty table – load mem – image. txt
```

需要注意的是,参数"table"必须紧接在"-tty"之后,存储镜像文件名必须紧接在"-load"之后。如果有多个 RAM 组件(包括嵌套电路中的),Logisim 会试图向所有它能找到的 RAM 组件加载同一份存储镜像文件。

(2) 参数"-tty"选项

前面一直使用"-tty table"来表示输出数据应该以表格的形式进行显示。用户还可以使用更多选项,如"-tty table,halt,speed",程序会分别执行三种行为:

halt:在仿真运行结束之后,会有一行文本解释仿真终止的原因。例如,发生震荡也会提示。

speed:仿真运行结束后,Logisim 会显示电路仿真时的速度。注意,由于输出信息会进行操作系统的系统调用,所以仿真过程中如果显示信息会使仿真过程显著变慢。此处 714Hz 的仿真速率如果加上"table"选项就只有 490Hz。

stats：显示顶层主（main）电路中使用的组件的统计数据。

table：将输出数据以表格形式显示。

tty：将电路中任何 TTY 组件的输出送至标准输出，将键盘输入的信息传送至电路中的键盘组件，这些组件甚至包括那些嵌套层次很深的组件。

3. 批量测试多个文件

教师往往需要批量测试一大批学生的电路文件，但又不想一个个去阅读学生方案的输出。有两种提升批阅学生电路效率的方法。

（1）使用电路进行自动比较。

可以建立额外的测试电路，利用比较电路测试学生作业方案和教师标准方案的差异。该测试电路分别引用教师的标准方案子电路和学生的作业方案子电路。图 A.44 所示电路中，master 是教师的标准方案子电路，soln 是学生的作业方案子电路。两个方案的输出采用一个表决器进行比较，输出 same 为 1 时表示学生方案在当前测试输入下与教师方案一致。

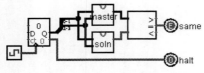

图 A.44　运行结果比较电路

当需要测试不同学生的方案时，手动替换学生子电路即可。现在就可以简单地运行 Logisim 进行测试了，对于正确的设计方案，输出只能为 1。

（2）使用脚本进行自动比较。

如果用户非常熟悉命令行的使用，可以创建 shell 脚本来实现这一需求。可以使用重定向（操作符为＞）将每一个电路的输出保存为一个文件。可使用以下命令收集 master 和 query 电路的输出：

```
java - jar logisim - filename. jar adder - test. circ - tty table > output - master. txt
java - jar logisim - filename. jar adder - test. circ - tty table - sub adder - master. circ
adder - query. circ > output - query. txt
```

现在已经得到了两个段落的输出文件，就可以利用比较程序对文件内容进行比较。为了处理多个 query 文件，可以编写简单程序，如 shell 脚本，来逐个比较多个学生电路的输出结果。

A.2.9　项目选项

用户可以使用"项目（Project）"菜单中的"选项（Options...）"子菜单项来查看和编辑项目选项，它会显示一个带有多个选项卡的窗口，如图 A.45 所示。

下面分别讨论各个选项卡的功能。在图 A.45 窗口的最下方有"恢复到模板（Revert All To Template）"按钮，单击它之后，所有的选项和工具属性都会变更为当前模板的设定。

1. 仿真选项卡

仿真（Simulation）选项卡用来配置仿真算法参数。这些参数对于同一窗口下的所有电路以及加载到项目中的库也有效。图 A.45 就是仿真选项卡的界面。

（1）震荡前的循环次数（Iterations until oscillation）：该下拉菜单决定在电路确定进入震荡前的仿真运行时间。菜单中的数字表示"滴答"次数，默认的 1000 对于大多数电路已经足够，甚至可以满足大型电路的要求。但如果用户的电路被 Logisim 误报为震荡，那么可能

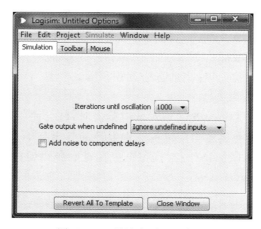

图 A.45　项目选项配置窗口

需要设置更大的循环次数。

（2）未连接的逻辑门输出（Gate output when undefined）：当逻辑门存在未连接输入时输出行为的定义，Logisim 会默认忽略这部分输入，使逻辑门可以在输入比设计输入更少的情况下运行。实际电路中这种逻辑门的行为是不可预知的，所以这里允许用户将这种未连接输入配置成错误。

（3）组件延迟增噪（Add noise to component delays）：该选项框可为组件延迟增加随机噪音。内部的仿真过程使用内部时钟，每个组件（不包括线路和分线器）在收到输入和发出输出之间都有一定的时间延迟。如果该选项启用，Logisim 就会偶然性地（1/16 的概率）使一个组件的延迟比正常情况下长一个时钟"滴答"。建议关闭这个选项，因为该功能会在普通电路中造成罕见的错误。

2. 工具栏选项卡

工具栏（Toolbar）选项卡可以让用户定制工具栏上的图标，如图 A.46 所示。

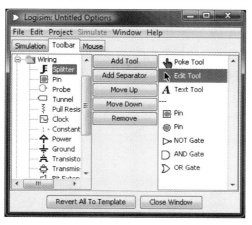

图 A.46　工具栏选项卡

左侧列表是所有可用工具，右侧列出了当前工具栏的内容（其中虚线"--"表示灰色分隔符），中间栏是 5 个按钮，功能分别如下：

（1）添加工具（Add Tool）：将左侧列表中选中的工具添加到右侧工具栏的末端。

(2) 添加分隔符(Add Separator):在工具栏末端添加分隔符。

(3) 向上移动(Move Up):将工具栏当前选中的项向上移动一位。

(4) 向下移动(Move Down):将工具栏当前选中的项向下移动一位。

(5) 移除(Remove):将工具栏当前选中的项移除。

3. 鼠标选项卡

默认情况下,当用户在 Logisim 画布区域内单击时,就会使用当前选中的工具。如果右击或用 Ctrl+鼠标左键,就会显示当前鼠标选中组件的弹出菜单。

Logisim 允许用户定制鼠标操作行为,每个鼠标键和辅助键(Shift、Ctrl、Alt 键)的组合可以映射到不同的工具。鼠标(Mouse)选项卡可以提供功能定制,如图 A.47 所示。

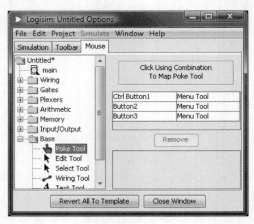

图 A.47　鼠标选项卡

(1) 左侧是一个管理器,用户可以从中选择想要映射的工具。

(2) 右上方是一个矩形框,用户可以在此选择想要的鼠标按键组合。如果用户想使用 Shift+鼠标左键拖曳来创建线路,首先在管理器中选择连线工具(在基本库中),然后在右上方的矩形框中,按住 Shift+鼠标左键操作,即可将 Shift+鼠标左键的行为定义为添加连线。

(3) 矩形区域之下,是当前鼠标行为映射列表。

(4) 列表之下,是移除(Remove)按钮,可以删除在上表中选中的映射项。接下来,鼠标组合键将会映射到当前选中的任意一个工具栏或是管理窗中的工具。

(5) 移除按钮之下,是映射表中当前选中的工具的属性表。每一个鼠标动作映射的工具都有自己的属性集合,与工具栏、管理窗中的工具使用的属性集不相同,用户可以在此编辑这些属性值。

A.2.10　Logisim 值传递算法

通常情况下,用户不需要关心 Logisim 用来仿真的值在电路中传递的算法。只需要明白算法足够复杂并可以仿真逻辑门的延迟,但是还不能够真实地仿真电压变化或是电路险象中的竞争条件即可。用户需要注意的是,Logisim 中的组件都是有延迟的,不论是最简单的逻辑门还是较为复杂的乘法器,其组件延迟都是一样的。如果多个输入的传播路径不一致,可能会造成险象。

1. 门延迟

下面给出一个示例展示 Logisim 值传递算法的实际操作,如图 A.48 所示。

该电路中与门的输出显然应该是 0,但是非门的输出在实际电路中不会立刻对输入发生反应,在 Logisim 中也不会。所以,当电路的输入从 0 变成 1 时,与门会短暂地收到两个 1 作为输入,所以会短暂地出现 1 作为输出,输出会出现一个意外的毛刺。但用户在屏幕上看不到这个变化的过程。为观察这个变化过程,将与门的输出作为 D 触发器的时钟输入,如图 A.49 所示,当电路输入从 0 变为 1 时,触发器状态立刻变为 1,这间接证明与门输出产生了从 0 到 1 的跳变。

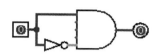

图 A.48 测试逻辑门延迟的理论电路

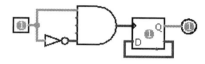

图 A.49 表现门延迟现象的电路

每个组件都有相关联的延迟,Logisim 中内置组件越复杂,其延迟会越大,但是某种程度上这些延迟是任意的,可能并不能反映真实电路的情况。从技术的角度看,单一电路中的这种延迟的复杂性是比较容易解决的。子电路的逻辑门延迟相对复杂,Logisim 通常将子电路中所有基本组件时间延迟叠加在一起。

通过"项目选项(Project Options)"窗口的仿真(Simulation)选项卡,用户可以在 Logisim 组件的传递过程中加入一个随机的偶然延迟。这是为了仿真实际电路中的不均衡。尤其是使用两个或非门建立的 SR 锁存器没有这种随机性时会发生震荡,因为两个逻辑门会前后紧接地处理它们的输入。需要注意的是,Logisim 在处理门延迟方面做得还不够完善。

2. 震荡错误

Logisim 值传递算法通常可以毫无问题地安静工作,在用户创建一个震荡电路时,仿真算法可能陷入死循环。为了避免这个问题,Logisim 增加了震荡检测的功能,电路仿真循环次数达到一定阈值时会被判定为震荡。

图 A.50 所示的电路目前处在稳定状态,但当输入变为 1 时,电路就会立刻进入一个无限的循环状态。一段时间后,Logisim 会停止运行,并给出"存在明显的震荡(Oscillation apparent)"的提示信息,如图 A.51 所示。

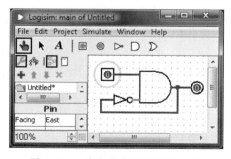

图 A.50 稳定状态下的震荡电路

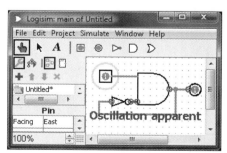

图 A.51 Logisim 给出电路震荡的信息

它会显示停止仿真时刻的值,这些值明显是错误的,图中与门输出为 1,因为一个输入为 1,而另一个输入则是在与非门输入输出均为 1 的情况下才会产生。

Logisim 在可能造成震荡的每一个位置都标识了小圆圈。如果涉及的点在子电路中，Logisim 会将子电路的轮廓画成红色。当 Logisim 检测到震荡时，会停止所有进一步的仿真，用户也可以使用"仿真（Simulate）"菜单中的"开启实时仿真（Simulation Enabled）"来重启仿真过程。

A.2.11　Logisim 的不足之处

Logisim 的值传递算法足以满足教学需要，但还无法满足工业级电路设计需要，Logisim 值传递算法还存在以下不足之处。

（1）除了逻辑门延迟的问题之外，Logisim 没有额外考虑时间问题，它是很理想化的。因此，SR 锁存器中的一对或非门可以无限紧密地前后不断发生跳变，而不是在最终达到一个稳定状态。

（2）Logisim 不能仿真既能输入又能输出的引脚，而使用 Java 构建的组件可以拥有这种引脚，如内置存储库中的 RAM 组件包含一个引脚 D 就可以同时作为输入引脚和输出引脚。

（3）Logisim 在电路循环次数达到一个定值后就会认为当前电路存在震荡错误而停止仿真过程，大型电路没有震荡错误也可能导致这个问题。

（4）Logisim 对于电压级别的差异没有做任何工作。Logisim 中的值只有开启、关闭、不确定和错误。

A.2.12　Logisim 使用总结

综上所述，有关 Logisim 的使用总结如下：

（1）快捷键：Logisim 提供了一些比较常用且方便的快捷键，具体见表 A.3。记住这些快捷键会大大提升绘制电路和调试电路的工作效率。

表 A.3　Logisim 快捷键

序号	快　捷　键	功　能　描　述
1	Ctrl+S	存盘
2	Ctrl+C	复制
3	Ctrl+V	粘贴
4	Ctrl+X	剪切
5	Ctrl+Z	撤销刚才的修改
6	Ctrl+D	创建当前选中的组件副本
7	方向键	调整组件朝向
8	数字键	调整逻辑门输入引脚数、多路选择器选择端数据位宽
9	Alt+数字键	调整组件数据位宽
10	Ctrl+R	多路复位，所有输入引脚清零，RAM 清空数据，寄存器清零
11	Ctrl+K	时序电路中时钟单步运行一次
12	Ctrl+T	时序电路中开启时钟自动运行
13	Ctrl+E	开启或关闭实时仿真
14	Ctrl+I	单步仿真一步
15	Shift+鼠标左键拖曳	编辑子电路外观时有效，可以生成 45°直线、正方形、圆形
16	Ctrl+鼠标左键拖曳	编辑子电路外观时有效，可以将连线与点阵对齐

（2）严禁对时钟进行逻辑操作：在实际电路中对时钟进行逻辑操作是非常糟糕的设计，会导致一系列严重的故障，如险象。在同步时序电路中，不要将时钟信号与电平信号相连，也不要将电平信号当作时钟输入，对时序逻辑组件进行控制时尽量控制使能端，不能控制时钟端。

（3）仿真算法潜在的缺陷（bug）：Logisim 存在一定的 bug，发生震荡或其他情况后，电路仿真可能出现一些莫名其妙的问题，此时可以尝试关闭 Logisim，重新打开相关项目，如果问题仍未得到解决，请继续调试。

（4）Logisim 闪退或死机：软件大区域复制、粘贴、移动电路可能会导致 Logisim 崩溃，请注意随时按 Ctrl＋S 快捷键保存电路。

（5）项目文件损坏问题：Logisim 保存的项目文件是以 .circ 为扩展名的 xml 文本文件，极少数情况下这个文件会意外损坏，此时可以将同目录中项目文件的备份文件——以 .bak 为扩展名的同名文件，修改为 .circ 扩展名之后打开，可以挽救大部分数据。

（6）震荡问题调试：设计较复杂的电路时，如果出现震荡问题，所有引起震荡的位置都会用小红圈标识，出现震荡问题一定是存在不恰当的回路反馈，可以尝试断掉部分回路，然后观察震荡是否能消除。如果震荡能消除，可以仔细检查回路逻辑是否正确。

（7）大面积蓝线问题：电路在运行过程中出现大面积蓝线问题可能有两个原因：一是 Logisim 仿真算法故障，重启 Logisim 即可；二是电路中有悬空引脚动态地被选中导致输出无法计算，出现这种问题时可以在蓝线部分增加下拉或者上拉电阻，将不确定值变成确定值即可。

（8）隧道滥用问题：隧道的使用要适度，不能滥用隧道。主要数据通路应该尽量连线，要保证电路的主体框架清晰，并适当注释，以增强电路的可读性。

（9）线路虚连问题：构建较复杂电路时，连线一定要连接到组件的连接点，拖动组件线路时应保持跟随，否则可能是虚连，类似印制板电路中的虚焊。

（10）线路变红问题：出现红色信号线说明肯定有明显的错误，通常这种现象在复杂电路中会出现，调试的时候应注意是否以下情况引起的：

① 存在所有输入均未连接的输入门。

② 输出引脚误用了输入引脚，导致信号冲突。

③ 两个不同值输出到同一线路引起的冲突，电路复位时两值是相同的，无信号冲突；但当电路运行过程中两值发生变化，导致信号冲突。

④ 多位宽线路中存在 1 位错误。

⑤ 线路虚连，导致逻辑电路无输入，输出错误值。

A.3 Logisim 组件库

Logisim 为用户提供了丰富的组件库，主要包括线路（Wiring）库、逻辑门（Gates）库、复用器（Plexers）库、运算器（Arithmetic）库、存储（Memory）库、输入/输出（Input/Output）库、基本（Base）库等几大类。其中，不同的库与不同的组件拥有不同的属性，但很多组件都拥有一个共有的属性。为了避免重复说明，这里先列举一些组件的共有属性，如表 A.4 所示。

表 A.4　Logisim 组件的共有属性

序号	属　　性	功　能　描　述	修改快捷键
1	朝向	组件在画布放置的方向	键盘方向键快速修改
2	数据位宽	引脚对应的数据宽度	通过 Alt＋数字键修改
3	引脚数	逻辑门电路输入引脚数	键盘数字键直接修改
4	外观	可以调整组件外观属性	
5	尺寸	逻辑门电路可以设置组件的尺寸大小	
6	标签	与组件相关联的标签文字，用于注释	
7	标签位置	标签在组件上的显示位置	
8	标签字体	组件标签文字的字体	

A.3.1　线路库

线路库主要包含与线路相关的基本组件，如表 A.5 所示。

表 A.5　线路库的组件

图　　标	组　件　名　称
	分线器（Splitter）
	引脚（Pin）
	探针（Probe）
	隧道（Tunnel）
	上/下拉电阻（Pull Resistor）
	时钟（Clock）
	常量（Constant）
	电源/接地（Power/Ground）
	位扩展器（Bit Extender）

1. 分线器

分线器（Splitter）可以将一个多位线路拆分成几个位宽更小的线路，也可以将多个线路合并成一个更大位宽的多位线路。分线器组件的外观如图 A.52 所示，其详细介绍可参见 A.2.3 节。

图 A.52　分线器组件的外观

分线器单个连接点端称为汇聚端，其位宽与属性中的位宽相同，另一侧的多个连接点端称为分线端，分线端各连接点的位宽由属性中的"位 x"计算，分线端端口数由扇出系数指定，并且分线端的每一个端口都有一个分配好的数值，该数值大于或等于 0 且小于扇出系数的值。对于分线端的每个端点，由"位 x"决定汇聚端的对应位连接到哪一个分线端口，这些位的先后顺序和它们在汇聚端的先后顺序相同。

当分线器被选择或被添加时，按数字键可以改变其分线端端口的数量（分线器扇出系数），按 Alt＋数字键可以修改汇聚端位宽属性，按方向键可以改变朝向属性。分线器除了包括朝向、外观等共有属性外，还包括如下属性。

（1）输出：分线端端口数量。

（2）位 x：汇聚端第 x 位与分线端端口之间的索引关系。分线端端口的索引自上而下从 0 开始（分线器朝向为东西向），或者自下而上从 0 开始（分线器朝向为南北向）。汇聚端的任一位可以不与分线端的任意端点相连，但任一位不能同时与分线端的多个端点相连。

用户也可以通过分线器的弹出式菜单(右击或按 Ctrl+鼠标左键)选择升序分布或降序分布。升序分布将会从 0 开始依次为每一位分配索引值,分配时尽可能做到每个分线端端口位宽一致。降序分布从最高位开始向下分配。

2. 引脚

引脚(Pin)是电路的输入或输出,引脚组件的外观如图 A.53 所示。

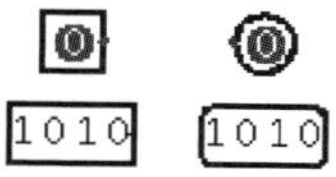

引脚可以是多位的,具体由数据位宽属性决定。输出引脚用圆形(1 位)或者圆角矩形(多位)表示,输入引脚则用正方形(1 位)或者长方形(多位)表示,引脚是输入还是输出可在属性中选择。引脚值的各位值会显示在组件内(打印视图除外,此时只显示该引脚有多少位)。

图 A.53 引脚组件的外观

构建电路的时候,将使用引脚指定电路和子电路之间的接口。当电路要作为子电路应用于其他电路中时,电路布局中引脚的位置决定了该电路在其他电路中的引脚位置。主电路与子电路相连的引脚的值将传递到子电路内部引脚中。

当引脚组件被选择或被添加时,用 Alt+数字键可以修改引脚数据位宽属性,用方向键可以修改其朝向。引脚除包括朝向、标签、标签位置、标签字体等共有属性外,还包括如下属性。

(1)输出:指定该组件是否为输出引脚,选择 NO 则是输入引脚。

(2)三态:对于输入引脚,该值决定了用户是否可以利用该引脚发送不确定值(悬浮值)。当电路作为子电路使用时,该属性不对引脚功能产生影响。对于输出引脚,该属性没有意义。

(3)上拉、下拉行为:对于输入引脚,该属性指定如何处理不确定值,当电路作为子电路使用时,如果选择"不变",系统将不确定值直接传入电路;如果选择"上拉"时,系统将不确定值上拉为 1 再传入电路;当选择"下拉"时,系统将不确定值下拉为 0 再传入电路,这个属性对于电路中存在不确定值时非常有用。

(4)戳工具功能:利用戳工具单击输出引脚无任何效果,但是会显示该引脚的属性。单击输入引脚则会修改对应位的值,三态引脚被多次单击时对应值会在 0、1、x 之间循环。

需要注意的是,如果用户当前处于查看子电路状态,所有输入引脚的值都是由主电路传输进来的,如果试图去修改子电路输入引脚的值,就会弹出一个对话框,询问这个引脚已绑定到了外围电路,是否创建一个新的状态。单击"否",会取消输入请求;单击"是",则会创建一个查看子电路状态的副本,并从主电路中分离,输入引脚的值会按用户要求进行修改。

3. 探针

探针(Probe)是用于监控电路中指定点具体值的组件,对电路调试非常有帮助。探针组件的外观如图 A.54 所示。

图 A.54 探针组件的外观

探针组件和输出引脚功能基本相同。不同的是,当电路作为子电路使用时,输出引脚会成为子电路接口引脚,而探针不会。另外,探针没有"数据位宽"属性,其位宽与探测点位宽一致。引脚组件是黑色加粗线条,探针是灰色线条。

探针组件只有一个引脚，它将作为探针的输入。当探针组件被选择或被添加时，可用方向键改变其朝向，探针除包括标签、标签位置、标签字体等共有属性外，还包括基数属性，即显示基数，包括二进制、八进制、有符号十进制、无符号十进制或十六进制。

4. 隧道

隧道（Tunnel）类似于多层印制电路板中的过孔，可以将无线路连接的两个或多个点逻辑连通。这对于电路中进行远距离连接非常有帮助，如果没有隧道，组件线路连接可能不美观。隧道组件的外观如图 A.55 所示。

图 A.56 给出了隧道组件的使用方式。图中，标记为 a 的隧道都是连接在一起的。

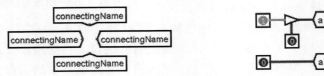

图 A.55　隧道组件的外观　　　　　图 A.56　隧道组件的使用方式

隧道组件只有一个引脚，该引脚的位宽和数据位宽属性相同。该引脚既不是输入引脚也不是输出引脚，标签文字相同的的隧道将会被隐式地连接在一起。

当隧道组件被选择或被添加时，用 Alt＋数字键可以修改数据位宽，用方向键可以修改其朝向。隧道组件包括朝向、数据位宽、标签、标签字体等共有属性。注意，隧道组件不能滥用，如果过度使用，可能会使电路的可读性变差。

5. 上/下拉电阻

上/下拉电阻（Pull Resistor）用于处理连接点的不确定值（悬浮值），当连接点的值是不确定值（Z）时，该组件才有效果。该电阻将连接点的不确定值上拉到 1 或下拉到 0。如果它被连接到多个位值，则该值中的所有不确定值都将按指定的方向上拉或下拉，而确定值则保持不变。当电路调试出现蓝线时，可以尝试使用上拉或下拉电阻解决问题。上/下拉电阻组件的外观如图 A.57 所示。

该组件只有一个引脚，该引脚是一个输出引脚，并且其位宽和其相连组件的相同。该组件除朝向属性外，还包括方向属性，即指定一个要被上拉或下拉的目标值：0、1、错误值。

6. 时钟

时钟（Clock）组件的外观如图 A.58 所示。

图 A.57　上/下拉电阻组件的外观　　　　　图 A.58　时钟组件的外观

对于时钟（Clock）信号源，在"仿真（Simulation）"菜单中选择"时钟自动运行（Ticks Enabled）"后，时钟组件会以一个固定的频率修改其输出值。"滴答（tick）"是 Logisim 中的时间单位，时钟滴答产生的速度可通过"仿真（Simulation）"菜单中的"滴答频率（Tick Frequency）"指定。

需要注意的是，Logisim 的时钟仿真是不真实的，在实际电路中多个时钟之间会相互影响，不可能做到完全一致，但 Logisim 中所有时钟都以相同的频率产生"滴答"信号。

时钟组件只有一个位宽为 1 的输出引脚,输出值代表当前时钟的值。引脚的方向由朝向属性指定。开启时钟自动运行之后,时钟的输出值将会随着其周期而翻转。

时钟组件除包括朝向、标签、标签位置、标签字体等共有属性外,还包括如下属性:

(1) 高电平时长:一个周期中,输出值为 1 的时长。

(2) 低电平时长:一个周期中,输出值为 0 的时长。

(3) 戳工具功能:利用戳工具单击时钟组件会立即翻转当前的输出值。

7. 常量

常量(Constant)用来发送其数值属性所指定的值。常量组件的外观如图 A.59 所示。

常量组件只有一个引脚,一旦常量的数值属性被指定了,常量组件将固定输出数值属性的值。常量组件除包括朝向、数据位宽等共有属性外,还包括数值属性,该属性表示该组件要发送的值,用十六进制表示,该值的位宽不能超过组件的位宽。

8. 电源/接地

电源/接地(Power/Ground)实际上就是特殊的常量。电源/接地组件的外观如图 A.60 所示。

图 A.59 常量组件的外观

图 A.60 电源/接地组件的外观

图 A.60 中,三角形表示电源,值为 1(如果位宽大于 1,那么所有位都是 1);逐渐缩短的平行横线表示接地,值为 0(如果位宽属性大于 1,那么所有的位都是 0)。电源/接地的功能也可以用常量组件实现,单独提供这个组件的原因是电源/接地是标准的电气符号。电源/接地组件只有一个引脚,该引脚的位宽和数据位宽属性相同。该组件持续地输出由数值属性指定的数值:电源输出全为 1 的数值,接地输出全为 0 的数值。该组件包括朝向和数据位宽两个属性。

9. 位扩展器

位扩展器(Bit Extender)可以改变数值的位宽,如果是大位宽转小位宽,扩展器会直接截断原数值的高位而保留低位数值。如果是小位宽转大位宽,那么转换后数值的最低位和原来一样,高位的数值可以由用户选择:既可以全是 1,也可以全是 0,还可以和额外的输入信号一致。另外,系统还提供有符号数扩展的选项,根据原数据的最高符号位进行扩展。位扩展器组件的外观如图 A.61 所示。

位扩展器左侧是输入,右侧是输出,当扩展方式为输入扩展时,顶部会有一个 1 位输入引脚。位扩展器包括输入位宽、输出位宽、扩展方式 3 个属性。其中,扩展方式决定输出位宽大于输入位宽时,高位

图 A.61 位扩展器组件的外观

部分取值方式。0 扩展时输出值高位部分全为 0,1 扩展时输出值高位部分全为 1,符号扩展时高位值与输入值最高位相同。如果指定为输入扩展,输出值的高位与额外的输入位相同。

A.3.2 逻辑门库

逻辑门库包含一系列简单的逻辑门组件,如表 A.6 所示。

表 A.6　逻辑门库的组件

图　标	组 件 名 称
▷	非门(Not Gate)
▷	缓冲器(Buffer)
D D D D	与/或/与非/或非门(AND/OR/NAND/NOR Gate)
D D ▣ ▣	异或/异或非/奇校验/偶校验(XOR/XNOR/Odd Parity/Even Parity Gate)
▷ ▷	三态缓冲器/三态非门(Controlled Buffer/Inverter)

1. 非门

非门(Not Gate)将所有输入都进行反转输出。非门的真值表如表 A.7 所示。

非门如果输入是不确定值(悬浮值),那么输出也是不确定值,但如果在 Logisim 选项中的"未连接的逻辑门输出"是"未连接输入,输出错误",那么非门也会输出错误值。如果输入是错误值,那么输出也会是错误值。

非门除包括朝向、尺寸、数据位宽、标签、标签字体等共有属性外,还包括输出值属性,用来表明如何将逻辑假值和逻辑真值转换为输出值。默认的假值用 0 表示,真值用 1 表示,即输出值属性取值为"0/1"。但是,假值或真值中的一个也可以用高阻抗(悬浮值)表示,即"floating"。输出值属性取值可以为"floating/1"或"0/floating",这个功能可以支持线"或"和线"与"连接,具体可参见"与/或/与非/或非门"介绍。

2. 缓冲器

缓冲器(Buffer)只是简单地将左侧输入的值传递到右侧输出。1 位缓冲器的真值表如表 A.8 所示。

表 A.7　非门的真值表

x	输出
0	1
1	0

表 A.8　1 位缓冲器的真值表

x	输出
0	0
1	1

缓冲器如果输入是不确定值,那么输出也是不确定值。在打开 Logisim "项目(Project)"菜单中"选项(Options)"子菜单中的"仿真(Simulation)"选项卡中,如果"未连接的逻辑门输出(Gate Output When Undefined)"是"当有输入未定义,输出错误信号(Error for undefined inputs)",那么缓冲器也会输出错误值;如果输入是错误值,那么输出也是错误值。

缓冲器是逻辑门中最无用的组件,它之所以存在,仅仅是为了保持逻辑门库的整体性。但是,缓冲器仍然有其作用,它可以确保值仅在一个方向传播,类似二极管的功能;另外,缓冲器可以在组合逻辑电路出现毛刺时使用,通过在线路中增加一个或多个缓冲器使信号传播时延相等,从而解决毛刺问题。

缓冲器除包括朝向、尺寸、数据位宽、标签、标签字体等共有属性外,还包括输出值属性,如何将逻辑假值和逻辑真值转换为输出值。默认的假值用 0 表示,真值用 1 表示,即输出值属性取值为"0/1"。但是,假值或真值中的一个也可以用高阻抗(悬浮值)表示,即"floating"。输出值属性取值可以为"floating/1"或"0/floating",这个功能可以支持线"或"和线"与"连接,具体可参见"与/或/与非/或非门"介绍。

3. 与/或/与非/或非门

与/或/与非/或非门(AND/OR/NAND/NOR Gate)都是根据各自的逻辑关系对输入值进行计算并输出。与/或/与非/或非门组件的外观如图 A.62 所示。

(a) 与门　　(b) 或门　　(c) 与非门　　(d) 或非门

图 A.62　与/或/与非/或非门组件的外观

默认情况下,所有未连接的输入端的值会被忽略(蓝色连接点),所以用户可以用 5 个输入的逻辑门去处理只有 2 个输入的情况。这样,也方便用户新建逻辑门的时候不用关心输入数。如果所有的输入引脚都没有连接,那么输出的值是一个红色错误值。如果用户坚持希望像真实电路那样要求每个逻辑门的输入引脚都必须被连上,可以选择"项目(Project)"菜单→"选项(Options)"子菜单→"仿真(Simulate)"选项卡中的"当有输入未定义,输出错误信号(Error for undefined inputs)"选项。

这些逻辑门的真值表如表 A.9 所示(X 代表错误,Z 代表浮动值)。

表 A.9　与/或/与非/或非门的真值表

与门				或门				与非门				或非门			
	0	**1**	**X/Z**		**0**	**1**	**X/Z**		**0**	**1**	**X/Z**		**0**	**1**	**X/Z**
0	0	0	0	0	0	1	X	0	1	1	1	0	1	0	X
1	0	1	X	1	1	1	1	1	1	0	X	1	0	0	0
X/Z	0	X	X	X/Z	X	1	X	X/Z	1	X	X	X/Z	X	0	X

这些逻辑门除包括朝向、位宽、尺寸、标签、标签字体等共有属性外,还包括如下属性:

(1) 输入引脚个数:决定左侧可使用输入个数,利用数字键可直接快速修改。

(2) 输出值:用来表明如何将逻辑假值和逻辑真值转换为输出值。默认的假值用 0 表示,真值用 1 表示即输出值属性取值为"0/1"。但假值或真值中的一个也可以用高阻抗(悬浮值)表示,即"floating",输出值属性取值可以为"floating/1"或"0/floating",这个功能可以支持线"或"和线"与"连接,如图 A.63 所示。

图 A.63(a)中缓冲器的输出属性是"floating/1",输出连接下拉电阻,这里输出两个信号是线"或"的关系;图 A.63(b)缓冲器的输出属性是"floating/0",输出连接上拉电阻,输出两个信号是线"与"的关系。

(3) 负逻辑 x:如果选中,对应编号 x 的引脚会增加一个圆圈表示负逻辑,如果朝向为东或西,

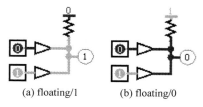

(a) floating/1　　　(b) floating/0

图 A.63　线"或"与线"与"

输入引脚顺序是自上而下;如果朝向是北或南,输入引脚顺序则是从左到右。

4. 异或/异或非/奇校验/偶校验

异或/异或非/奇校验/偶校验(XOR/XNOR/Odd Parity/Even Parity)电路均根据各自功能定义计算输出值。异或/异或非/奇校验/偶校验组件的外观如图 A.64 所示。

未连接的输入引脚将被忽略,所以用户可以用 5 个输入的逻辑门去处理只有 2 个输入

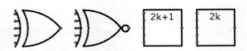

(a) 异或门　(b) 异或非门　(c) 奇校验　(d) 偶校验

图 A.64　异或/异或非/奇校验/偶校验组件的外观

的情况,且该 5 个输入的功能与 2 个输入的门完全一样,这样用户每次新建逻辑门时不用考虑引脚数目。如果所有的输入引脚都没有连接,则输出值是一个红色的错误值。如果用户坚持希望像真实电路一样要求每个逻辑门的输入引脚都必须被连上,可以选择"项目(Project)"菜单中"选项(Options)"子菜单中的"仿真(Simulation)"选项卡中的"当有输入未定义,输出错误信号(Error for undefined inputs)"选项。

这些逻辑门的真值表如表 A.10 所示。

表 A.10　异或/异或非/奇校验/偶校验的真值表

x	y	异　或	异　或　非	奇　校　验	偶　校　验
0	0	0	1	0	1
0	1	1	0	1	0
1	0	1	0	1	0
1	1	0	1	0	1

异或门、异或非门均可以通过设置输入引脚数目起到奇偶校验编码电路的作用,如果任何一个输入是错误值,输出也将是错误值。

这些组件除包括朝向、位宽、尺寸、标签、标签字体等共有属性外,还包括如下属性:

(1) 输入引脚个数:决定左侧可使用输入个数,利用数字键可以快速改变输入引脚个数。

(2) 输出值:用来表明如何将逻辑假值和逻辑真值转换为输出值。默认的假值用 0 表示,真值用 1 表示即输出值属性取值为"0/1"。但假值或真值中的一个也可以用高阻抗(悬浮值)表示,"floating",输出值属性取值可以为"floating/1"或"0/floating",这个功能可以支持线"或"和线"与"连接,如图 A.63 所示。

(3) 多输入行为(异或门和异或非门):当输入引脚个数超过 3 时,异或门/异或非门输出 1 的行为有两种选择:只有一个输入的值为 1(默认),或者奇数位的输入都为 1。注意,默认行为可能并不是我们想要的,通常应该选择第二个选项才能得到异或门的功能。

5. 三态缓冲器/三态非门

三态缓冲器/三态非门(Controller Buffer/Inverter)组件的外观如图 A.65 所示。

三态缓冲器底部有一个位宽为 1 的控制端,直接影响该组件的行为:如果控制端为 1,则组件的行为是缓冲器;如果控制端为 0,则输出是不确定值;如果控制端为错误值或不确定值,则输出为错误值。

(a) 三态缓冲器　(b) 三态非门

图 A.65　三态缓冲器/三态非门组件的外观

当线路的值取决于几个不同组件中的某一个输出的时候,三态缓冲器很有用。通过在每个组件的输出和总线之间插入一个三态缓冲器,可以控制该组件的输出是否要汇入总线中,三态缓冲器也可以用于控制总线的方向。

该组件除包括朝向、位宽、尺寸、标签、标签字体等公共属性外,还可以设置控制端位置。

A.3.3　复用器库

相比基本门电路,复用器库包含一系列更复杂的组合逻辑电路,复用器通常用作数据路由,如表 A.11 所示。

表 A.11　复用器库的组件

图　标	组 件 名 称	图　标	组 件 名 称
⬦	多路选择器(Multiplexer)	Pri	优先编码器(Priority Encoder)
⬦	解复用器(Demultiplexer)	⬦	位选择器(Bit Selector)
⬦	译码器(Decoder)		

1. 多路选择器

多路选择器(Multiplexer)功能类似于铁路道岔,从多个输入中选择一路值进行输出,具体选择哪一路由选择控制端确定。多路选择器组件的外观如图 A.66 所示。

多路选择器左侧的输入引脚数由选择端的位宽决定,多路输入的位宽可以自定义,每一路数据都可以用数值编号,自顶端向下从 0 开始编号,这个值和选择端的值对应。多路选择器的输出与多路输入中的第 n 路相同,n 由选择端的值确定。如果选择端的输入包含未知的值,或使能端为 0,那么输出为不确定值 x,使能端位于选择端右侧,该引脚为 1 或悬浮不接时,多路选择器才能正常输出。

该组件除包括朝向、位宽、标签、标签字体等共有属性外,还包括如下属性:

(1) 选择端位置:选择端和使能端相对于组件的位置。

(2) 选择端位宽:选择端的数据位宽,假设值为 n,多路选择器的输入端引脚数为 2^n,可用数字键直接修改。

(3) 禁用时的输出:定义使能端为零时输出端的值,选项包括 0 和不确定值,默认是不确定值。

(4) 使能端:默认为 YES,组件会有一个使能端,为简化电路,建议将使能端关闭。

2. 解复用器

解复用器(Demultiplexer)和多路选择器的功能正好相反,它需要将一路数据输出到多路输出引脚,具体输出到哪一路由选择端进行控制。解复用器组件的外观如图 A.67 所示。

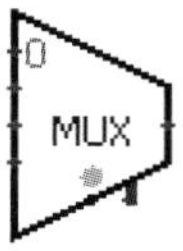

图 A.66　多路选择器组件的外观 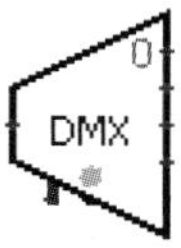　　　图 A.67　解复用器组件的外观

解复用器右侧的输出引脚数由选择端位宽决定,数据输入位宽可以自定义,每一路数据输出都可以用数值编号,自顶端向下从 0 开始编号,这个值和选择端的值对应。解复用器的数据输入传输到第 n 路输出,n 由选择端的值确定。如果选择端的输入包含未知的值,或者使能端为 0,那么输出为不确定值 x。其中,使能端位于选择端左侧,该引脚为 1 或悬浮不接时,解复用器才能正常输出。

解复用器组件除包括朝向、位宽、标签、标签字体等共有属性外,还包括如下属性:

(1) 选择端位置:选择端和使能端相对于组件的位置。

(2) 选择端位宽:选择端的数据位宽,假设值为 n,解复用器的输出端引脚数为 2^n,可用数字键直接修改。

(3) 三态:用于指定未被选中的输出端的值是不确定值还是 0,默认是 0。

(4) 禁用时的输出:定义使能端为 0 时输出端的值,选项包括 0 和不确定值,默认是不确定值。

(5) 使能端:默认为 YES,组件会有一个使能端,为简化电路,建议将使能端关闭。

3. 译码器

译码器(Decoder)在输出端的某一个引脚输出一个 1,具体选择哪一路输出由选择控制端确定。译码器组件的外观如图 A.68 所示。

译码器未被选中的输出引脚的值可以是 0 也可以是不确定值,默认是 0,用户可以自行配置。

译码器组件除包括朝向、位宽、标签、标签字体等共有属性外,还包括如下属性:

(1) 选择端位置:选择端和使能端相对于组件的位置。

(2) 选择端位宽:选择端的数据位宽,假设值为 n,则译码器的输出端引脚数是 2^n,可用数字键直接修改。

(3) 三态:用于指定未被选中的输出端的值是不确定值还是 0,默认是 0。

(4) 禁用时的输出:定义使能端为零时输出端的值,选项包括 0 和不确定值,默认是不确定值。

(5) 使能端:默认为 YES,组件会有一个使能端,为简化电路,建议将使能端关闭。

4. 优先编码器

优先编码器(Priority Encoder)左侧有多个 1 位的输入引脚,从 0 开始按顺序编号。优先编码器组件的外观如图 A.69 所示。

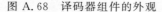
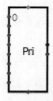

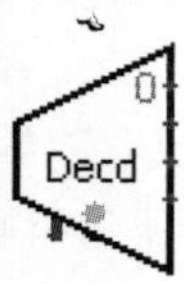

图 A.68　译码器组件的外观　　　图 A.69　优先编码器组件的外观

该组件检测左侧引脚中是否有值为 1 的引脚,如果有则输出该引脚的编号,当多个引脚的值同时为 1 时,则输出最大的那个编号。举例说明,如果输入引脚 0、2、4、6 的值均为 1,则优先编码器输出编号值 110(6),如果没有输入引脚的值为 1,或者该组件未使能,则输出值为不确定值。

优先编码器组件还包含一个使能输入端和一个使能输出端。只要使能输入端为 0,则该组件处于关闭状态,输出为不确定值。当使能输入端为 1,且输入引脚的值都不是 1,则使能输出端为 1。因此,可以串联两个优先编码器,使第一个编码器的使能输出端连接到第二个编码器的使能输入端。如果第一个编码器有任意一个输入引脚的值为 1,则第二个优先编码器将会被关闭,输出为不确定值。当第一个编码器没有引脚输入的值为 1 时,其输出为不确定值,此时第二个编码器将会被开启,并输出最高优先级请求(输入为1)的编号。优先编码器的这种设计,可以方便地将多个优先编码器串联起来使用以达到扩充输入的目的。

优先级编码器的另外一个输出表示优先编码器有输入端请求,当优先编码器使能输入端为1,且输入引脚中的值有1时,其输出为1。当多个优先编码器串联在一起使用时,这个输出可以用于判断哪个优先编码器被触发。

该组件除朝向属性外,还包括如下属性:

(1) 选择位宽:用于配置优先编码器的输入引脚数目,假设为n,则编码器输入引脚数是2^n,可用数字键直接修改。

(2) 禁用时的输出:定义使能端为0时输出端的值,选项包括0和不确定值,默认是后者。

5. 位选择器

给定一个多位宽的输入,位选择器(Bit Selector)会将该输入分成等位宽的多组(从最低位开始),并且输出选择端指定的组。位选择器组件的外观如图 A.70 所示。

图 A.70　位选择器组件的外观

假设输入为一个 8 位的输入值 01010111,如果输出宽度定义为 3 位,那么第 0 组将会是最低的 3 位组成的值 111,第 1 组是较高的另 3 位组成的值 010,第 2 组是下一个位组成的值 001(超出输入值位宽的位补 0)。选择端数值将是 2 位宽的值,用来指定其中一个组输出。如果选择端输入 3,则输出端会输出 000。

位选择器组件可以定义朝向、输入位宽、输出位宽等属性,用数字键 1~9 可直接修改输出位宽,用 Alt+数字键可以直接修改输入位宽。

A.3.4　运算器库

运算器库中包含执行无符号和有符号算术运算的组合逻辑电路组件,如表 A.12 所示。

表 A.12　运算器库的组件

图　标	组 件 名 称	图　标	组 件 名 称
＋	加法器(Adder)	⪷	比较器(Comparator)
－	减法器(Subtractor)	➡	移位器(Shifter)
✕	乘法器(Multiplier)	＃	位加法器(Bit Adder)
÷	除法器(Divider)	？	位查找器(Bit Finder)
-x	求补器(Negator)		

1. 加法器

加法器(Adder)用于计算左侧两个输入值的和并从右侧输出。加法器组件的外观如图 A.71 所示。

该组件同时提供一个 1 位进位输入(cin)和一个 1 位进位输出(cout)以方便加法器进行级联。如果有不确定值输入或错误数值输入,则加法器会尽可能地运算低位部分。但是,对于输入值为不确定值或错误值的位,输出也会是一个不确定值或错误值。注意加法器不区分无符号和有符号运算。加法器只有一个数据位宽属性,用 Alt+数字键可快速修改数据位宽。

图 A.71　加法器组件的外观

2. 减法器

减法器（Subtractor）用于将左侧输入值相减（较高的引脚值减去较低的引脚值），差值输出到右侧输出引脚。减法器组件的外观如图 A.72 所示。

该组件同时提供一个 1 位借位输入（bin）和一个 1 位借位输出（bout）以方便减法器进行级联。

借位输入将从结果的值中借走 1 位，借位输出指示组件是否需要借用更高位的值来完成无下溢的减法（假设无符号减法）。如果任一操作数包含一些不确定值或错误位，则该组件将尽可能地计算低位部分。但是，如果输入为不确定值和错误值的位，输出也会是一个不确定值和错误的值。减法器只有一个数据位宽属性，用 Alt＋数字键可快速修改数据位宽。

3. 乘法器

乘法器（Multiplier）用于将左侧两个输入引脚的值进行无符号相乘，并将乘积的低位输出到右侧的输出引脚，将乘积的高位输出到底部的进位输出端。乘法器组件的外观如图 A.73 所示。

图 A.72　减法器组件的外观 　　　　图 A.73　乘法器组件的外观

乘法器同时提供一个多位的进位输入（cin）和一个多位的进位输出（cout），以方便乘法器进行级联。如果指定进位输入的值，则该值用于与乘积相加。进位输出用于输出乘积的高位部分，该值可以连接到下一级的乘法器。如果乘法器有不确定值输入或错误数值输入，则乘法器会尽可能地运算低位部分。但是，对于输入值为不确定值或错误值的位，输出也会是一个不确定值或错误值。乘法器只有一个数据位宽属性，用 Alt＋数字键可快速修改数据位宽。

4. 除法器

除法器（Divider）用于将左侧两个输入引脚的值进行无符号除法，并将商输出到右侧的输出引脚。除法器组件的外观如图 A.74 所示。

该组件同时提供一个多位的高位被除数输入（upper）和一个多位的余数输出（rem），以方便除法器进行级联（用于扩展被除数位宽）。高位被除数输入的位宽和左侧较高的引脚输入的被除数（低位被除数）的位宽一样，余数输出引脚输出余数，该值可以连接到下一级除法器的高位被除数输入。

如果除数为 0，则除法不会被执行（此时 Logisim 默认除数为 1 进行运算），余数范围在 0 和"除数－1"之间，商将始终是一个整数，如果商的位数超过数据位宽（当高位被除数输入有数据时），只保留低位数据位。如果任一操作数包含一些不确定值或一些错误位，则该组件的输出将都是不确定值或错误的值。除法器只有一个数据位宽属性，用 Alt＋数字键可快速修改数据位宽。

5. 求补器

求补器（Negator）用于计算输入值的补码，补码的计算方法采用扫描法，从最低位向最高位找到第一个为 1 的数据位，保持这些位不变，高位全部取反。如果需要取反的值恰好是最小的负值（无法用二进制的补码表示），那该值的补码依旧是其本身，求补器只有一个数据位宽的属性。求补器组件的外观如图 A.75 所示。

图 A.74　除法器组件的外观　　　　图 A.75　求补器组件的外观

6. 比较器

比较器(Comparator)用于比较左侧两个输入数的大小,这两个值既可以是无符号数,也可以是有符号数,具体数据类型取决于属性中的数值类型定义。比较器组件的外观如图 A.76 所示。

比较器右侧输出有大于、等于、小于 3 个引脚。一般情况下,其中一个输出为 1,另外两个输出为 0。如果在比较过程中发现不确定值或者错误值,那么输出也将是不确定值或错误值。比较器可以定义输入数据位宽和数值类型两个属性。

7. 移位器

移位器(Shifter)包含数据输入和移位位数输入两个输入端;输出结果为移位后的值。移位器组件的外观如图 A.77 所示。

图 A.76　比较器组件的外观　　　　图 A.77　移位器组件的外观

移位器数据输入和输出具有相同的数据位宽。假设移位位数的值为 offset,数据位宽为 n,则 $0 \leqslant \text{offset} \leqslant n-1$,移位位数的位宽应该是 $\log_2 n$ 的结果向上取整。例如,数据位宽是 8,则该值需要 3 位;如果数据位宽是 9,则该值需要 4 位。如果移位位数为未确定值或错误值,则输出将都是错误值。

移位器支持以下移动类型:

(1) 逻辑左移:输入数据所有位向左移动 n 位,低位补 0。例如,11001011 逻辑左移 2 位变成 00101100(高 2 位丢弃)。

(2) 逻辑右移:输入数据所有位向右移动 n 位,高位补 0。例如,11001011 逻辑右移 2 位变成 00110010(低 2 位丢弃)。

(3) 算术右移:输入数据所有位向右移动 n 位,高位补充移动之前最高比特位的值。例如,11001011 运算右移 2 位变成 11110010。

(4) 循环左移:输入数据所有位向左移动 n 位,移动时原来的最高位补充到原来的最低位。例如,11001011 循环左移 2 位变成 00101111。

(5) 循环右移:输入数据所有位向右移动 n 位,移动时原来的最低位补充到原来的最高位。例如,11001011 循环右移 2 位变成 11110010。

移位器包括输入数据位宽和移位方式两个属性,用户可以灵活配置。

8. 位加法器

位加法器(Bit Adder)用于计算多个输入中位为 1 的数目。位加法器组件的外观如图 A.78 所示。

如果任何数据中存在不确定值或错误值的比特位,输出将包含错误值。位加法器可以定义数据位宽以及输入引脚的数目，利用数字键可以快速修改输入引脚数目，利用 Alt＋数字键可以快速修改数据位宽。

9. 位查找器

位查找器（Bit Finder）用于接收一个多位的输入，输出某个比特位的位置，如何查找取决于组件中的查找类型属性。位查找器组件的外观如图 A.79 所示。

图 A.78　位加法器组件的外观　　　图 A.79　位查找器组件的外观

通过一个 8 位的输入 11010100 来说明位查找器，当查找类型为查找最低位的 1 时，输出为 2；当查找类型为查找最高位的 1 时，输出为 7；当查找类型为查找最低位的 0 时，输出为 0；当查找类型为查找最高位的 0 时，输出为 5。

位查找器组件底部的输出指明了待查找位是否存在。在输入为 11010100 的情况中，底部输出在所有情况下都为 1。但是，如果输入是 00000000，查找类型为查找最右侧或最左侧的 1 时，输出将会是 0，并且右侧的位置输出也会是 0。

如果在查找一个目标值的时候，查找该值的结果既不是 0 也不是 1（该值可能是不确定值或者错误值），那么所有输出都将是错误值。注意，当且仅当有问题的比特位在目标比特位之前被找到：对于输入 x1010100，如果查找最低位的 1，则输出将依然是 2；但是如果当前的查找类型是查找最高位的 1 或者查找最高位的 0，则会输出一个错误值，因为有一个错误的比特位比最高位的 0 或 1 都高。

位查找器组件包括数据位宽和查找类型两个属性。其中，查找类型包括 4 种，即查找最低位的 1、查找最高位的 1、查找最低位的 0、查找最高位的 0。

A.3.5　存储库

存储库包含一系列用于存储数据信息的组件，如表 A.13 所示。

表 A.13　存储库的组件

图　　标	组　件　名　称
D T JK SR	D/T/JK/SR 触发器（D/T/JK/SR Flip-Flop）
	寄存器（Register）
	计数器（Counter）
	移位寄存器（Shift Register）
	随机数生成器（Random）
RAM	随机存取存储器（RAM）
ROM	只读存储器（ROM）

1. D/T/JK/SR 触发器

D/T/JK/SR 触发器（D/T/JK/SR Flip-Flop）组件的外观如图 A.80 所示。

每种触发器都会存储一位的数据，并从右侧标识为 Q 的引脚输出，注意引脚 Q 下面的引脚为 Q'，二者的值正好相反。通常而言，被存储的值可以通过左侧的引脚 D 输入，触发器存储值在时钟上升沿时发生变化（也可配置为下升沿或其他），时钟端引脚用一个三角形

(a) D触发器　　(b) T触发器　　(c) JK触发器　　(d) SR触发器

图 A.80　D/T/JK/SR 触发器组件的外观

标识。当时钟上升沿到来时,各触发器值的改变方式如表 A.14 所示。

表 A.14　各触发器的功能表

D 触发器		T 触发器		JK 触发器			SR 触发器		
D	**Q**	T	Q	J	K	Q	S	R	Q
0	0	0	Q	0	0	Q	0	0	Q
1	1	1	Q'	0	1	0	0	1	0
				1	0	1	1	0	1
				1	1	Q'	1	1	??

(1) D 触发器:当时钟触发时,触发器存储值变成输入端 D 在此刻的值。

(2) T 触发器:当时钟触发时,触发器存储值变或不变由输入端 T 的值决定。

(3) JK 触发器:当时钟触发时,如果 JK=11,则存储值翻转;如果 JK=00,则存储值不变;如果 JK=01,则存储值复位为 0;如果 JK=10,则存储值置位为 1。

(4) SR 触发器:当时钟触发时,如果 SR=00,则存储值不变;如果 SR=01,则输出值为 0;如果 SR=10,则输出值为 1;如果 SR=11,则输出值不定(在 Logisim 中,该锁存器值依然不变)。

触发器底部的 3 个控制信号分别是异步置位、使能端、异步清零信号,当使能端为 0 时忽略时钟信号,异步置位和异步清零都是电平有效信号,电平为 1 时立即进行置位或清零动作,与时钟无关。在异步清零和异步置位信号无效时,使用戳工具单击触发器可以改变触发器的值。

触发器除标签、标签字体属性外,还可以设置时钟触发方式属性。上升沿触发表示当时钟信号从 0 到 1 变化的时候,触发器更新其值;下降沿触发表示当时钟信号从 1 到 0 变化的时候,触发器更新其值;高电平触发表示当时钟信号为 1 的时候,触发器应该不断更新其值;低电平触发表示当时钟信号为 0 的时候,触发器应该不断更新其值。电平触发对 T 触发器和 JK 触发器无效。

2. 寄存器

寄存器(Register)组件的外观如图 A.81 所示。

每个寄存器都会存储一个多位的值,并且以十六进制

图 A.81　寄存器组件的外观

形式将数值显示在其矩形框内,该值从输出端 Q 输出。当时钟信号(底部三角形标识引脚)到来时(默认上升沿),寄存器的值修改为该时刻的输入端 D 的值。时钟信号触发方式可以通过属性中的触发方式设定。

异步清零复位信号为 1 时,寄存器存储值立即清零,此时无论时钟如何变化,寄存器的值恒为 0。使能端为 1 或者不确定值时,时钟信号有效,为 0 时忽略时钟信号。

寄存器组件除包括数据位宽、标签、标签字体等共有属性外,还可以设置时钟触发方式:上升沿触发表示当时钟信号从 0 到 1 变化时,寄存器更新其值;下降沿触发表示当时钟信号从 1 到 0 变化的时候，寄存器更新其值；高电平触发表示当时钟信号为 1 的时候，寄存器不断更新其值；低电平触发表示当时钟信号为 0 时，寄存器不断更新其值。

戳工具功能：利用戳工具单击寄存器会将键盘的输入焦点聚焦到寄存器上，此时可以利用键盘直接修改寄存器的值。

图 A.82　计数器组件的外观

3. 计数器

计数器（Counter）组件的外观如图 A.82 所示。

计数器和寄存器一样锁存一个数值，该数值从输出端 Q 输出，如图 A.82 所示，计数器左侧较高位置的输入称为 Load，左侧较低位置的输入称为 Count，每当有效时钟信号到来时，计数器中的值可能会随着计数器引脚 Load 以及引脚 Count 的值而改变，如表 A.15 所示。

表 A.15　计数器计数逻辑

Load	Count	触 发 动 作
0 或 z	0	计数值不变
0 或 z	1 或 z	计数值加 1
1	0	计数值从 D 输入端载入
1	1 或 z	计数值减 1

计数范围由最大值属性指定，当计数值等于最大值属性设定的值时，下一次递增计数将会重新归零；如果当前计数值为 0，下一次递减计数会变成最大值属性设定的值。

除了 Q 输出，该组件还包含一个 1 位的 Carry 输出。当计数器是正向计数，且计数值达到最大值时 Carry 输出为 1；当计数器是反向计数，且当前计数值为 0 时 Carry 输出为 1。

异步清零端可将计数器异步清零，电平有效信号，只要异步清零端输入的值为 1，计数器将忽略时钟信号，立刻被持续清零。

计数器除包括数据位宽、标签、标签字体属性外，还包括如下属性：

（1）最大值：计数器计数的最大值，当计数器递增计数到该值时，Carry 输出为 1。

（2）溢出时操作：定义计数器的值比 0 小或比最大值大的时候所采取的操作。

① 重新计数：下一个值为 0。

② 保持当前值：计数器的值保持不变。

③ 继续计数：计数器的值继续递增/递减。

④ 加载下一个值：下一个值从输入端 D 加载。

（3）时钟触发方式：上升沿触发表示当时钟信号从 0 到 1 变化的时候，计数器更新其值；下降沿触发表示当时钟信号从 1 到 0 变化的时候，计数器更新其值。

（4）戳工具功能：利用戳工具单击计数器会将键盘输入的焦点聚焦到计数器上，此时可以利用键盘直接修改计数器的值。

4. 移位寄存器

移位寄存器（Shift Register）组件的外观如图 A.83 所示。

移位寄存器中包含若干段，每个段可以包括多位数据，每次时钟信号到来时都可能导致各段接收前一段的值，而一个新的值将从引脚 Input 加载到第一段。该组件也可选择并行加载和存储所有段的值。

图 A.83　移位寄存器组件的外观

移位寄存器的主要引脚功能如下：

（1）引脚 Shift：移位控制信号，如果该值为 1 或不确定值，所有段都随着时钟信号向右移动；如果该值为 0，则不向右移动；如果 Load 输入值为 1，该值被忽略。

（2）引脚 Input：当各段向右移动时，该输入端的值被加载到第一段中。

（3）时钟引脚：时钟信号来临时，移位寄存器将进行移位或者加载新值的操作。

（4）引脚 Load：当该值为 1 时，在下一个时钟信号到来时，顶部所有并行载入端口的值被分别加载到移位寄存器的各个段中。

（5）并发载入端口：包括多个引脚，引脚位宽和位宽属性相同，当 Load 值为 1 时，在下一个时钟信号到来时，并行载入端口所有引脚的输入值被加载到移位寄存器的各个段中，最左侧的输入对应第一段。

（6）异步清零信号：当输入为 1 时，寄存器各段异步复位为 0，所有其他输入均被忽略。

（7）输出：输出移位寄存器最后一个段的值。

移位寄存器除包括数据位宽、标签、标签字体属性外，还包括如下属性：

（1）段数：移位寄存器包括的段数。

（2）并行加载：如果选择 YES，各段的值均可并行输入或并行输出，如果选择 NO，并行加载端口引脚和并行输出引脚均会消失。

（3）时钟触发方式：上升沿触发表示当时钟信号从 0 到 1 变化的时候，移位寄存器应该更新其值；下降沿触发表示当时钟信号从 1 到 0 变化的时候，移位寄存器应该更新其值。

（4）戳工具功能：如果并行加载属性是关闭的，或者数据位宽超过 4，那么利用戳工具单击移位寄存器是无效的。其余情况下单击移位寄存器会将键盘输入的焦点聚焦到某个段上，此时可以利用键盘直接修改对应段的值。

5. 随机数生成器

随机数生成器（Random）组件的外观如图 A.84 所示。

随机数生成器组件会生成一串伪随机数序列，每次时钟信号到来时，该组件计算序列中的下一个值。从技术上讲，用来计算伪随机序列的算法是线性同余发生器，计算时从种子 r_0 开始，序列中下一个数 r_1 的计算公式如下：

图 A.84　随机数生成器组件的外观

$$r_1 = (25\ 214\ 903\ 917\ r_0 + 11) \bmod 2^{48}$$

r_2 也采用同样的公式由计算得到，以此类推。随后每次时钟到来均按公式计算新的序列值，这个序列值均是 48 位数字，由于属性中定义了输出的数据位宽，所以随机数生成器最终输出的是序列值中的低位部分。

除了时钟输入端，随机数生成器组件还包括一个使能输入端和一个异步复位端，使能输入端为 0 时，将忽略时钟输入；异步复位端为 1 时，立即将输出复位为种子 r_0。

用户可配置初始种子，如果它被配置为 0（默认值），则该种子是基于当前时间计算得到的；当用异步复位端清零时，随机数生成器会基于新的时间重新计算一个新种子。

该组件除包括数据位宽、标签、标签字体属性外，还包括如下属性：

（1）种子：随机数初始值。当种子为 0 时，将会基于当前时间得到。

（2）触发方式：配置时钟输入的行为。上升沿触发表示当时钟信号从 0 到 1 变化的时候，该组件应该更新其值；下降沿触发表示当时钟信号从 1 到 0 变化的时候，该组件应该更新其值。

6. 随机存取存储器

随机存取存储器（RAM）组件是 Logisim 内建库中最复杂的一个组件，它最多能存储 2^{24} 个存储单元（地址线宽度最大 24 位），每个存储单元位宽最大 32 位。电路可以将值加载和存储在 RAM 中。RAM 组件的外观如图 A.85 所示。

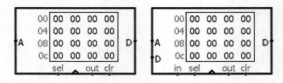

图 A.85 RAM 组件的外观

RAM 组件会用黑底白字显示当前存储单元的值，显示区域左侧是地址列表（灰色显示），所有数据均采用十六进制显示。用戳工具单击 RAM 组件上的地址或存储内容后，可以直接利用键盘修改显示区域地址和对应的存储内容，也可以通过菜单工具弹出十六进制编辑器直接编辑修改 RAM 中的存储内容。

RAM 组件支持 3 种不同的接口模式：双向输入输出引脚同步模式、双向输入输出引脚异步模式、输入输出引脚分离同步模式。具体可以设置属性中的数据接口选项。

（1）双向输入输出引脚同步模式（默认值）。

RAM 组件右侧引脚 D 是一个既可以读数据，也可以写数据的双向引脚。读写方向由引脚 ld 决定，如 ld 输入为 1（或不确定值 x），引脚 D 为输出引脚，读出数据；反之，引脚 D 为输入引脚，利用时钟信号同步写入数据。为了让 RAM 组件正常工作，需要使用一个三态缓冲器控制数据读出和写入的方向，具体可参考图 A.86 所示。

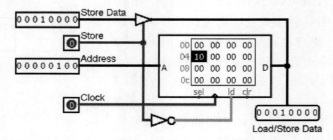

图 A.86 RAM 组件 3 种不同接口

图中片选信号 sel 悬空，该信号悬空或者为 1 时，RAM 组件可以正常工作，否则输出为不确定值 x。信号 clr 为异步电平清零信号，clr 为 1 时 RAM 中所有内容被立即清零。

（2）双向输入输出引脚异步模式。

除了没有时钟信号之外，其他引脚均和双向输入输出引脚同步模式一致。只要引脚 ld 的值为 0，数据总线上的值就被存储到 RAM 中。如果引脚 ld 的值为 0，且数据地址改变了，则进行另外一个存储事件，这种模式和大部分 RAM 的接口更相似。

（3）输入输出引脚分离同步模式。

分别提供数据输入和数据输出两个独立的引脚，数据输入引脚 D 位于左侧，数据输出引脚 D 位于右侧,这种模式不需要使用三态缓冲器控制数据总线方向,因此使用最为简单。

RAM 组件可以设置地址位宽、数据位宽以及数据接口等属性,另外右击还可弹出编辑工具对存储内容进行编辑。

7. 只读存储器

只读存储器(ROM)组件的外观如图 A.87 所示。

ROM 组件最多能存储 2^{24} 个存储单元,存储单元位宽最大 32 位(由数据位宽属性指定)。与 RAM 不同,ROM 组件中存储的内容是组件的属性,因此一个电路中如果包括两个相同的 ROM,其存储数据内容也完全一致,其存储内容将存储在 Logisim 的文件中,每次打开电路时存储内容将自动载入。

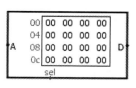

图 A.87　ROM 组件的外观

ROM 组件用黑底白字显示当前存储单元的值,显示区域左侧是地址列表(灰色显示),所有数据均采用十六进制显示。使用戳工具单击 ROM 组件上的地址或存储内容后,可以直接利用键盘修改显示区域地址和对应的存储内容;也可以通过菜单工具弹出十六进制编辑器,直接编辑修改 ROM 中的存储内容。

A.3.6　输入/输出库

输入/输出库包含一些与用户交互的典型组件,如表 A.16 所示。

表 A.16　输入/输出库的组件

图　标	组 件 名 称
	按钮(Button)
	操纵杆(Joystick)
	键盘(Keyboard)
	LED 指示灯(LED)
	七段数码管(7-Segment Display)
	十六进制显示数码管(Hex Digit Display)
	LED 矩阵(LED Matrix)
	TTY 字符终端(TTY)

1. 按钮

按钮(Button)模拟一个按钮,未按下时输出 0。按钮组件的外观如图 A.88 所示。

当用户使用戳工具按下按钮时输出为 1,释放鼠标键后输出恢复为 0。按钮颜色以及标签颜色可以在属性中自行调整。

2. 操纵杆

操纵杆(Joystick)模拟了经典街机游戏的游戏操纵杆,包含两个坐标输出。操纵杆组件的外观如图 A.89 所示。

图 A.88　按钮组件的外观　　　图 A.89　操纵杆组件的外观

用户单击戳工具后,可以用鼠标在圆角区域内拖动中间的圆钮,输出会更新以指示圆钮的当前 x 坐标和 y 坐标。拖动鼠标继续移动圆钮并更新输出,释放鼠标时圆钮恢复到中间位置。坐标输出的位宽以及圆钮的颜色可以自定义。

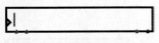

图 A.90　键盘组件的外观

3. 键盘

键盘(Keyboard)组件允许电路读取从键盘输入的 ASCII 键值——只要这些键可以用 7 位 ASCII 码表示即可。键盘组件的外观如图 A.90 所示。

使用戳工具单击键盘组件后,用户可以直接利用键盘输入 ASCII 字符,这些字符会累积在缓冲区中。缓冲区中最左侧字符的 ASCII 值会从最右边的输出引脚输出,当时钟信号到来时,最左侧的字符从缓冲区中消失,新的最左侧的字符被发送到最右边的输出。

键盘组件中间的文字就是缓冲区内容,读使能为 0 时,时钟信号被忽略,清除缓冲区控制信号是电平有效。

缓冲区支持的字符包括所有可打印的 ASCII 字符,以及空格、换行符、退格符和控制字符 Control-L。另外,用方向左键和方向右键可在缓冲区内移动光标,利用删除键可删除光标右边的字符(如果有的话)。

键盘组件是异步组件,当缓冲区为空且用户输入一个字符时,该字符立即作为输出发送,而不需要等待时钟信号。

戳工具功能:利用戳工具单击键盘组件,键盘会聚焦该组件,并显示一个垂直条形光标。每输入一个字符,只要缓冲区没有达到其最大容量而且字符是组件支持的字符,就会被插到缓冲区中。另外,用户可以用方向左键和方向右键来改变缓冲区内光标的位置,还可以用删除键来删除光标右边的缓冲区字符。

键盘组件可以设置如下属性:

(1) 缓冲区长度:缓冲区可以一次保存的字符数,最大可设置为 256。

(2) 时钟触发模式:可选择上升沿或下降沿。

4. LED 指示灯

LED 指示灯(LED)通过对其进行着色(由其颜色属性指定)来显示其输入值,具体颜色取决于输入是 1 还是 0。LED 指示灯组件的外观如图 A.91 所示。

一个 LED 只有一个 1 位输入引脚,用来决定 LED 灯是否点亮,通过属性可以设定不同值的颜色。LED 除包含朝向、标签、标签位置、标签字体等共有属性外,还包括如下属性:

图 A.91　LED 指示灯组件的外观

(1) 点亮颜色:输入值为 1 时显示的颜色。

(2) 熄灭颜色:输入值为 0 时显示的颜色。

(3) 高电平有效:LED 被点亮是高电平有效还是低电平有效。

(4) 标签颜色:标签字体的颜色。

5. 七段数码管

七段数码管(7-Segment Display)8 个 1 位输入的值分别对应 7 个线段和 1 个小数点。七段数码管组件的外观如图 A.92 所示。

不同的制造商将输入映射到数码管各段的方式不同,Logisim 使用的对应关系是基于

TIL321芯片。七段数码管包括如下属性：

（1）点亮颜色：输入值为1时显示的颜色。

（2）熄灭颜色：输入值为0时显示的颜色。

（3）背景颜色：数码管背景色。

（4）高电平有效：决定数码管点亮是高电平有效还是低电平有效。

6. 十六进制显示数码管

十六进制显示数码管（Hex Digit Display）将4位输入的值用十六进制的形式显示在七段数码管中，如果输入值是不确定值x或错误值E,则数码管显示短画线(-)；小数点部分显示由单独的输入控制,输入为0或不连接时,小数点不显示。十六进制显示数码管组件的外观如图A.93所示。

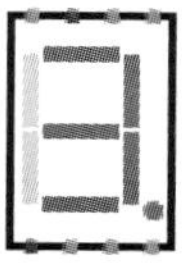

图A.92　七段数码管组件的外观 　　图A.93　十六进制显示数码管组件的外观

十六进制显示数码管包括如下属性：

（1）点亮颜色：输入值为1时显示的颜色。

（2）熄灭颜色：输入值为0时显示的颜色。

（3）背景颜色：数码管背景色。

7. LED 矩阵

LED矩阵（LED Matrix）模拟一个小的像素网格,其显示值由当前输入确定,网格最大尺寸为32行32列。LED矩阵组件的外观如图A.94所示。

LED矩阵的引脚布局方式有列模式、行模式、行列模式3种。

图A.94　LED矩阵组件的外观

（1）列模式：输入分布在组件底部,矩阵的每列有一个多位输入,每个输入位宽等于矩阵行数,列输入值中每位的值控制当前列对应像素的点亮和熄灭,最低位对应列中最底部的像素,1表示点亮,0表示熄灭。如果某列的任何位是不确定值或错误值,则该列中的所有像素均被点亮。

（2）行模式：输入分布在组件左侧,矩阵的每行有一个多位输入。每个输入的位宽等于矩阵列数,行输入值中每位的值控制当前行对应像素的点亮和熄灭,最低位对应于行中最右边的像素,1表示点亮,0表示熄灭。如果某行的任何位是不确定值或错误值,则该行中的所有像素均被点亮。

（3）行列模式：组件的左侧有两个输入。上方多位输入的位宽与矩阵列数相等,最低位对应最右列。较低的多位输入位宽与矩阵行数相等,最低位对应于最下一行。如果任一输入中的任何位是不确定或错误值,矩阵中的所有像素都将点亮。该模式下矩阵中特定行列位置上的像素只在上位输入中对应列位为1,下位输入中对应行位为1的情况下点亮。例如,对于5×7矩阵,如果第一个输入是01010,第二个输入是0111010,那么第二列、第四列点亮第二、三、四、六行,显示结果是一对感叹号(这种输入格式可能看起来并不直观,但是市场上很多 LED 矩阵就是采用这种接口）。

LED 矩阵组件包括如下属性：

（1）输入格式：决定矩阵引脚形式。

（2）矩阵列数：选择矩阵列数，范围从 1 到 32。

（3）矩阵行数：选择矩阵行数，范围从 1 到 32。

（4）点亮颜色：输入值为 1 时显示的颜色。

（5）熄灭颜色：输入值为 0 时显示的颜色。

（6）延迟熄灭时间（Light Persistence）：若该值不为 0，LED 输入要求熄灭对应像素时，像素仍然保持点亮的滴答数，此时像素的熄灭会延迟若干滴答。

（7）像素形状（Dot Shape）：正方形选项意味着每个像素被绘制成 10×10 的正方形，正方形像素间没有间隙。圆形选项意味着每个像素被绘制成一个直径为 8 的圆，圆形像素间有间隙。圆形选项更接近现在的 LED 矩阵器件。

8. TTY 字符终端

TTY 字符终端（TTY）组件实现了一个非常简单的字符哑终端。它接收一系列 ASCII 码并显示每个可打印的字符。当前行字符已满时，光标移动到下一行，如果光标已经在最下面一行，可能会滚动当前所有行。字符终端支持的控制序列键包括：退格（ASCII 8），删除最

图 A.95　TTY 字符终端组件的外观

后一行中的最后一个字符；换行符（ASCII 10），将光标移动到下一行的开头，必要时滚动；换页符（ASCII 12，输入方式为 Control-L），清除屏幕。TTY 字符终端组件的外观如图 A.95 所示。

其中，写使能输入为 0 时，时钟和数据输入均被忽略，写使能输入为 1 或不确定值，时钟信号到来时，ASCII 数据将输出到 TTY 字符终端，清除屏幕信号为 1 时，可一次性清除 TTY 字符终端中的所有字符显示，这个清除信号是电平有效。

TTY 组件包括如下属性：

（1）行数：终端中显示的行数。

（2）列数：终端每行中显示的最大字符数。

（3）时钟触发方式：可选择上升沿或下降沿。

（4）前景颜色：字符终端中文本的颜色。

（5）背景颜色：字符终端背景色。

A.3.7　基本库

基本库包含一系列通用工具，如表 A.17 所示。

表 A.17　基本库的组件

图 标	组 件 名 称	图 标	组 件 名 称
👆	戳工具（Poke Tool）	**A**	文本工具（Text Tool）
➤	编辑工具（Edit Tool）	**A**	标签工具（Label Tool）
➤	选择工具（Select Tool）	🖼	菜单工具（Menu Tool）
✎	连线工具（Wiring Tool）		

1. 戳工具

戳工具(Poke Tool)通常用于操作修改组件的具体值,该工具的功能与具体组件相关,具体参见每个组件的戳工具功能说明,以下组件都支持戳工具:

(1)基本库:引脚、时钟。

(2)存储库:D/T/JK/SR触发器、寄存器、计数器、移位寄存器、RAM、ROM。

(3)输入/输出库:按钮、操纵杆、键盘。

此外,使用戳工具单击连线可显示连线当前的值,具体见线路组件中的描述。

2. 选择编辑工具

选择编辑工具允许用户重新安排现有组件并添加连线,工具的确切功能取决于用户在画布上按下鼠标的位置。

(1)当鼠标悬停在现有组件的连接点上,或者鼠标移动到连线上时,选择编辑工具将在鼠标位置周围显示一个绿色小圆圈。在当前位置按下鼠标,会开始添加新的连线。但是,如果用户在释放鼠标键之前没有移动足够的距离来初始化连线,则将鼠标动作视为单击。所添加连线的位宽由与其连接的组件决定。还可以在连线末端启动鼠标拖曳来延长、缩短,甚至删除现有的连线。拖曳期间延长部分连线用黑色表示,缩短部分连线用白色表示。

(2)如果用户在连线的中间点按下Alt键,那么绿色小圆圈将消失,用鼠标按键选择连线可以移动连线。

(3)在当前选定的组件内按下鼠标按键可以拖动所有被选中组件以及与之相连的连线。Logisim将自动计算并添加新线路,以便在移动过程中不会丢失现有的连接。拖动选区可能会导致意外线路的连接。

(4)在未选择的组件中按下鼠标,会放弃当前选中的所有组件,并选中对应的组件。

(5)按住Shift键的同时,单击组件可以在选区内切换组件。如果多个组件包含相同的位置,则会在这些组件中进行切换。

(6)在不含任何组件的位置开始拖动鼠标会清空当前选区并启动一个矩形选择,所有包含在矩形区域中的组件被选中。

(7)按住Shift键并拖动鼠标,如果该位置不包含在任何组件中,则启动矩形选择。矩形所包含的组件选中情况将会反转。

(8)按住Alt键,此时鼠标位置会绘制绿色小圆圈,拖曳鼠标则会开始添加新连线。

(9)在选中所需的组件后,可以通过编辑菜单对选中项目进行剪切、复制、粘贴、删除、复制选区。

(10)编辑电路时有一些常用快捷键,用方向键可以更改选区中所有具有朝向属性的组件朝向,用删除和退格键将删除所选内容,用插入(Insert)和Ctrl+D快捷键将创建当前选定组件的副本。

3. 连线工具

连线工具(Wiring Tool)用于创建从一个端点到另一个端点间传值的连线。这些值的位宽是任意的,实际位宽取决于它连接的组件,如果它没有连接到任何组件,则连线为灰色,表示其位宽未知;如果连接的两个组件位宽不一致,连线变成橙色,指示冲突,直到用户解决冲突为止。

连线可以用鼠标拖动,还可以在连线末端启动鼠标拖曳来延长、缩短,甚至删除现有的线段。拖曳期间延长部分连线用黑色表示，缩短部分连线用白色表示。Logisim 中的所有连线都是水平或垂直的，不会出现斜线，连线是没有方向的，一根连线可以同时在两个方向上传送数值。当使用戳工具单击连线时，Logisim 将显示线路当前传送的值，这对于只能显示黑色的多位连线非常有用。多位连线值的显示方式，可以使用菜单中"文件（File）"→"属性（Attributes）"，选择 layout 选项卡，设置戳工具单击后显示值的具体形式（二进制、十进制或十六进制等）。

4．文本标签工具

文本标签工具允许用户创建和编辑与组件相关的标签。Logisim 内置库中的以下组件支持标签：

（1）基础库：引脚、时钟、标签、探针。

（2）存储库：D/T/JK/SR 触发器、寄存器、计数器、移位寄存器、随机数生成器。

（3）输入/输出库：按钮、LED。

对于可以给出标签但没有分配标签的组件，可以单击组件中的任何位置添加标签。如果已有标签，则需要在标签内单击。如果单击的位置没有可以编辑的标签，Logisim 将添加新的标签组件。不能对标签内的文本区域进行选择，标签中也不能插入换行符。

另外，用文本标签工具可以在电路任意地方增加文本标签。

5．菜单工具

菜单工具（Menu Tool）允许用户弹出组件已经存在的弹出式菜单。默认情况下，右击或按住 Ctrl＋鼠标单击一个组件将弹出菜单。但是，"项目（Project）"选项中的"鼠标（Mouse）"选项卡允许用户配置鼠标按钮，使之以不同的方式工作。对于大多数组件来说，弹出菜单有以下两个项目。

（1）删除：从当前电路中删除组件。

（2）显示属性：将组件的属性放置到窗口的属性表中，以便查看和更改属性值。对于某些组件，菜单还包含查看×××子电路，即将正在查看和编辑的电路布局更改为子电路的布局。在布局中看到的值与上层电路有相同的层次结构。

其他组件也可以扩展弹出式菜单，在 Logisim 当前版本的内置库中，具有这样功能组件只有 RAM 和 ROM。

参 考 文 献

[1]   杨永健. 数字电路与逻辑设计[M]. 北京：人民邮电出版社，2015.

[2]   Thomas L. Floyd. 数字电子技术[M]. 11 版. 北京：电子工业出版社，2019.

[3]   李华. 数字电子技术项目化教程[M]. 北京：机械工业出版社，2019.

[4]   欧阳星明. 数字逻辑[M]. 3 版. 武汉：华中科技大学出版社，2009.

[5]   江国强，覃琴. 数字逻辑电路基础[M]. 2 版. 北京：电子工业出版社，2017.

[6]   Balch M. Complete digital design：A comprehensive guide to digital electronics and computer system architecture[M]. Berlin：McGraw-Hill Education，2003.

[7]   杨毅明. 数字信号处理[M]. 北京：机械工业出版社，2013.

[8]   蒋立平. 数字逻辑电路与系统设计[M]. 3 版. 北京：电子工业出版社，2019.

[9]   Donzellini G，Oneto L，Ponta D，et al. Introduction to digital systems design[M]. Berlin：Springer，2019.

[10]   白中英，谢松云. 数字逻辑[M]. 6 版. 北京：科学出版社，2013.

[11]   鲍家元，毛文林，张琴. 数字逻辑[M]. 3 版. 北京：高等教育出版社，2011.

[12]   Burch C. Logisim：A graphical system for logic circuit design and simulation[J]. Journal on Educational Resources in Computing（JERIC），2002，2(1)：5-16.

[13]   谭志虎，秦磊华，胡迪青. 计算机组成原理实践教程——从逻辑门到 CPU [M]. 北京：清华大学出版社，2018.

[14]   谭志虎. 计算机组成原理[M]. 北京：人民邮电出版社，2021.

[15]   白中英. 数字逻辑[M]. 北京：科学出版社，2013.